重庆市社会科学规划青年项目（2017QNWX33）
重庆市高等教育教学改革研究重大项目（191018）
重庆市高等教育学会高等教育科学研究项目（CQGJ19B28）

| 中国当代研学丛书 |

文化

萧公弼著述整理及其美学思想研究

谭玉龙 | 著

图书在版编目（CIP）数据

萧公弼著述整理及其美学思想研究/谭玉龙著．—
北京：中央编译出版社，2020.4
ISBN 978-7-5117-3854-7

Ⅰ．①萧…
Ⅱ．①谭…
Ⅲ．①萧公弼—美学思想—研究
Ⅳ．① B83-092

中国版本图书馆 CIP 数据核字（2020）第 012491 号

萧公弼著述整理及其美学思想研究

出 版 人：葛海彦
责任编辑：杜永明
执行编辑：周　毅
责任印制：刘　慧
出版发行：中央编译出版社
地　　址：北京西城区车公庄大街乙 5 号鸿儒大厦 B 座（100044）
电　　话：（010）52612345（总编室）　　　（010）52612339（编辑室）
　　　　　（010）52612316（发行部）　　　（010）52612346（馆配部）
传　　真：（010）66515838
经　　销：全国新华书店
印　　刷：三河市华东印刷有限公司
开　　本：710 毫米 × 1000 毫米　1/16
字　　数：270 千字
印　　张：15
版　　次：2020 年 4 月第 1 版
印　　次：2020 年 4 月第 1 次印刷
定　　价：89.00 元

网　　址：www.cctphome.com　　　邮　　箱：cctp@cctphome.com
新浪微博：@中央编译出版社　　　　微　　信：中央编译出版社（ID：cctphome）
淘宝店铺：中央编译出版社直销店（http://shop108367160.taobao.com）（010）55626985

本社常年法律顾问：北京市吴栾赵阎律师事务所律师　　闫军　　梁勤
凡有印装质量问题，本社负责调换，电话：（010）55626985

序

皮朝纲

玉龙近日来访，要我为他即将付梓的新书为序。

玉龙曾先后在四川师范大学美学专业攻读硕士学位，华东师范大学文艺学专业攻读博士学位，四川师范大学中国语言文学博士后流动站文艺学专业进行专题研究后顺利出站，是我在中国美学的教学与研究中交往较多的青年学友。他在学术研究上能专心致志，心无旁骛，勤思考，善质疑，尚思辨，勇探索；能虚心求教，转益多师，学习借鉴吸收消化前辈的治学经验，以一种求真务实的态度对待学术研究，一步一个脚印地前行，不断取得新的进步。

我倡导建立中国美学文献学这门学科，在我看来，它是中国美学学科的分支学科和基础学科，是中国美学学科建设、发展和完善的重要基石；它的学科建设，除了有关该学科的基本原理的研究外，就是要从中国美学文献的新发掘、新阐释的具体实践中，为学科体系的构建，总结经验，探索规律，充实内涵，提升理论。玉龙赞同这些看法，并在中国美学文献的发掘、整理与研究的道路上迈出了可喜的一步，他的这部新著，就是他进行具体实践的结晶，我为他的进步感到高兴！20世纪50年代，学术界就开始了中国近代以来的美学思想史研究；80年代后，又出现了一批研究专著，但这些著作均未提及萧公弼及其美学思想。2003年，由高等教育出版社出版、叶朗教授总主编的《中国历代美学文库》的近代卷收录了萧公弼的《美学·概论》，从而让萧公弼及其美学思想能与广大读者见面。但由于萧氏之著述未曾作过系统搜集、发掘、整理，因而萧氏之里籍生平不详，以致有学者认为萧公弼是中国近现代美学史上"下落不明"的人物。玉龙于2010年开始对萧公弼《美学·概论》进行研究，于2012年发表《萧公弼：被遗忘的中国近代美学学人》一文，对萧公弼美学思想进行了初步解读。这篇论文虽然还存在一些不足和有待进一步深入斟酌、研究之处，但是它却是学术界专门研究萧公弼美学思想的第一篇论文。随后几年中，玉龙持续对萧公弻进行研究，不仅发表了有关萧公弻美学思想、美育思想、美学方法论的论文，还通过各种渠道广泛搜罗材料，撰成《萧公弻里籍生平著述考》一文，对萧公弻的里籍生平著述细心甄别，详加考证，初步解决了困扰多年的关于萧公弻的里籍生平问题。

玉龙此书分上、下两编。"上编"是在萧公弻里籍、生平、著述考证的基础上，对萧公弻的美学思想进行理论探讨；"下编"是对萧公弻著述的搜集、整理，收录了萧公弻于1915年至1917年间发表的所有著述，涉及美学、哲学、文化、物理学等多个学科。"附录"收入耶路撒冷《美学纲要》、于伟《集定庵句赠萧君公弻》和彭举《竹根滩忆旧》三种文献，旨在帮助读者进一步了解萧公弻生平及其美学思想的来源。

从玉龙这部新著，可以看出他从事中国美学研究所遵循的原则和方法。关于萧公弻及其美学思想的许多问题，他都是在对萧氏的著述发掘、整理的基础上进行认真思考、详加辨析、深入研究后解决的。在资料搜罗方面，玉龙通过现代互联网技术，精准定位，找到了藏有萧公弻著述的图书馆（如国家图书馆、北京大学图书馆、上海图书馆），然后多次前往抄录资料，加以整理，从而给学界提供了一部了解、研究萧公弻著述的文献汇编。在文献整理上，还对原文进行简要注释与校勘，为读者阅读提供了便利。可以说，玉龙此书是一部兼具文献整理与理论研究的学术著作，是中国现代学者萧公弻著述得到较为全面的搜集与整理的第一部著作，也是目前我国学界研究萧公弻美学思想的第一本著作。

衷心希望玉龙在学术研究上更进一步，踏实扎实，磨杵作针，砥砺前行，勇攀高峰！

2019 年 11 月 15 日

目 录

上编　萧公弼美学思想研究

引　言 ··· 3

第一章　萧公弼里籍生平著述考 ·································· 6
　一、萧公弼里籍考 ·· 7
　二、萧公弼生卒年及所读学校考 ································ 10
　三、萧公弼著述考及其《美学》 ································ 13
　四、结　论 ·· 17

第二章　萧公弼美学思想的哲学始基 ···························· 18
　一、"太极"本体论 ·· 19
　二、"天演"进化论 ·· 22
　三、"体用一贯"论 ·· 26
　四、结　语 ·· 30

第三章　萧公弼论"美"及相关概念 ···························· 31
　一、美即无利害之快感 ·· 31

二、"内美"与"外美" ··· 33
三、"好色"与"好淫" ··· 36
四、结　语 ·· 39

第四章　萧公弼的审美境界论 ··· 41
一、"勤修天爵，漠视人爵"："乐天"之境 ······························ 42
二、"解脱尘缚，与神冥契"："超物"之境 ······························ 45
三、"人我两妄，法执双融"："忘美"之境 ······························ 49
四、结　语 ·· 53

第五章　萧公弼的美学研究方法论 ····································· 55
一、中西参证 ··· 55
二、自下而上 ··· 58
三、史论结合 ··· 61
四、以佛释美 ··· 63
五、结　语 ·· 66

余论　萧公弼与巴蜀美学精神 ··· 68
一、包容精神 ··· 68
二、超越精神 ··· 70
三、现实精神 ··· 72
四、结　语 ·· 74

下编　萧公弼著述整理

凡　例 ·· 77
美　学 ·· 78
美　学（续） ·· 82
美　学（二续） ·· 87

篇目	页码
美学（三续）	92
美学（四续）	97
读《康德人心能力论》书后	104
广告诗之审美者：寄刘少少先生与白女士（有序）	106
研究哲学之要点	107
与陈重远君书	111
《易》为中国之灵魂学	113
释我	116
鬼学哲理	119
鬼学	125
鬼学（续）	130
鬼学（二续）	134
鬼学（三续）	140
鬼学（四续）	146
科学国学并重论	152
修养宜重王学说	155
修养谭	156
神通力之研究	158
宣言语：本报标举之三大目的	162
欧战后新文明之蠡测	167
大战争后之文明	171
责任心与生活力	174
原恶社会	178
改良社会为学生应尽之天职	185
佛门卫生浅说	187
古之卫生术	189
游草堂记	193
偶成	196
夜读	197

附　录 ·· 198
　　美学纲要 ·· 198
　　集定庵句赠萧君公弼 ·· 214
　　竹根滩忆旧 ·· 215

参考文献 ·· 216

后　记 ·· 226

上编 01

萧公弼美学
思想研究

引 言

在中国近代美学史上，萧公弼是一位被长期埋没的美学研究者与传播者，留下了10余万字的著述，涉及美学、哲学、心理学、文化学等多个领域。他与王国维、梁启超、蔡元培、鲁迅等一道，为中国美学的现代转型、中国现代美学的确立作出了应有的贡献。虽然，早在上海图书馆编的《中国近代期刊篇目汇录》（第三卷·下册）中就已收录了萧公弼在《世界观》《寸心》和《文星》等杂志上发表的《美学》《广告诗之审美者：寄刘少少先生与白女士（有序）》《鬼学》《鬼学哲理》等美学、哲学论著。① 后来，吴俊等主编的《中国现代文学期刊目录新编》（下册）中又收录了萧公弼在《学生》杂志上发表的《〈易〉为中国之灵魂学》《修养宜重王学说》《读〈康德人心能力论〉书后》等著述。② 但由于在"汇录""新编"中只存其目不存其文的缘故，萧公弼及其美学思想一直以来都未被给予应有的重视，从而造成了他在中国近代美学史、中国美学的现代转型等方面研究的"缺席"③。

皮朝纲先生指出，"中国美学学科的建立、形成和发展，中国美学研究所取得的成绩，都是与中国美学文献的搜集、发掘、整理和研究的进展和成绩分不开的，而且总是以中国美学文献的搜集、发掘、整理和研究工作作为前提和基

---

① 参见上海图书馆编：《中国现代期刊篇目汇录》（第三卷·下册），上海人民出版社1984年版，第1628—1634、1636、1834—1839页。
② 参见吴俊、李今、刘晓丽、王彬彬主编：《中国现代文学期刊目录新编》（下册），上海人民出版社2010年版，第2499—2507页。
③ 如叶昌的《中国近代文艺思想论稿》（复旦大学出版社1985年版）、叶易的《中国近代文艺思潮史》（高等教育出版社1990年版）、聂振斌的《中国近代美学思想史》（中国社会科学出版社1991年版）、卢善庆的《中国近代美学思想史》（华东师范大学出版社1991年版）、陈永标的《中国近代文艺美学论稿》（广东人民出版社1993年版）、章启群的《百年中国美学史略》（北京大学出版社2005年版）等著作均未提及萧公弼。

础的"①。因此，对萧公弼美学思想的研究是伴随着其著述文献的发现、搜集与整理而开始的。由叶朗先生总主编、2003年出版的《中国历代美学文库》（近代卷下）收录了萧公弼的《美学·概论》，该《文库》对其进行了简要注释，为后来研究萧公弼美学思想奠定了基础。此后，学界在研究中国近现代美学史、中国现代美学学科建立等问题时，逐渐开始关注萧公弼及其《美学·概论》，具有代表性的研究成果有：刘悦笛的《从美学"在中国"到"中国的"美学——一段西学东渐和本土创建的历史》（2005）、李欣复的《中国现代美学发生论》（2007）、黄雁鸿的《晚清时期美学在中国的发展历程与早期留学生》（2008）、张法的《中国美学史：学科性质、提问方式、演进状况》（2011）等。这些成果的研究重点虽不是研究萧公弼的美学思想，而是中国现代美学的发生、转型、建立等问题，不过，由于萧氏著述的发现与整理，使得学者们在研究以上问题时考虑和参考了萧公弼的著述和美学思想，并对其进行了相应的评价。如李欣复认为，萧氏《美学·概论》形态规正、格式严谨，是"一部讲义式的现代学术著作"，体现出萧氏美学思想具有的现代性、开放性和逻辑性三大特征；② 刘悦笛和黄雁鸿较为一致地认为，萧氏的《美学·概论》对中国现代美学的建立具有重要的学科构建意义；③ 张法则指出，萧公弼与吕澂、朱光潜等人为中国现代美学的构建（尤其美学原理）作出巨大贡献，但是萧氏等人的美学著作，完全是按照西方的美学原理而写出的中文美学原理著作。④

如果说叶朗先生主编的《文库》（2003）对萧氏《美学·概论》的整理与校注属于萧氏美学思想研究的奠基阶段，那么2010年前的研究则属于萧氏美学思想研究的萌芽阶段。而2010年以后，萧公弼美学思想研究进入了发展阶段。这一阶段的研究成果不再只是简单地对萧氏著述的内容和地位进行介绍、评价，而是在此基础上对其美学思想本身进行解读与探讨。目前，具有代表性的研究成果为：笔者所撰写的《萧公弼：被遗忘的中国近代美学学人》（2012）、《论萧公弼的美学研究法方法——兼论其在中国近现代美学史上的地位》（2015）、《萧公弼与中国现代美育的早期开拓》（2017）三篇论文，王海涛兄的《萧公弼

---

① 皮朝纲：《对进一步拓宽、夯实中国美学学科建设基础的思考——以禅宗画学文献的发掘整理为例》，载《四川师范大学学报（社会科学版）》，2011年第4期。
② 李欣复、刘洪艳：《中国现代美学发生论》，载《西北师大学报（社会科学版）》，2007年第5期。
③ 参见刘悦笛：《从美学"在中国"到"中国的"美学——一段西学东渐和本土创建的历史》，载《美学在中国与中国美学学术研讨会论文集》，2005年10月；黄雁鸿：《晚清时期美学在中国的发展历程与早期留学生》，载《人文杂志》，2008年第5期。
④ 张法：《从世界美学的两大类型看美学的当下演进》，载《学术月刊》，2015年第4期。

与中国现代美学的早期开拓》（2014），祁志祥的《萧公弼的〈美学·概论〉：中国现代美学学科的奠基之作》（2017）等。以上研究成果是在对萧公弼具体美学思想研究的基础上，如"内美"与"外美"、"色"与"淫"、审美境界等，结合"西学东渐"、中国学术的现代转型以及中国近现代美学发展状况等因素，阐述萧氏美学观，揭示其在中国现代美学构建中的作用和中国近现代美学史上的地位。此外，由叶朗主编、2014年出版的《中国美学通史》（第8卷·现代卷）也论及到萧公弼，并指出萧氏与吕澂、黄忏华等人都是中国近代早期传播美学的学者，他们的美学思想都体现出"美学与佛学的亲缘关系"这一特点。①

概言之，自2003年以来，学术界对萧公弼著述整理及其美学思想的研究，在《美学·概论》这一萧氏重要的美学著述的整理方面作出了较为突出的成绩，并以此为基础，对萧氏美学思想内容、在中国近现代美学发展史上的地位以及为构建中国现代美学所作出的贡献有较为准确的阐述和揭示。但到目前为止，对萧氏所有著述的搜集、整理仍未完成，萧氏生平里籍仍不可知，全面系统研究他的美学思想及其地位、价值的成果还没有出现。王本朝教授说："新史料的发掘不仅包括作为历史事实的发现，还包括史料意义的重新阐释，发现新的材料却不能用来建房子，材料的意义就没有完全发挥出来，那么，史料的发掘不但有新史料的发现，还有旧史料的重新阐释。"② 因此，本书的研究路径为，先广泛搜集萧公弼的著述，并对它们进行整理和简要校注，然后立足于萧氏著述，研究其美学思想，最后结合萧氏生活的时代、地域环境，赋予其相应的学术地位，揭示其美学思想的学术价值。

---

① 彭锋：《中国美学通史》（第8卷·现代卷），江苏人民出版社2014年版，第100—101页。
② 王本朝：《新史料的发掘与中国现代文学的学科诉求》，载《甘肃社会科学》，2010年第3期。

第一章

萧公弼里籍生平著述考

提及萧公弼,人们可能会想到金元时期的太一道大师萧公弼。此人其实是萧辅道(1191—1251),公弼乃其字,他是创立于金代的太一道初祖萧抱珍之再从孙。① 据《赵州太清观懿旨碑》载,萧公弼"富文学而重气节,谨言行而知塞通"(《太清观懿旨碑》)②,当时有不少文人名士与其交往,并用诗作赞誉之。如王若虚《太一三代度师萧公墓志》曰:"公弼一世伟人,所交皆天下之士,而窃幸与之游。"③ 元好问《赠萧炼师公弼》曰:"吾家阿京爱公弼,吾家泽兄敬公弼,半生梦与公弼游,岂意相逢在今日……"④ 另外,李廷还有《萧公弼炼师生朝》⑤《送萧炼师公弼赴北庭之召二首》⑥《水龙吟(萧公弼生朝)》⑦ 等诗赞誉之。可见,萧辅道以其字公弼流行于世,深入人心。本文所考萧公弼并非金元道门中人萧公弼,而是在《学生》《世界观》《寸心》等近代杂志上发表了一系列关于美学、哲学以及实业类文章的学者萧公弼。早在1984年出版的《中国近代期刊篇目汇录》(第三卷·下册)中,就录有萧公弼在《世界观》和《寸心》杂志上发表的许多哲学、美学文章,其重要著述《美学》正位列其中。⑧ 但也许是由于只存其目不存其文原因,我国较早的几本近代美学史研究

---

① 卿希泰主编:《中国道教史》(第三卷),四川人民出版社1993年版,第16页。
② 陈垣编纂:《道家金石略》,文物出版社1988年版,第840页。
③ [金]王若虚:《滹南遗老集》,商务印书馆1937年版,第275页。
④ [元]元好问:《遗山集》,见《景印文渊阁四库全书》(第1191册),台湾商务印书馆1986年版,第40页。
⑤ [元]李廷:《寓庵集》,见《丛书集成续编》(第134册),新文丰出版公司1989年版,第16页。
⑥ [元]李廷:《寓庵集》,见《丛书集成续编》(第134册),新文丰出版公司1989年版,第16页。
⑦ [元]李廷:《寓庵集》,见《丛书集成续编》(第134册),新文丰出版公司1989年版,第19页。
⑧ 参见上海图书馆编:《中国近代期刊篇目汇录》(第三卷·下册),上海人民出版社1984年版,第1834—1839页。

专著中并没有提及萧公弼及其美学思想。① 直到2003年,叶朗先生主编的《中国历代美学文库》(全19卷)正式出版,才让萧公弼的美学著作重见天日,收录于该《文库》(近代卷下)中的萧公弼《美学·概论》引起了多位学者的注意。时至今日,萧公弼著作虽已被发现并公开,部分学者对他的美学思想进行了一定的研究,也赋予了他在中国近代美学史上应有的地位,但关于萧公弼的里籍生平等问题依然萦绕着我们,他仍然是一位"至今未查到其生世经历的陌生人物"②。

一、萧公弼里籍考

萧公弼的论文篇目多收录于《中国近代期刊篇目汇录》(第三卷·下册)中,但我们只能从中得知近代史上存在一位名为萧公弼的学者,而无法获知其里籍生平。2003年,叶朗先生主编的《中国历代美学文库》(全19册)出版,该《文库》(近代卷下)中收录了萧氏《美学·概论》,这不仅使萧氏美学著作再次问世,还让我们对其生平略知一二。在萧氏《美学·概论》的"题解"中有一段这样的描述:

> 萧公弼(?—?),表字不详。其生平详情亦待考。据《寸心》杂志,略知其为该杂志编辑部成员,也曾主持过《世界观》杂志笔政,颇具学识。……③

可见,在《中国历代美学文库》编纂时,萧公弼的里籍、生卒年、表字等还不可知。该《文库》出版后,学者们多依此中的萧氏文献进行研究,亦认为萧公弼里籍生平尚可不知,如祁志祥教授、王海涛兄皆指出,关于萧公弼的生平资料很少,仅从有限的资料中可以知道他曾为《寸心》杂志编辑部成员。④

---

① 如卢善庆《中国近代美学思想史》(华东师范大学出版社1991年版)、聂振斌《中国近代美学思想史》(中国社会科学出版社1991年版)、陈永标《中国近代文艺美学论稿》(广东人民出版社1993年版)等。
② 李欣复、刘洪艳:《中国现代美学发生论》,载《西北师大学报(社会科学版)》,2007年第5期。
③ 叶朗总主编:《中国历代美学文库》(近代卷下),高等教育出版社2003年版,第640页。
④ 参见祁志祥:《萧公弼的〈美学·概论〉:中国现代美学学科的奠基之作》,载《广东社会科学》,2017年第2期;王海涛:《萧公弼与中国现代美学的早期开拓》,载《理论月刊》,2014年第5期。

多年以前，笔者也认为，"萧公弼，表字不详，其生平至今未明"①。

据《中国近代期刊篇目汇录》（第三卷·下册）载，萧公弼曾为《世界观》杂志撰写了题为《本报标举之三大目的》的"宣言语"，刊登在该杂志第一期第一卷（1915 年第 1 期）上。② 由此可见，萧公弼并非向该杂志投稿的一般作者，而应为该杂志的编辑部成员。另外，在《空军制》一文中，萧公弼明确提到，他自己曾是《世界观》杂志的"笔政"③。张治中在 1915 年 11 月 10 日的一篇日记中提到：

> 前接×纬书，言于本年三月奉委代理宁远关监督，旋改署理，视事半年，因劳心过度，怔忡复作，遂呈准辞职，将先返里省亲，或徇成都友约，主持《世界观》杂志社，今冬必在家休养云。其通信处：成都青石桥南街第三十二号《世界观》杂志社萧公弼收转，予尚未暇作复也。④

《世界观》杂志是于 1915 年 8 月创刊的综合性月刊，在成都出版，发行人为傅殷弼。从张治中的日记中可知，该杂志社的地址在四川成都青石桥南街三十二号，故由此可断，作为该杂志社成员的萧公弼，至少在杂志创办期间，工作于四川成都。另外，萧公弼 1915 年至 1916 年在《学生》杂志上发表的文章的落款单位为"四川工业专修学校"⑤ "四川成都工业专门学校"⑥，这进一步证明萧公弼曾在四川成都学习和工作过一段时间。笔者曾也因此推测他很有可能是一位"川籍学者"⑦。

邹韬奋先生在 20 世纪 30 年代撰写回忆录时说："不久我又发现了一个投稿的新园地——商务印书馆出版的《学生》杂志。记得当时在这个杂志里投稿最多的有三个人：一个是杨贤江，当时他还在师范学校求学；一个是萧公权，他

---

① 谭玉龙：《萧公弼：被遗忘的中国近代美学学人》，载《重庆科技学院学报（社会科学版）》，2012 年第 4 期。
② 参见上海图书馆编：《中国近代期刊篇目汇录》（第三卷·下册），上海人民出版社 1984 年版，第 1628 页。
③ 萧公弼：《空军制》，载《寸心》，1917 年第 5 期。
④ 张治中：《保定军校求学日记》，见《文史资料选辑》（第八十二辑），文史资料出版社 1982 年版，第 28 页。
⑤ 萧公弼：《研究哲学之要点》，载《学生》，1915 年第 4 期。
⑥ 萧公弼：《游草堂记》，载《学生》，1915 年第 11 期。
⑦ 谭玉龙、朱志荣：《论萧公弼的美学研究方法》，载《四川师范大学学报（社会科学版）》，2015 年第 1 期。

的底细我不知道，由他文字里看出他似乎是四川人；一个便是我。"① 其中，"萧公权"当为"萧公弼"之误，因为1915年至1916年间的萧公权正在上海基督教青年会中学读书②，而非四川工业专修学校。另外，经过对《学生》杂志目录进行检索，萧公权没有在该杂志上发表任何论文。所以，邹韬奋先生所提到的应该是萧公弼，而且他从萧氏文章中推断他是四川人。如今，萧氏著述已被大量发现，考其文章确多有"吾川"之语，如其《鬼学哲理》自注曰："最近吾川双流有尸化事，成都有骰知事，事均最奇者，事载本志四卷杂录栏。"③《森林经营法》曰："我国地大物博，而材树葱蔚，枝柯蒙密者，如东三省、广西、云南等省，以及吾川之马边、峨边。"④《我之学校预科实习谈》曰："近吾川春旱，强者流为盗匪，善者全家服毒，惨不可言"；"即以吾川论，法校林立，人以千万计"。⑤ 可见，邹韬奋的推断是正确的，萧公弼的确应为四川人，否则他不会以"吾川"称四川。

萧公弼是一位近代四川学者，曾在四川成都读书和创办杂志。但他又是四川哪里人呢？我们从萧氏发表的著述文章中无法获知。不过，从《世界观》杂志第一期第一卷可知，在萧公弼为该杂志撰写"宣言语"的同时，彭举、傅畅和、曾学传分别为该杂志撰写了《〈世界观〉释名》《发刊词》和《〈世界观〉杂志题词》。另外，从彭举先生一生的事迹也可以得到一些信息，据《崇庆县志·彭云生》记载，"1915年，同萧公弼办《世界观》杂志，探索人生道路，出至6期停刊"⑥。由此可见，萧公弼与彭举、傅畅和、曾学传都应为《世界观》杂志社的成员。

当我们无法从萧公弼自己身上找到"直接材料"时，我们可以从萧氏之友人同事身上寻找"间接材料"。彭举（1887—1966），字云生，别号芸生，笔名芸荪、芸村，四川崇庆（今四川崇州）人，师从温江名儒曾学传⑦，精于宋明理学，享有"蜀中大儒"之誉。据彭举先生之长子彭铸君所撰《彭芸生年谱》

---

① 邹韬奋：《经历》，见《韬奋文集》（第三卷），生活·读书·新知三联书店1955年版，第18页。
② 参见萧公权：《问学谏往录——萧公权治学漫忆》，学林出版社1997年版，第24—32页。
③ 萧公弼：《鬼学哲理》，载《世界观》，1915年第1期。
④ 萧公弼：《森林经营法》，载《世界观》，1915年第1期。
⑤ 萧公弼：《我之学校预科实习谈》，载《学生》，1915年第12期。
⑥ 四川省崇庆县志编纂委员会编纂：《崇庆县志》，四川人民出版社1991年版，第822页。
⑦ 参见张伯龄：《彭云生事略》，见中国人民政治协商会议崇州市委员会编：《崇州历史名人录》，2000年6月刊印，第84页。

记载：

  一九〇八 戊申 光绪三十四年 二十三岁
  友绵竹萧公弼，公弼时随其兄在崇庆县读高小，颇为刘青岩、龙心宣两先生所器重。①

另外，彭举先生《竹根滩忆旧》曰："民国二年十月，余偕绵竹萧公弼、富顺范爱众及舍弟云翰，避地竹根滩六合桑园。主人为同乡李培之先生，典衣殆尽，以给余辈。今则物故人非，不胜沧桑之感矣。"② 因此，萧公弼当为四川绵竹人。绵竹，汉高祖六年（前201）置县，民国时属四川省川西道，1996年撤县立市，今为四川省德阳市管辖的县级市，距成都83公里，距彭举家乡崇州约108公里。因此，萧公弼的里籍③已逐渐明晰，他是四川绵竹（今四川德阳绵竹市）人。

二、萧公弼生卒年及所读学校考

萧公弼为四川绵竹人，与彭举等人在成都创办《世界观》杂志，而彭举先生又以"友"相称，盖萧氏与彭先生一样，应为一名跨越清季民初的学者。据《彭芸生年谱》载：

  一九一八 戊午 民国七年 三十二岁
  ……三月，公弼被吴光新部队认为民军奸细枪毙施南。④

此条记录说明，在彭先生32岁时，萧公弼遭遇不幸，即1918年3月成为我们考察萧公弼生卒年的下限。由《彭芸生年谱》可知，彭先生于1909年考入成

---

① 彭铸君：《彭芸生年谱》，见中国人民政治协商会议崇庆县委员会编：《崇庆县文史资料选辑》（第五辑），1987年10月刊印，第34页。
② 彭举：《竹根滩忆旧》，载《华西学报》，1936年第4期。
③ 里籍，又称籍贯，主要用法有四种：一为本籍，指某人出生成长之地；二为客籍，即某人迁徙之地；三为祖籍，即祖辈居住之地；四为郡望，指某一姓氏中最有名望的家族所在地。（参见曾大兴：《文学地理学研究》，商务印书馆2012年版，第13页。）本文所考察的萧氏之里籍，指他的出生成长之地，即本籍。
④ 彭铸君：《彭芸生年谱》，见中国人民政治协商会议崇庆县委员会编：《崇庆县文史资料选辑》（第五辑），1987年10月刊印，第35页。

都汪九曲祠法政学堂，时年23岁①，而1908年，萧公弼才随其兄前往崇庆县读高小②。据晚清的教育制度，"初等小学堂所教，乃十一岁以下之幼童"（《奏定初等小学堂章程》）③，那么萧公弼当在12岁时入高等小学堂，即高小。而当萧氏入高小的第二年，彭先生就前往成都就读于属于"高等学堂"的法政学堂。因此，萧公弼应年幼于彭举。那么，彭先生之生年（1887）就为考察萧氏生卒年之上限。

《奏定高等小学堂章程》载："设高等小学，令凡已习初等小学毕业者入焉……四年毕业。"④ 初等小学招收7岁以上儿童，学制5年，即12岁毕业，随即进入高小。那么，1908年入高小的萧公弼原则上也应为12岁。那么，萧公弼的出生年就应为1896年。此外，萧公弼《我之学校预科实习谈》也给我们留下了一些宝贵信息，如：

> 余少志学，默察大势，以为吾国最急务者，莫政治军事实业若。故求学标准，守斯为谨。惟睹政界人材杂阘，雅非所好。十七而就学军校，气愤云踊，踔厉风发，因事迁上，躬被弃斥，素心郁结，伤不自伸，乃改辙实业。而吾之生涯，婆娑此间者，为最久焉。客岁，毕业预科，盖期年矣。⑤

此文发表于1915年12月20日。萧氏所谓"客岁，毕业预科，盖期年矣"表明，去年，他预科毕业，到现在已经满一年了。也就是说，萧公弼应于1914年毕业于四川工业学校预科，后转入本科。而该校的学制为"本科三年，预科一年"⑥，故萧氏当在1913年进入四川工业学校就读预科。这样看来，萧公弼于12岁（1908）进入高小，16岁毕业（1912），17岁进入军校（1913），随即因故放弃而进入实业学校学习，即四川工业学校预科，经过1年的预科学习而毕业（1914），到《我之学校预科实习谈》发表之时（1915）刚好毕业1年。

---

① 彭铸君：《彭芸生年谱》，见中国人民政治协商会议崇庆县委员会编：《崇庆县文史资料选辑》（第五辑），1987年10月刊印，第32页。
② 彭铸君：《彭芸生年谱》，见中国人民政治协商会议崇庆县委员会编：《崇庆县文史资料选辑》（第五辑），1987年10月刊印，第32页。
③ 舒新城编：《中国近代教育史资料》（中册），人民教育出版社1981年版，第425页。
④ 舒新城编：《中国近代教育史资料》（中册），人民教育出版社1981年版，第427页。
⑤ 萧公弼：《我之学校预科实习谈》，载《学生》，1915年第12期。
⑥ 熊明安、徐仲林、李定开主编：《四川教育史稿》，四川教育出版社1993年版，第269页。

但是，在1915年2月刊出的《修养宜重王学说》和《〈易〉为中国之灵魂学》两文中，萧公弼为何仍将自己的单位写为"四川工业专修学校预科学生"①呢？而1915年3月及以后的萧氏论文则为"四川工业专修学校正科电科一年生"②"四川工业专修学校正科一年生"③等。难道萧公弼是1915年2月才由预科毕业，其进入预科学习应为1914年而非1913年？笔者认为，此论非也。我们知道，从论文投稿到刊出需要一定的周期，更何况身在四川成都的萧公弼要将自己的文章投向由上海商务印书馆创办的《学生》杂志，其论文短时间内是绝不能刊出的，1915年2月刊出的论文应该是萧公弼在1914年年底或更早投向杂志社的。所以，1914年为预科生的萧公弼这一身份被保留在了1915年2月刊出的论文上，实属合理。

由以上分析可知，萧公弼生于1896年，1908年进入崇庆高小学习，1912年高小毕业，随后进入军校，但因故放弃而于1913年转入四川工业专门学校预科学习，1914年预科毕业而入正科（本科），1918年3月遭遇不幸，被枪毙于施南（位于今湖北恩施附近），年仅22岁。

而萧公弼就读的四川工业专门学校是一所什么性质的学校，现今是否还存在，或是今日哪一所大学的前身呢？要解答这些问题，我们需要从近代四川教育史入手。在经历了两次鸦片战争后，清朝的大门被西方的坚船利炮完全打开，清政府成为洋人的朝廷，中国逐步沦为半殖民地半封建社会，这也让东方与西方不再只是空间概念，同时还是时间概念，代表着传统与现代、落后与文明。尤其在甲午中日战争爆发后，中国社会发生了巨大转折，爱国维新运动成为19世纪90年代的思想主流④，趋新向西自然蕴含在其中。为了扭转局势，缓和社会矛盾，维护王朝统治，清政府于1901年被迫实行"新政"，而"兴学堂，育人才是新政的核心内容"⑤。

1908年，四川提学使方旭在四川游学预备学堂旧址（笔者按：成都皇城，即今成都市四川科技馆、天府广场一带）创办了"四川工业学堂"⑥，这正是清

---

① 参见萧公弼：《修养宜重王学说》，载《学生》，1915年第2期；《〈易〉为中国之灵魂学》，载《学生》，1915年第2期。
② 萧公弼：《细胞奇观》，载《学生》，1915年第3期。
③ 萧公弼：《读康德〈人心能力论〉书后》，载《学生》，1915年第6期。
④ 马勇：《近代中国文化诸问题（增订本）》，东方出版中心2008年版，第210页。
⑤ 金林祥主编：《中国教育制度通史》（第六卷·清代下），山东教育出版社2000年版，第255页。
⑥ 四川省地方志编纂委员会编：《四川省志·教育志》（下册），方志出版社2000年版，第15页。

政府实行"新政"的成果之一。辛亥革命胜利以后,"民国"教育部随即成立,并于1912年1月19日颁布《普通教育暂行办法通令》。该通令第一条就为:"从前各项学堂,均改称为学校。"① 按照教育部命令,"四川工业学堂"于1912年2月改名为"四川高等工业学校",1914年,又更名为"四川公立工业专门学校"。萧公弼就读的正是此校。

其实,在清代末年,伴随"四川工业学堂"创建的还有其他四所学堂,它们是四川法政学堂(1906)、四川藏文学堂(1906)、四川通省农政学堂(1906)和四川存古学堂(1910)。这就是著名的晚清四川"五大专门学堂"。此五大专门学堂于1927年组合成为公立四川大学,它们分别演变为公立四川大学工科学院、法政学院、外国文学院、农科学院和中国文学院。② 1931年11月9日,公立四川大学、国立成都大学与国立成都师范大学合并为国立四川大学,1950年更名为四川大学。当然,四川大学工科学院于1954年8月独立建校,定名为成都工学院,后来又与四川化工学院合并,于1978年10月,更名为成都科技大学。③ 但1994年3月,成都科技大学与四川大学合并为四川联合大学,1998年12月,更名为四川大学。两年以后,华西医科大学与四川大学合并,组成今日之四川大学。由此可见,"四川大学的工程技术源于1908年的四川工业学堂"④。而萧公弼就读的四川工业专门学校是由清末四川工业学堂发展而来的,是今日之四川大学的前身之一。故将近代学者萧公弼视作四川大学之校友具有一定的合理性。

三、萧公弼著述考及其《美学》

萧公弼自进入四川工业专门学校预科学习后,陆续开始公开发表作品,其作品主要见于《世界观》《学生》和《寸心》等杂志。兹录如下:

(一)《世界观》杂志

《宣言语:本报标举之三大目的》(1915年第1期)、《佛门卫生浅说》(1915年第1期)、《欧战后新文明之蠡测》(1915年第1期)、《森林经营法》(1915年第1期)、《商业实习》(1915年第1期)、《商业实习(续)》(1915年

---

① 朱有瓛主编:《中国近代学制史料》(第三辑上册),华东师范大学出版社1990年版,第1页。
② 参见四川大学校史编写组编:《四川大学史稿》,四川大学出版社1985年版,第25页。
③ 参见季啸风主编:《中国高等学校变迁》,华东师范大学出版社1992年版,第894页。
④ 党跃武编著:《情报学视角的文化管理与教育管理》,四川大学出版社2009年版,第254页。

第 2 期)、《商业实习（续）》（1915 年第 3 期）、《中国何以存立于世界邪》(1915 年第 2 期)①、《鬼学哲理》（1915 年第 3 期）。

（二）《学生》杂志

《修养宜重王学说》（1915 年第 2 期）、《〈易〉为中国之灵魂学》（1915 年第 2 期）、《偶成》（1915 年第 3 期）、《释我》（1915 年第 3 期）、《细胞奇妙观》（1915 年第 3 期）、《科学国学并重论》（1915 年第 4 期）、《修养谈》（1915 年第 4 期）、《研究哲学之要点》（1915 年第 4 期）、《与陈重远君书》（1915 年第 4 期）、《说明实马力计算法》（1915 年第 5 期）、《读康德〈人心能力论〉书后》（1915 年第 6 期）、《夜读》（1915 年第 9 期）、《古之卫生术》（1915 年第 11 期）、《游草堂记》（1915 年第 11 期）、《我之学校预科实习谈》（1915 年第 12 期）、《责任心与生活力》（1916 年第 2 期）、《改良社会为学生应尽之天职》（1916 年第 4 期）、《大战争后之文明》（1916 年第 10 期）。

（三）《寸心》杂志

《美学》（1917 年第 1 期）、《美学（续）》（1917 年第 2 期）、《美学（二续)》（1917 年第 3 期）、《美学（三续）》（1917 年第 4 期）、《美学（四续）》（1917 年第 6 期）、《鬼学》（1917 年第 1 期）、《鬼学》（1917 年第 2 期）、《鬼学（二续)》（1917 年第 3 期）、《鬼学（三续）》（1917 年第 6 期）、《神通力之研究》（1917 年第 3 期）、《原恶社会》（1917 年第 3 期）、《空军制》（1917 年第 5 期)、《电学阐微》（1917 年第 6 期）、《广告诗之审美者：寄刘少少先生与白女士（有序）》（1917 年第 6 期）。

萧公弼在 1915 年至 1917 年间，发表了 40 多篇著述，涉及美学、哲学、文化学、心理学、教育学、科学等多个领域，并且还创作了《偶成》《夜读》《游草堂记》三篇文学作品。

如前文所述，萧公弼在民国初期就读于四川大学前身之一的四川工业专门学校电科专业，但正如他本人所言，"余性恬淡，雅好哲学"②，"弼虽置身工业，酷嗜哲学"③。所以，今日所发现萧氏之著述中，美学、哲学类论著占一半以上。其中，他的《美学》又颇具分量，"虽未完成，但拉开了美学原理的架势"④。萧公弼曰："余惧我青年男女之忽于审美，而有以铺其毒也。于是本奥

---

① 萧公弼：《中国何以存立于世界邪》，载《文星》，1915 年第 2 期。
② 萧公弼：《神通力之研究》，载《寸心》，1917 年第 3 期。
③ 萧公弼：《研究哲学之要点》，载《学生》，1915 年第 4 期。
④ 张法：《中国美学史：学科性质、提问方式、演进状况》，载《学术月刊》，2011 年第 8 期。

国野鲁撒劣牟氏之说，述美学概论，以就正有道焉。"(《美学·概论》)① 可见，萧氏《美学》并非他自己原创，而是以"奥国野鲁撒劣牟氏之说"为基础的译介之作。

萧氏所谓的"奥国野鲁撒劣牟氏"为何人呢？据蒋红等人编著的《中国现代美学论著、译著提要》记载，1922年上海泰东书局出版了一本由王平陵先生翻译的《美学纲要》，其原作者为耶鲁撒冷，该书两万余字，共分三章：第一章"美学底概念和问题"；第二章"美学底发达及其派别"；第三章"发生的生物学底美学"。② 而萧氏《美学》中有"（一）美学之概念及问题""（二）美学之发达及学说"和"（三）发生的生物学的美学"三部分内容。从这一点上看，萧公弼《美学》很有可能以耶鲁撒冷《美学纲要》为蓝本。从《美学纲要》的封面上看，作者的英文名为William Jerusalem，萧氏所谓"野鲁撒劣牟"正是Jerusalem的音译。所以，"奥国野鲁撒劣牟氏"并非"奥地利哲学家、心理学家艾伦费尔斯·撒瑞斯坦·伦冯（Ehrenfels, Christian ba ron von 1859—1933）"③，而是奥地利的耶路撒冷。今日，耶路撒冷《美学纲要》已难以觅见，但幸好耶路撒冷1899年出版的"Einleitung in die Philosophy"（《哲学导论》）中收录了《美学纲要》的全部内容，且该书由近代学者陈正谟先生译为中文，名为《西洋哲学概论》(1926)。《西洋哲学概论》第五章"美学之方法及目的"就是耶路撒冷《美学纲要》之全部内容。经对比可知，萧氏《美学》的主体框架和内容与耶路撒冷《美学纲要》一致，萧公弼所本之"奥国野鲁撒劣牟氏之说"正是这位奥地利维也纳大学教授耶路撒冷（William Jerusalem）④ 所著的《美学纲要》。

可是，自从叶朗先生所编《中国历代美学文库》（近代卷下）以"美学·概论"为名收录了萧氏《美学》后，多数学者沿用此名，将萧氏的《美学》称为"美学·概论"，甚至"美学概论"。我们知道，间隔号"·"在现代汉语中可被用于隔开书名和篇名。⑤ 那么，《美学·概论》就说明"美学"为书名，"概论"为"美学"中的一章，而"（一）美学之概念及问题""（二）美学之

---

① 萧公弼：《美学》，载《寸心》，1917年第1期。
② 参见蒋红、张唤民、王又如编著：《中国现代美学论著、译著提要》，复旦大学出版社1987年版，第137—138页。
③ 叶朗总主编：《中国历代美学文库》（近代卷下），高等教育出版社2003年版，第644页。
④ 参见陈正谟：《译者弁言》，见［奥］耶路撒冷：《西洋哲学概论》，商务印书馆1926年版，第1页。
⑤ 苏培实：《标点符号规范用法》，湖南出版社1995年版，第191页。

发达及学说"和"（三）发生的生物学的美学"不就成为"概论"中的三部分了吗？这显然与耶路撒冷《美学纲要》的体例不一致。其实，从《中国近代期刊篇目汇录》（第三卷·下册）中可知，萧公弼在《寸心》杂志"专著"栏目下发表的一系列著作名为"美学"，而非"美学·概论"或"美学概论"。但不可否认的是，萧氏在《寸心》杂志第一期第一号发表的《美学》确有"概论"二字，不过，经过与耶路撒冷《美学纲要》对比可知，"概论"后的七百余字实为萧氏自创，在全书中发挥绪论或引言之作用，故将这两段话命名为"概论"。

由以上分析可知，萧公弼以耶路撒冷《美学纲要》为本而创作的美学著作名应为"美学"而非"美学·概论"或"美学概论"，虽属译介之作，但萧氏译介过程中又融入了中国美学元素，表达了他自己的美学思想，体现出一定的民族特色。此外，萧氏《美学》不应视作系列论文，而应看作一本美学专著，并且很有可能是已经完成的专著。因为，萧氏《美学》各部分发表于《寸心》杂志的"专著"栏下，可见其性质当为专著，这是其一；其二，晚清民初，多有学者会将自己已完成的著作之各部分分别发表于报纸杂志，如严复《天演论》①。所以，萧公弼《美学》应该被视作我国20世纪早期的一部美学专著。而关于为何此书未完成或未全部刊出的原因应该是，《寸心》杂志于1917年1月在北京创刊，但同年7月就停刊，共出版6期。② 所以，萧氏仅在《寸心》杂志1917年第1、2、3、4、6期上发表了作品。但更为根本的原因是，萧公弼除读书治学外，还投身反对袁世凯复辟帝制的革命③，并与时任川军第五师师长、重庆镇守使的熊克武有所往来④，其后可能牵涉军阀混战，于1918年3月，"被吴光新部队认为民军奸细枪毙施南"⑤，年仅22岁。否则，萧公弼定能完成《美学》的译介或将其全部刊出，也许还有更多的美学、哲学著作问世，为"美学在中国"的传播、中国美学的现代转型作出更大的贡献。

---

① 1897年12月至1898年2月间，严复将已完成的《天演论》部分内容分别发表于《国闻汇编》第二、四、五、六册上。参见俞政：《严复著译研究》，苏州大学出版社2003年版，第12页。
② 魏绍昌主编：《中国近代文艺报刊概览》（二），见《中国近代文学大系》（第12集·第30卷·史料索引集二），上海书店1996年版，第164页。
③ 参见陶菊隐：《六君子传》，中华书局1926年版，第306—307页。
④ 彭铸君：《彭芸生年谱》，见中国人民政治协商会议崇庆县委员会编：《崇庆县文史资料选辑》（第五辑），1987年10月刊印，第33页。
⑤ 彭铸君：《彭芸生年谱》，见中国人民政治协商会议崇庆县委员会编：《崇庆县文史资料选辑》（第五辑），1987年10月刊印，第35页。

四、结　论

经以上考证可知，萧公弼是四川绵竹人，生于公元 1896 年，卒于 1918 年 3 月，曾就读于四川大学前身之一的四川工业专门学校电科专业，1915 年他与彭举先生等在成都创办《世界观杂志》，同时参与反对袁世凯复辟帝制等革命活动，著有《美学》《广告诗之审美者》《释我》《〈易〉为中国之灵魂学》《修养宜重王学说》《科学国学并重论》《鬼学》《商业实习》《战争哲学》《森林经营法》等论文与著作，涉及美学、哲学、文化以及经世致用等多个领域。萧公弼其人其作的发现，不仅有利于我们从他身上进一步研究"美学在中国"的早期传播、中国美学的现代转型等问题，还为我们研究中国近代美学史和巴蜀美学史提供了新材料。可以说，萧公弼不再是中国近代美学史上一位至今下落不明的"陌生人"，而是中国近代美学史研究不能绕开的一位重要学者。

第二章

萧公弼美学思想的哲学始基

纵观两千多年的西方美学史，治美学者多为哲学家，美学是他们哲学体系中的一部分，美学理论是哲学理论的延伸，对宇宙自然之本体的追问往往决定着他们对美本质的看法，如柏拉图以"美的相"为美本体①，中世纪神学家以"上帝"为"至美"②，并说："是你，主，创造了天地；你是美，因为它们是美丽的。"③ 黑格尔提出"美是理念的感性显现"④ 等都说明了这一点。因此，鲍桑葵说："美学理论是哲学的一个分支。"⑤ 对中国美学而言，也是如此，儒道释的不同哲学精神决定了它们彼此不同的审美理想与追求。儒家哲学建立在"礼"基础上，要求人们的思想行为、人伦道德都要合"礼"，欲通过正人心而正世道，所以重视艺术的社会教化功能，故其审美理想为"尽善尽美"⑥。道家哲学以无形无象、无声无味的不可言说之"道"为宇宙万物的本体及生命，同时"道"也是人们应该尊奉的思想行为准则，所以道家认为"天地有大美而不言"（《庄子·知北游》）⑦。中国化的佛教禅宗以"心"为世界的本体，而且提出了"道由心悟"（《坛经·宣诏品》）⑧ 的修行工夫，故禅宗美学以父母未生

---

① ［古希腊］柏拉图：《斐洞篇》，见《柏拉图对话集》，王太庆译，商务印书馆2004年版，第265页。
② ［古罗马］奥古斯丁：《忏悔录》，周士良译，商务印书馆1963年版，第5页。
③ ［古罗马］奥古斯丁：《忏悔录》，周士良译，商务印书馆1963年版，第235页。
④ ［德］黑格尔：《美学》（第一卷），朱光潜译，商务印书馆1979年版，第142页。
⑤ ［英］鲍桑葵：《美学史》，张今译，商务印书馆1985年版，第1页。
⑥ 《论语·八佾》载："子谓《韶》，尽美矣，又尽善也。"参见［三国·魏］何晏注，［宋］邢昺疏：《论语注疏》，见［清］阮元校刻：《十三经注疏》（下册），中华书局1980年版，第2469页。
⑦ ［清］郭庆藩：《庄子集释》（中册），中华书局2004年版，第735页。
⑧ ［元］宗宝编：《六祖大师法宝坛经》，见《大正新修大藏经》（第四十八册），财团法人佛陀教育基金会出版部1990年版，第359页。

前的"本来面目"(《坛经·行由品》)① 为至美。这无不说明,"中国古代美学独特的民族特色的形成离不开中国古代哲学思想"②。质言之,无论中西,美学是哲学的分支学科,是哲学的一部分,美学理论是哲学思想在美和艺术领域的变现与延伸,它深受哲学的影响。所以,探析萧公弼美学思想的哲学始基,不仅有利于了解他的美学思想形成的根本原因,还能为深入剖析其审美理想与追求的理论内核奠定基础。

一、"太极"本体论

虽然明清易代,但朝代的更替并未造成学术思想的断裂,清朝开国后依然沿着明朝的路径,倡导和崇奉程朱理学,使其依旧保持着官方意识形态的地位。虽然乾嘉年间,汉学兴起,宋学衰微,但道光以后,社会动荡,内忧外患,西学东渐,一些学者重倡程朱,笃守其官方哲学的地位,激起了一股"理学复兴"的潮流。不过,晚清学术格局变得十分复杂,不仅存在中学与西学、新学与旧学的矛盾冲突,在"旧学"之中,还有汉学与宋学、理学与心学等之争。但是,这种错综复杂、多元并存的学术格局与潮流并未随着清王朝的灭亡而结束,反而"作为一种民族心理和文化信仰,程朱理学在较长时期内依然潜移默化地影响着人们的生活;作为文化遗产和学术资源,程朱理学与陆王心学继续受到学者的关注,并在民国时期出现了'新理学''新心学'等学术体系"③。

生活于清末民初的萧公弼,虽置身工业,学习电科,但他却"酷嗜哲学"(《研究哲学之要点》)④。他在《修养宜重王学说》一文中认为,王阳明的修养工夫突破了汉儒和宋儒的偏执而最为"适切",如"汉儒趋事功,宋儒重性理,于圣人之道,皆未能一贯也。然则吾人今日从事修养之学,其祖汉儒乎,抑祖宋儒乎,余谓两者皆病也。无已,其我姚江王阳明先生致良知及知行合一之说为最适切乎?"⑤ 这使得萧氏之哲学思想具有心学倾向。

宋明理学是儒学的发展与革新,它在原始儒学的基础上进行了一系列本体论建构,使儒家道德哲学提升为一种道德形而上学。蔡仁厚先生说:"'道德的形上学',意即由道德的进路来接近形上学,或者说形上学是由道德的进路来证

---

① [元] 宗宝编:《六祖大师法宝坛经》,见《大正新修大藏经》(第四十八册),财团法人佛陀教育基金会出版部 1990 年版,第 349 页。
② 皮朝纲、李天道、钟仕伦:《中国美学体系论》,语文出版社 1995 年版,第 5 页。
③ 张昭军:《清代理学史》(下卷),广东教育出版社 2007 年版,第 559—560 页。
④ 萧公弼:《研究哲学之要点》,载《学生》,1915 年第 4 期。
⑤ 萧公弼:《修养宜重王学说》,载《学生》,1915 年第 2 期。

成,所以它的重点在形上学。"① 因此,具有相对丰富的形而上学内容的儒家经典《周易》得到了理学家们的重视。《周易·系辞上》曰:"《易》有太极,是生两仪,两仪生四象,四象生八卦,八卦定吉凶,吉凶生大业。"② 孔颖达《疏》曰:"太极,谓天地未分之前,元气混而为一。"③ "两仪"即阴阳二气,"四象"即金木水火四种元素,"八卦"是代表宇宙万物的抽象符号,"吉凶""大业"代表着人伦社会。因此,"太极"就是宇宙万物的本体,自然造化、人伦社会皆由之而生。理学的开山祖师周敦颐就充分吸收了《周易》的这种哲学思想,认为"〇,此所谓无极而太极也,所以动而阳、静而阴之本体也"(《太极图》)④,以此为基础,构建了一套宇宙论哲学。"太极"也开始受到此后的理学家关注,并成为理学中的本体范畴之一。

萧公弼也论及到了哲学中的本体论问题,如"一元之中,有不可思议之诸天。诸天之中,有无量数之世界。一世界中,有无量数之众生"(《鬼学·砭俗》)⑤。"一元"就是指宇宙万物的本体及生命。而"一元"又是什么呢?萧公弼《鬼学·察变》载:

或曰:"若然,则宇宙之广大悠久,固不可以想象而形状也。宇宙之繁复优美,固不可以言语而譬喻也。"然则子于万有,悉以一元统之,不亦谬乎?余曰:"唯唯,否否,不然。客是未知'宇宙太极之原理'也。"⑥

可见,"一元"即太极。此外,萧氏还说:"一者何?太极无偶之原理,亦即宇宙之大主观也。质言之,即宇宙原始之统一性也。"(《鬼学·通一》)⑦ 故在萧氏哲学中,"一元"或"一"指的是宇宙万物的本体,而此本体就是"太极"。哲学所要追问的首要问题或核心问题就是本体,所以萧氏曰:"哲学为太极之科学,解决神秘主义者也";"哲学为神秘本相之追求";"《易》曰:'形而

---

① 蔡仁厚:《宋明理学》(北宋篇),台湾学生书局1984年版,第10—11页。
② [三国·魏]王弼、[晋]韩康伯注,[唐]孔颖达疏:《周易正义》,见[清]阮元校刻:《十三经注疏》(上册),中华书局1980年版,第82页。
③ [三国·魏]王弼、[晋]韩康伯注,[唐]孔颖达疏:《周易正义》,见[清]阮元校刻:《十三经注疏》(上册),中华书局1980年版,第82页。
④ [宋]周敦颐:《周敦颐集》,中华书局1990年版,第1页。
⑤ 萧公弼:《鬼学》,载《寸心》,1917年第1期。
⑥ 萧公弼:《鬼学(四续)》,载《寸心》,1917年第6期。
⑦ 萧公弼:《鬼学(三续)》,载《寸心》,1917年第4期。

上者谓之道，形而下者谓之器。'哲学者，形而上之学问"（《研究哲学之要点》）①。又曰："所谓存存之本，太极之原理也。"（《鬼学·超物》）② 这进一步说明，"太极"就是本体，是哲学所要追问的首要问题，它是形而上之"道"，是宇宙万物的"本相"，是众有之生命本源。

以"太极"为本体是萧公弼对中国古代哲学，尤其是宋明理学的传承。"太极"是宇宙万物的本体及生命来源，它是形上之道，是万物的本相，所以，"夫所谓太极者，万化之统宗，万有之全一，宇宙之总体，最初之细胞"（《〈易〉为中国之灵魂学》）③。用成中英先生的话来概括就是，"'太极'确系所有事物的缘由所在的形而上原型"④。但值得注意的是，"太极"虽是本体论范畴，但不同的理学家对它内涵的诠释存在着质的差异，如张载以"气"释"太极"，"一物而两体者，其太极之谓欤"（《横渠易说·说卦》）⑤；"一物两体者，气也"（《横渠易说·说卦》）⑥。朱熹则以"理"为"太极"，"总天地万物之理，便是太极"（《朱子语类·周子之书·太极图》）⑦。而魏了翁认为"太极"就是"心"，如"心者人之太极，而人心已又为天地之太极"（《乙酉上殿札子三》）⑧。王畿也说："太极者，心之极也。"（《太极亭记》）⑨ 如前文所述，萧公弼的哲学思想具有心学的倾向，故他的"太极"本体论受到以"心"为"太极"的影响最大。

"心"不仅是认识的主体，还是宇宙万物的本体和生命本源。萧氏正是在此基础上对"太极"进行规定的。他说：

> 自观本心，有一物焉。放弥六合，卷退于密，迎不见首，从不见尾，视不见，听不闻，宰制万有，收摄乾坤，寂然不动，感遂通灵。恍恍惚惚，杳杳冥冥，能阴能阳，能柔能刚，能浮能沉，能玄能黄。无知也，无能也，

---

① 萧公弼：《研究哲学之要点》，载《学生》，1915年第4期。
② 萧公弼：《鬼学》，载《寸心》，1917年第2期。
③ 萧公弼：《〈易〉为中国之灵魂学》，载《学生》，1915年第2期。
④ ［美］成中英：《世纪之交的抉择——论中西哲学的会通与融合》，知识出版社1991年版，第256页。
⑤ ［宋］张载：《张载集》，中华书局1978年版，第235页。
⑥ ［宋］张载：《张载集》，中华书局1978年版，第233页。
⑦ ［宋］黎靖德编：《朱子语类》（第六册），中华书局1986年版，第2375页。
⑧ ［宋］魏了翁：《鹤山集》（一），见《景印文渊阁四库全书》（第1172册），台湾商务印书馆1986年版，第209页。
⑨ ［明］王畿：《王龙溪全集》（第三册），华文书局股份有限公司1970年据清道光二年莫晋重刻本影印，第1193页。

而无不知也,无不能也。此非世界之所谓灵魂者乎?(《〈易〉为中国之灵魂学》)①

萧公弼借用西人的观点认为,"灵魂即心灵,即大主观也"(《〈易〉为中国之灵魂学》)②。所以,主宰万物、囊括乾坤的"本心"就是主观之心灵,它超越时间和空间,如道家之"道"一样,不能被视听感官所把握。同时,萧氏还说:"物质发为现象,心灵蕴为本相。"(《〈易〉为中国之灵魂学》)③ 由此而论,本体之"太极"就是"心灵""大主观",与理学中以"心"为"太极"的观念相通。另外,萧公弼曰:"真心流转造化,几亿万岁,未有穷极"(《〈易〉为中国之灵魂学》)④;"精神者,清而上浮,此灵魂之所孕,即物之本相也。物质者,重浊而凝此形骸之所蕴,即物之现象也"(《鬼学哲理》)⑤。质言之,在萧氏哲学思想中,"太极"即"心灵""真心""精神""大主观",它不仅是宇宙万物的本体("本相"),它还化生万物("现象"),它既是本体论范畴,又是宇宙论的最高范畴。

萧公弼以"心"为"太极",那么,宇宙万物皆由之而出,故曰:"宇宙由我生,万化由我出。"(《鬼学·窒欲》)⑥ 当然,此"我"并非肉体之我、物质之我,而是心灵之我、精神之我,即"心""太极"。这决定了萧氏美学追求一种超越物质利益、欲望得失的境界,即"乐天""超物""忘美"之境,并使萧氏美学的最终落脚点为陶养人的心灵、提升人的精神境界。

二、"天演"进化论

严格地讲,哲学中的本体论与宇宙论是有差别的,本体论所追问的是世界的本源、第一存在等问题,而宇宙论则聚焦于宇宙万物如何被创造或生成的问题。但在中国传统文化中,受"天人合一"思维模式的影响,作为世界本源的本体并非与现象世界对立割裂,它往往贯穿于宇宙万有的生成全过程之中,所以,牟宗三先生说:"中文说一物之存在不以动字'是'来表示,而是以'生'字来表示。'生'就是一物之存在。……此种存有论亦函着宇宙生生不息之动源

---

① 萧公弼:《〈易〉为中国之灵魂学》,载《学生》,1915年第2期。
② 萧公弼:《〈易〉为中国之灵魂学》,载《学生》,1915年第2期。
③ 萧公弼:《〈易〉为中国之灵魂学》,载《学生》,1915年第2期。
④ 萧公弼:《〈易〉为中国之灵魂学》,载《学生》,1915年第2期。
⑤ 萧公弼:《鬼学哲理》,载《世界观》,1915年第3期。
⑥ 萧公弼:《鬼学(三续)》,载《寸心》,1917年第4期。

之宇宙论,故吾常亦合言而曰本体宇宙论。"① 这也说明,中国哲人常常将宇宙万有、人伦社会视作一个生生不息、翕辟成变的流变过程。萧公弼亦是如此,他以"太极"为本体,但同时又注意到,"濂溪《太极图说》,阐发此理,尤为深切著明,曰:'无极而太极,太极动而生阳,静而生阴,一动一静,互为其根。'无极之真,二五之精,妙合而凝,乾道成男,坤道成女,二气交感,化生万物,万物生生,而变化无穷焉"(《电学阐微》)②。可见,萧氏之"太极"是本体,但亦参与万物的化生过程,是一种本体宇宙论,万事万物因"太极"而生生不息、变化发展。但是,当萧氏面对人类社会的发展变化时,他却另辟蹊径,立足于西学中的进化论以解之。

第一次鸦片战争以后,中国的大门在洋人的坚船利炮下被迫打开,清朝朝野震惊,天朝上国的美梦就此破灭,"师夷长技以制夷"③ 成为流行于当时社会的重要思想观念。但在几十年后,清朝又遭遇了甲午中日海战的惨败,一些有识之士发现,仅学习西洋技术不足以救国救民,于是向西方学习遂从器物层面转向政治制度、思想文化层面,而达尔文进化论也因此以严复《天演论》为媒介正式进入我国。但不可否认的是,在严复之前已有一些来华传教士在他们的著作中提及达尔文及进化论,如传教士于1873年翻译的《地学浅释》④,但这些著作并没有引起知识分子的注意。而真正系统准确地介绍进化论的是严复,他的《天演论》在社会中产生了巨大影响,让西学之进化论成为当时许多学者进行社会学、政治学、哲学、伦理学等研究的重要方法与理论支点。正如日本学者稻叶君山所言,"《天演论》发挥适种生存、弱肉强食之说,四方读书之子,争购此新著。却当一八九六年中东战争之后,人人胸中,抱一眇者不忘视、跛者不忘履之观念。若以近代中国之革新,为起端于一八九五年之候,则《天演论》者,正溯此思想之源头,而注以活水者也"⑤。

进化论在晚清民初风靡于世,多种学科受到它的影响,但此种进化论是以严复译述之《天演论》的面貌出场的,它并不等于达尔文进化论,而是这种理

---

① 牟宗三:《圆善论》,见《牟宗三先生全集》(第22册),联经出版事业公司2003年版,第327—328页。
② 萧公弼:《电学阐微》,载《寸心》,1917年第6期。
③ [清]魏源:《海国图志原叙》,见《海国图志》(上),岳麓书社1998年版,第1页。
④ 参见[美]浦嘉珉:《中国与达尔文》,钟永强译,江苏人民出版社2008年版,第5页。
⑤ [日]稻叶君山:《清朝全史》(下册·下四),但焘译订,上海社会科学院出版社2006年版,第30页。

论的"中国变种"①。《天演论》是严复立足于晚清局势,对赫胥黎《进化论与伦理学》部分内容的译介之作,同时又融入了斯宾塞的社会进化论,将进化推至为一种普遍的社会原理,故严复曰:"天演之义,所苞如此,斯宾塞氏至推之农商工兵、语言文学之间,皆可以天演明其消息所以然之故。"(《天演论·导言二 广义》)② 严复以"天演"译进化,它是人类社会各行各业所遵行的原则与发展规律。萧公弼吸收了这种思想而认为:

> 在昔先民,狂獉野儳,被发文身,智识简陋,然形骸既赋,必资物为养,寒而思衣,饥而思食,风雨霜露,则思栋宇。此初民最简单之理想也。第当此之时,人类无爪牙以利搏噬,无羽毛以避风雨,欲将衣食住三者简陋之生活,实为难能,且此际兽蹄鸟迹,交于四野,磨牙吮血,为患匪浅,势苟不敌,且为所噬。于是人类外欲经营生活,内欲保卫安宁,则单独孤立之个人,必不适于生存之竞争,而人与人相互之关系以生,于是社会之形式演成矣。(《原恶社会》)③

萧氏在此简要阐明了人类社会产生、发展过程,并揭示出其中的原因——人类不断地"适于生存之竞争",这其实就是严复所认为的"以天演为体,而其用有二:曰物竞,曰天择"(《天演论·导言一 察变》)④。即人类社会的天演进化的核心和根本动力就是"物竞天择"。严复曰:"物竞者,物争自存也。以一物以与物物争,或存或亡,而其效则归于天择。天择者,物争焉而独存。则其存也,必有其所以存,必其所得于天之分,自致一己之能,与其所遭值之时与地,及凡周身以外之物力,有其相谋相剂者焉。"(《天演论·导言一 察变》)⑤ "物竞"就是物与物的相互竞争,而竞争的结果就是优胜者生存,劣败者淘汰死亡。这是自然选择的结果,是自然的定律,此之谓"天择"。这也是梁启超所说的"物竞天择,优胜劣败"(《放弃自由之罪》)⑥。西方列强以此说为侵略别国的借口,认为战争符合"物竞天择,优胜劣败"的进化规律,如萧公弼曰:

---

① 张汝伦:《现代中国思想研究》,上海人民出版社2014年版,第48页。
② 王栻主编:《严复集》(第五册),中华书局1986年版,第1328页。
③ 萧公弼:《原恶社会》,载《寸心》,1917年第3期。
④ 王栻主编:《严复集》(第五册),中华书局1986年版,第1324页。
⑤ 王栻主编:《严复集》(第五册),中华书局1986年版,第1324页。
⑥ 梁启超:《梁启超全集》(第一册),北京出版社1999年版,第348页。

呜呼！自十九世纪后半期，非欧洲人所艳称之达尔文时代乎？"物竞天择，优胜劣败"诸说风靡全球。斯宾塞之徒，助而和之。于是波驰电击，云谲云翻，物竞之烈，心战之苦，其不至率土地而食人肉者几希。今日欧洲之大战争，实食达氏之果也。(《欧战后新文明之蠡测》)①

在这样的背景下，严复提出国人应该"自强保种"(《天演论·自序》)②，从而使国家和民族免遭灭亡。"自强保种"不是否认或忽略"物竞天择"之理，而是要团结起来积极投身于"物竞天择"之中，所以严复说："合群者所以平群以内之物竞，即以敌群以外之天行。"(《天演论·导言十四 恕败》)③ 由此可见，严复译介进化论的真正目的是救亡图存，即通过"合群"而保中华民族之"种"。

"保种"是严译《天演论》的根本目的，而萧公弼则将"保种"论移植到了美学之中。他说：

> 故达尔文于其《物竞篇》，谓物类之欲保其种也，则雄者，常具美丽之羽毛，妩媚之态度，以诱惑雌者，使其亲己，以达其传种之目的。至于植物，则开美丽鲜艳之花，发芬芳浓郁之香，以引诱蜂蝶，使为媒介，而繁衍其种焉。是好美之情，出于天性，而关于物之生存竞争者大矣。(《美学·美学之发达及学说》)④

对动物而言，雄性常常以"美丽之羽毛，妩媚之态度"吸引雌性动物，以达交合传种之目的，植物则通过"开美丽鲜艳之花，发芬芳浓郁之香"的方式来吸引蜜蜂和蝴蝶，借以繁衍其种。可以说，生物之"保种"出于天性，而利用"美"来保其"种"亦是一种天性。故萧氏推导出"好美之情，出于天性"的结论。如果说严复提出"保种"是为了救亡图存，以应对"物竞天择"之理，那么，萧公弼则是借"保种"而说明美和审美出于"天性"、关涉生命之延续，从而奠定美学这一学科的重要地位。

此外，萧公弼认为，人类社会是一个由丑到美、由野到雅的进化过程，如

---

① 萧公弼：《欧战后新文明之蠡测》，载《世界观》，1915年第1期。
② 王栻主编：《严复集》（第五册），中华书局1986年版，第1321页。
③ 王栻主编：《严复集》（第五册），中华书局1986年版，第1348页。
④ 萧公弼：《美学（续）》，载《寸心》，1917年第2期。

"若夫国家之典章制度,社会之风俗习尚,始则简陋野僿,终则优美繁复,而究其促成进化之动机。实因人有好美恶丑,舍粗取精之美感性。于是优胜劣败,适者生存,国家社会之进化,不能不准此公理,而日改革迁善者也"(《美学·美学之发达及学说(续前)》)①。社会之进化的根本原因是人具有"好美恶丑"的天性,因为"好美"有利于"保种","保种"是为了应对"物竞天择"。

综上所述,萧氏美学吸收了以严译《天演论》面貌出场的进化论观念,并以此为基础,认为"好美之情,出于天性",同时,他还将人类文明或社会的进化原因归结为出于人类天性——"好美恶丑",其根本目的是为了体现美学这一学科的重要性,为"美学在中国"的成立与发展奠定基础。

三、"体用一贯"论

如前文所述,萧公弼以"太极"为宇宙万物的本体,但同时它又化生万物,是万物的生命本源,所以"太极"既是本体论又是宇宙论。而"太极"的内涵是"心"("心灵""精神"等),因此,"太极"本体即"心"本体,故萧氏曰:"心曰灵台,所以统摄万事,宰制万物者也。"(《古之卫生术》)②

在康德看来,"经验的对象绝不是就自身而言被给予,而是仅仅在经验中被给予,而且在经验之外根本没有实存"③,所以,"惟有通过直观,一个对象才被给予"④。萧公弼曰:"此现象之世界,若是其多殊,若是其变化,是非本体,而吾人知觉之所构也。"(《鬼学·通一》)⑤ 可见,萧氏之思想是由康德而来,"现象之世界"不是本体,它是由人的知觉所构成,即康德所谓的"被给予"。而"心"是人的主宰,所以现象世界实为人心("心灵""精神"等)之外化,精神是物之本相,物质是精神之变现。萧氏曰:

> 精神者,无形之原素。物质者,乃有形之实体也。(《宣言语:本报标举之三大目的》)⑥

---

① 萧公弼:《美学(二续)》,载《寸心》,1917年第3期。
② 萧公弼:《古之卫生术》,载《学生》,1915年第11期。
③ [德]伊曼努尔·康德:《纯粹理性批判》,李秋零译,中国人民大学出版社2004年版,第407页。
④ [德]伊曼努尔·康德:《纯粹理性批判》,李秋零译,中国人民大学出版社2004年版,第542页。
⑤ 萧公弼:《鬼学(三续)》,载《寸心》,1917年第4期。
⑥ 萧公弼:《宣言语:本报标举之三大目的》,载《世界观》,1915年第1期。

> 有形者，物之粗也，无形者，物之精也。夫有形者，生于无形，数之所不能分，目之所不能穷者，正不知其几何也。(《鬼学·辨惑》)①

这揭示出萧氏的基本哲学观念，即精神、无形是物的本体，是物之"精"，物质、有形是物的现象，是物之"粗"，有形由无形所生。

萧公弼的哲学观念虽受到西学的影响，但其中也有深厚的中国哲学底蕴。道家哲学认为，"大音希声，大象无形"(《老子》四十一章)②；"夫道，有情有信，无为无形"(《庄子·大宗师》)③。作为宇宙万物之本体及生命的"道"(即"大象")本身就具有"无形"的特点，所以，"天下万物生于有，有生于无"(《老子》四十章)④，"夫有形者生于无形"(《列子·天瑞》)⑤。这就形成了中国哲学中重视"无形"的传统，因而在中国美学中亦出现了重视"君形者"(《淮南子·说山训》)⑥ 的倾向。葛洪曰："夫有因无而生焉，形须神而立焉。有者，无之宫也。形者，神之宅也。"(《抱朴子·至理》)⑦ 对有形与无形的探讨，其实也是对形神问题的探讨，故而中国古代艺术观念倡导"传神写照"(《世说新语·巧艺》)⑧、"书之妙道，神采为上，形质次之"(《笔意赞》)⑨、"画写物外形"(《论形意》)⑩ 等皆由于此。萧公弼也因此要求人们"闭物质界之眼，而开心灵界之眼"(《鬼学·超物》)⑪，以"心灵"之眼，超越有形之物质，从而窥探那无形之本相，以及在"内美"与"外美"之间，推崇一种"重内而轻外"(《美学·美学之要义及其地位》)⑫ 的审美观。

---

① 萧公弼：《鬼学（二续）》，载《寸心》，1917 年第 3 期。
② [三国·魏] 王弼注，楼宇烈校释：《老子道德经注校释》，中华书局 2008 年版，第 113 页。
③ [清] 郭庆藩：《庄子集释》（上册），中华书局 2004 年版，第 246 页。
④ [三国·魏] 王弼注，楼宇烈校释：《老子道德经注校释》，中华书局 2008 年版，第 110 页。
⑤ 杨伯峻：《列子集释》，中华书局 1979 年版，第 5 页。
⑥ 刘文典：《淮南鸿烈集解》（下册），中华书局 1989 年版，第 540 页。
⑦ 王明：《抱朴子内篇校释》，中华书局 1986 年版，第 110 页。
⑧ [南朝·宋] 刘义庆撰，[南朝·梁] 刘孝标注，朱铸禹汇校集注：《世说新语汇校集注》，上海古籍出版社 2002 年版，第 604—605 页。
⑨ [南朝·齐] 王僧虔：《笔意赞》，见上海书画出版社、华东师范大学古籍整理研究室选编、校点：《历代书法论文选》，上海书画出版社 1979 年版，第 62 页。
⑩ [宋] 晁说之：《论形意》，见俞剑华编著：《中国画论类编》（上卷），人民美术出版社 1986 年版，第 66 页。
⑪ 萧公弼：《美学（续）》，载《寸心》，1917 年第 2 期。
⑫ 萧公弼：《美学（四续）》，载《寸心》，1917 年第 6 期。

杨国荣先生将"物"分为原初形态之物与人化形态之物,"从成物的维度看,尚未进入知行之域者,也就是处于原初形态之物,它包涵二重基本规定,即本然性与自在性"①。哲学、美学所追问的"物"绝非此种"原初形态之物",而是"人化形态之物",面对的是意义的世界、具有意义的"物"。虽然,萧公弼以"心"为"太极",强调物具有"被给予"的性质,"心"是物之本相,但他并非要否定"物"的存在,而是揭示意义之"物"的生成离不开人的心智、精神,即"'物'的意义都是在人的知、行过程中呈现的"②。所以,萧氏以"心"为本体,其实表达的是"心"为意义世界的本体。

意义世界的生成离不开"心","心"是意义之物的本相和主宰,对于人自身来说,亦是如此。萧氏曰:"吾人屈伸俯仰,喜怒哀乐,此中无主,谁使之然。推求其故,不能不归本于灵魂。"(《鬼学哲理》)③ "心"为人的主宰,人的情感、意志皆因"心"而起。他还说:"观察万物,见其形体虽死,而其生机实永存不灭,虫类蛰藏,兽类冬伏。形态虽死,生机则仍相属。"(《细胞奇妙观》)④ 可见,萧公弼持有一种形死神("生机")不灭的形神观。基于此,萧公弼将"我"分为"真我"与"幻我",如:

> 夫灵魂者,永久之我,真我也。躯壳者,暂时之我,幻我也。……理性之我,为灵魂之我,永久不灭者也。物质之我为躯壳,与世变迁者也。(《鬼学·释我》)⑤

"真我"就是灵魂之我、理性之我、精神之我,"幻我"就是躯壳之我、物质之我、欲望之我。前者是人的主宰,是永恒的存在,后者是与世变迁的有限存在。如果不识"真我"而执于"幻我",则会导致"竞争角逐,计较染着,纵耳目之欲,穷声色之好,饕餮贪婪,无有已时"(《鬼学·释我》)⑥ 的严重后果。因此,萧氏美学将人的审美境界分为"欲""知美"与"忘美"三个层次,而"欲"的境界是最下等的,因为它"阿私所好,或醉生梦死,其去禽兽也几

---

① 杨国荣:《意义世界的生成》,台湾学生书局2011年版,第3页。
② 杨国荣:《意义世界的生成》,台湾学生书局2011年版,第4页。
③ 萧公弼:《鬼学哲理》,载《世界观》,1915年第3期。
④ 萧公弼:《细胞奇妙观》,载《学生》,1915年第3期。
⑤ 萧公弼:《鬼学(二续)》,载《寸心》,1917年第3期。
⑥ 萧公弼:《鬼学(二续)》,载《寸心》,1917年第3期。

希"(《美学·概论》)①,是人的肉体之欲、物质之欲的满足,与禽兽没有什么分别。

但值得注意的是,萧公弼哲学虽有心物、形神、精神物质等之分,但受中国古代"天人合一"思维模式的影响,它们属于"一个世界"而非"两个世界"②,如:

> 《易》言"一阴一阳之谓道",则世界组成不过精神物质二部而已。精神者,清而上浮,此灵魂之所孕,即物之本相也。物质者,重浊而凝此形骸之所蕴,即物之现象也。参和气者为人,此人之所以参天两地雄长万物者也。(《鬼学哲理》)③

精神与物质是组成世界的两个部分。虽然,精神是物之本相,物质是现象,但本相与现象不是相互割裂、彼此对立的两物,而是一物之两面,是在场与不在场、显与隐的关系。"物"是如此,"人"亦应如是,兼具形神、融通心物。这就是萧公弼在《科学国学并重论》中提出的"体用一贯"④。此外,他还说:

> 夫太极者,宇宙之拓都也。小极者,各个之幺匿也。故各个之形,即太极一体之形,各个之意,即太极一体之意,碎拓都可为幺匿,即集幺匿可成拓都,宇宙全体之势量,固不因大小成毁,而有增减消息也。(《鬼学·察变》)⑤

"拓都"和"幺匿"分别是英文 total 与 unit 的音译,前者是代表宇宙全体之"太极"("体"),后者是作为现象的物质("用")。"拓都"是本体,"幺匿"是现象,但"碎拓都可为幺匿,即集幺匿可成拓都",本体不离现象而存在,现象不脱本体而独有,在场之现象由不在场之本体所变现,不在场之本体可由在场之现象所呈现,本体现象是一物之两面,可分实不二。用熊十力先生的话讲就是,"大海水(喻本体)现作众沤(众沤喻一切人或一切物),即每一

---

① 萧公弼:《美学》,载《寸心》,1917 年第 1 期。
② 参见李泽厚:《哲学纲要》,北京大学出版社 2011 年版,第 76 页。
③ 萧公弼:《鬼学哲理》,载《世界观》,1915 年第 3 期。
④ 萧公弼:《科学国学并重论》,载《学生》,1915 年第 4 期。
⑤ 萧公弼:《鬼学(四续)》,载《寸心》,1917 年第 6 期。

沤都是大海水炽然腾跃著现"①。熊先生的这种"体用不二"论其实就是萧氏提出的"体用一贯"论，而他多次提到的"天人本一致"（《鬼学·窒欲》）②、"显幽无二理"（《鬼学·窒欲》）③、"心物同体"（《读〈康德人心能力论〉书后》）④ 等说，皆是"体用一贯"思想的发挥。

在"体用一贯"思想统摄下，萧公弼倡导的审美之最高境界——"乐天""超物""忘美"等，并非否定物质与欲望，而是超越物质与欲望。此种超越并非纵向的超越而是横向的超越，即由显及隐，由在场之现象体悟不在场之本相，人在即物即心、即用即体、即幻我即真我、即物质即太极之中，可实现内在的超越，从而进入集真善美为一体的"天人合一"之境。

四、结　语

美学是哲学的分支学科，一位哲学家的美学理论是其哲学体系不可或缺的一部分，美学不仅与哲学"共享"着许多相同概念、范畴和命题，它往往在终极追求上与哲学相通。这一点从萧公弼的美学思想中可以见出。萧氏之"太极"本体论、"天演"进化论以及"体用一贯"的哲学思想是其美学思想的基础，他对美学学科重要性的揭示，对重"内美"而轻"外美"、"好色而不淫"以及"乐天""超物""忘美"之境的倡导，无不构筑在他的哲学观念基础之上。易言之，萧氏之哲学观念决定着其美学思想的基本旨趣，是其美学思想的基础。在萧氏哲学思想中，虽有进化论的引入，也有心灵、理性、精神等西学术语的出现，但其理论内核与内在精神则是中国传统文化，如易学、理学（心学）、佛学等，贯穿始终的是"天人合一""体用不二"的思维观念。从这个意义上讲，生活在受西学激荡时代的萧公弼，并未一味崇西趋新，而是以开放的态度、包容的心态，虚心接受西方可取的学术思想，同时不忘传统、立足传统，推动传统文化的现代转型。从萧氏身上正体现出近代中国文化传统的"中断"，但"传统的中断也并非全断，其间多有或隐或显的传承"⑤。

---

① 熊十力：《新唯识论（壬辰删定本）》，中国人民大学出版社 2006 年版，第 22 页。
② 萧公弼：《鬼学（三续）》，载《寸心》，1917 年第 4 期。
③ 萧公弼：《鬼学（三续）》，载《寸心》，1917 年第 4 期。
④ 萧公弼：《读〈康德人心能力论〉书后》，载《学生》，1915 年第 6 期。
⑤ 罗志田：《自序》，见《裂变中的传承——20 世纪前期的中国文化与学术》，中华书局 2009 年版，第 1 页。

第三章

萧公弼论"美"及相关概念

20世纪的西方美学已由古典进入现代,这引起了美学研究的重大变化,原本聚焦于"美是什么"的古典美学被扬弃,对美本质的追问被认为是无稽之谈,如分析美学就把"美"仅仅视作像"呵""啊"一样的表达自我情感的一个形容词或感叹词①。所以,张法教授说:"20世纪美学没有美的本质这一面。"②可是,当我们把目光从西方转向中国时,对美本质的消解这一现代美学的特征并未出现。因为,在西方美学由古典进入现代时,"美学"才逐渐随"西学东渐"进入我国,并且对近代中国发挥主要影响的仍然是西方古典美学。因此,对美本质的追问成为中国近代学者进行美学研究不可回避的话题,而萧公弼自当不能例外。他的美学思想主要依托奥地利哲学家耶路撒冷的《美学纲要》,该书主要介绍了上起古希腊、下至19世纪的美学思想,其中"美的本质"问题占据着重要地位。因此,萧公弼的美学研究,以探讨"美是什么"为起始点,并以此为基础对美的相关概念进行了论述。

一、美即无利害之快感

我们知道,美学是由德国哲学家鲍姆嘉通(Baumgarten)于1735年提出创立的哲学学科,但早在古希腊哲学家那里就已有关于"美"和艺术的论说。所以,萧公弼说:"美学之名,虽起于近世,然美与艺术之观念,早已为古代思想家所顾念矣。"(《美学·美学之发达及学说》)③虽然,古希腊哲学家们在各自哲学观念基础上提出了诸如"美在秩序""美善合一""美引起快感"等美学观点,但从审美主体角度来界定美的本质出现较早、影响较大,并延续至今。伊

---

① 参见[英]维特根斯坦:《关于美学、心理学和宗教信仰的讲演与谈话(1938—1946)》,江怡译,见涂纪亮主编:《维特根斯坦全集》(第12卷),河北教育出版社2003年版,第323—326页。
② 张法:《20世纪西方美学史(修订本)》,四川人民出版社2007年版,第5页。
③ 萧公弼:《美学(续)》,载《寸心》,1917年第2期。

壁鸠鲁（Epicurus）说："即使你在谈论的是美，你也是谈论快感，因为美如果不是令人感到快乐的，也就不会是美的。"① 这揭示出"美"就是一种快感。中世纪的托马斯·阿奎那（Thomas Aquinas）沿此路径而认为，"单靠实体感知本身就能带来快感的东西称为'美'"②。文艺复兴时期的马里西奥·费奇诺（Marsilio Ficino）提出，美"给了我们无与伦比的快感"③。经验主义哲学家休谟（David Hume）也说："任何一个对象就其一切的部分而论，如果足以达成任何令人愉快的目的，它自然就给我们以一种快乐，并且被认为是美的……"④ 这就是出现于古希腊，延绵于两千多年的美即快感说。萧公弼以耶路撒冷《美学纲要》为本，吸收了西方美学史上的这种理论，也提出了类似的美的本质观。

萧公弼不像20世纪西方美学家那样，否定"美"的存在，认为"美是什么"的问题毫无意义。相反，他首先肯定了自然社会中存在着大量的"美"，如"日月星辰丽乎天，此天之美者也。山川草木丽乎土，此地之美者也。菁英灵秀钟乎人，此人之美者也"（《美学·概论》）⑤，而美的存在正是追问"美是什么"的前提与基础。不过萧公弼观察到，天地间虽处处有美的存在，但人们对美的选择好恶却各有不同，如：

  东西洋对于妇女之审美，东洋以黑发为美，西欧以金色发为美，东洋以黑眼为美，西欧以碧眼为美。至于黑种人之于美观判断，尤为特异。然则孰是而孰非邪？盖皆缘于心理之特殊，与社会历史之习惯不同也。（《美学·美学之概念及问题》）⑥

由于人与人的心理不同，所生活的社会环境和时代不同，就造成了人的审美观具有一定的差异性，每个人的美感品味也就打上了"我个人特有"⑦ 的烙印。尽管如此，在纷繁复杂的审美观中却存在着万变不离其宗的因素，那就是，

---

① 转引自［波兰］沃拉德斯拉维·塔塔科维兹：《古代美学》，杨力、耿幼壮、龚见明、高潮译，中国社会科学出版社1990年版，第234页。
② ［意］阿奎那：《神学大全》，见马奇主编：《西方美学史资料选编》（上卷），上海人民出版社1987年版，第216页。
③ ［意］费奇诺：《〈会饮篇〉评注》，转引自陆扬：《西方美学通史》（第二卷），上海文艺出版社1999年版，第382页。
④ ［英］休谟：《人性论》（下册），关文运译，商务印书馆1980年版，第627页。
⑤ 萧公弼：《美学》，载《寸心》，1917年第1期。
⑥ 萧公弼：《美学》，载《寸心》，1917年第1期。
⑦ ［美］汤森德：《美学概论》，林逢祺译，学富文化事业有限公司2008年版，第25页。

"现象印入吾脑而感快者,则谓之美,否则谓之丑"(《美学·美学之发达及学说》)①。当事物被审美观照时,能够给审美主体带来快感的就是"美",不能激起快感,甚至带来痛感的则为"丑"。质言之,美即快感,丑即痛感,快感就是美的本质。

萧公弼提出的"美即快感"的学说明显来自西方美学,但他并未就此止步,而是融摄康德美学思想,对美的这一本质进行了进一步限定。康德以"鉴赏力"为中心,探讨美本质的问题,他说:"鉴赏是通过不带任何利害的愉悦或不悦而对一个对象或一个表象方式作评判的能力。一个这样的愉悦的对象就叫作美。"②康德认为,美就是能够给人带来快感的对象,但这种快感并非普通的快感,而是"不带任何利害"的快感。因为,普通的快感夹杂着功利欲望的满足,而无功利的快感则是一种精神愉悦,即美感。萧公弼继承了康德之说而提出,"吾人所谓美者,不杂利害之见,而能使人爱好畅快者也"(《美学·美学之发达及学说》)③。所以,不涉及也不激起主体欲望、功利计较的,且让人舒适愉悦的对象,就是美。那么,美的本质就是一种无利害之快感,即美感,美给人的是精神愉悦,而非肉体快感和欲望满足。也正由于此,萧公弼曰:

> 美也者,所以使人"娱情适志赏心悦目"者也。使美而不能生人恋爱之心,则美之为美,不足观也已矣。(《美学·美学之发达及学说》)④

美就是无利害之快感,美即美感。如果美不能使人产生愉悦适宜之情,则美就不能称之为美,这样的美也毫无意义,故"不足观也"。基于此,萧公弼采纳哈奇生(Francis Hutcheson)的观点,将美学这一学科定义为,"美学者,感情之哲学"(《美学·美学之概念及问题》)⑤。

二、"内美"与"外美"

如果说"美"即无利害之快感是萧公弼本于西方美学而提出的美学观点,那么,他在《战争哲学》中认为"原道归德,浑浑乎帝佐之风。美哉!管子"⑥

---

① 萧公弼:《美学(二续)》,载《寸心》,1917年第3期。
② [德]康德:《判断力批判》,邓晓芒译,人民出版社2002年版,第45页。
③ 萧公弼:《美学(续)》,载《寸心》,1917年第2期。
④ 萧公弼:《美学(续)》,载《寸心》,1917年第2期。
⑤ 萧公弼:《美学》,载《寸心》,1917年第1期。
⑥ [日]高桥五郎原著,萧公弼译意:《战争哲学(续)》,载《世界观》,1915年第3期。

则受到了儒家美学的影响。虽然这是对管子兵学思想的赞美，但也暗含着萧氏以"原道归德"为"美"的美学思想。梁漱溟先生曾说："道德气氛特重为中国文化之一大特征。"① 这体现在儒家美学中就为"美"与"善"的合一。《论语·八佾》载："子谓《韶》，'尽美矣，又尽善也'。谓《武》，'尽美矣，未尽善也'。"② 可见，"尽善尽美"乃儒家美学之一大追求。它要求艺术作品不能只注重其审美性，给人以美感，还要注重其内在的道德意蕴，对人发挥道德教化功用。后世所谓"文所以载道"（《通书·文辞》)③ 正是对儒家美学观的继承与发展。除美即无利害之快感外，萧公弼还提出"原道归德"对美加以限制，借以倡导审美在给人精神愉悦之外，还应承担起净化心智、提升道德的任务。所以，他说："美与善人类最高之生活也。"（《欧战后新文明之蠡测》)④ 当美能够"原道归德"时，美就不只是单纯的快感、愉悦，也不只是外在形式的好看、漂亮，而是一种超越单纯之美和纯粹之善的更高一级的美和善，即"善－美"。"善－美"使人在审美过程中，在审美愉悦中，不知不觉地提升自我、纯化心灵，由正心而正世道，达到"浑浑乎帝佐之风"的效果。这也就是由"修身"到"齐家""治国""平天下"的过程。

美不仅是无利害之快感，它还应具有道德内涵充塞其中，发挥"原道归德"的作用。这种思想贯穿于萧公弼关于"内美"与"外美"的论述中。萧公弼曰：

> 外部之美，则假于外物，托于色相，意觉美观，缘生爱恋，是此美为自外部发生，是谓"外美"。若理性自适，意志修洁，天君泰然，良知愉快而感美者，是此美自内部发生，名曰"内美"。故甲第连云，崇阁绮室，衣被文绣，食饱珍馐者，外部之美也。孔子疏食曲肱，原宪瓮牖绳枢，声出金石，乐在其中者，内部之美也。内部之美，精神之快感也，在我而已。外部之美，形式之美，求在外者也。（《美学·发生的生物学的美学》)⑤

---

① 梁漱溟：《中国文化要义》，上海人民出版社2011年版，第23页。
② [三国·魏]何晏注，[宋]邢昺疏：《论语注疏》，见[清]阮元校刻：《十三经注疏》（下册），中华书局1980年版，第2469页。
③ [宋]周敦颐：《周敦颐集》，中华书局2009年版，第35页。
④ 萧公弼：《欧战后新文明之蠡测》，载《世界观》，1915年第1期。另见萧氏：《大战争后之文明》，载《学生》，1916年第10期。
⑤ 萧公弼：《美学（四续）》，载《寸心》，1917年第6期。

由萧氏之论可知,"外美"就是由物之色相,如纹绣、线条等,引起的快感,它是形式美,是直观的对象,多满足人的感官欲求;"内美"则是人精神欲求得到满足,人生观、价值观得以实现后获得的自得之乐和精神愉悦,如孔子的"疏食曲肱"、原宪"瓮牖绳枢"皆属于这种美。要言之,"内美"与"外美"即精神之美与形式之美、精神愉悦与感官快感。

在"内美"与"外美"之间,萧公弼倡导"重内而轻外"① 的审美观,他说:

> 外美之至,其来不可囿,其去不可止,皆物之傥来寄者也。内美则良知莹然,心不蔽物,自适自乐,无入而不自得焉。且内部之美,其感快性强,为时永久,外部之美,物有不足,则烦恼以生,其痛苦有异寻常万倍者。(《美学·发生的生物学的美学》)②

"外美"是事物外在形式的美观所引起的感官之乐,"内美"则是从心底生发出的自得之乐、自适之乐。所以,由内部之美而生的美感为时永久、根深蒂固,而拘泥于事物外部之美不仅不能获得真正的审美享受,还会招来痛苦,因为外美来不可止,其去不可留,当外美消失时,人定会万分痛苦,以生烦恼。萧氏之"外美"与《礼记·乐记》中"人化物"相通,如"夫物之感人无穷,而人之好恶无节,则是物至而人化物也。人化物也者,灭天理而穷人欲者也"③。正由于此,萧公弼倡导人们应该"重内而轻外"。

"内美"为精神之美,"外美"为形式之美。这与儒家美学中的"文""质"观念相通。孔子曰:"质胜文则野,文胜质则史。文质彬彬,然后君子。"(《论语·雍也》)④ 扬雄曰:"文。阴敛其质,阳散其文,文质班班,万物粲然。"(《太玄经·文》)⑤ 值得注意的是,儒家美学在文质之间并没有偏废其一,而是强调"文质彬彬""文质班班"。因为没有内在精神的形式是"死"形式,离开形式的精神虚无缥缈,文与质需要合而为一、相互配合才能发挥作用,才能让

---

① 萧公弼:《美学(四续)》,载《寸心》,1917 年第 6 期。
② 萧公弼:《美学(四续)》,载《寸心》,1917 年第 6 期。
③ [汉]郑玄注,[唐]孔颖达疏:《礼记正义》,见[清]阮元校刻:《十三经注疏》(下册),中华书局 1980 年版,第 1529 页。
④ [三国·魏]何晏注,[宋]邢昺疏:《论语注疏》,见[清]阮元校刻:《十三经注疏》(下册),中华书局 1980 年版,第 2479 页。
⑤ [汉]扬雄撰,[宋]司马光集注:《太玄集注》,中华书局 1998 年版,第 97 页。

人捕捉。那萧公弼"重内而轻外"的美学观是不是与此相悖呢?当然不是。萧公弼倡导"重内而轻外",不是重内而"非"外,即在"内美"与"外美"之间,"内美"应该占据主导地位,但也并不因此而否定,甚至去掉"外美"。正如萧公弼所论,"外美"是托于物之色相,是审美活动中感官首先接触到的元素,如果色相毫无美感可言,审美关系将无法建立,审美活动将无法进行,"内美"又从何生成呢?所以,"轻"外美指的是,与外美相比,内美更为重要,但不是彻底否定外美,而是不拘泥于外美,不沉溺于外美,人们应由外而内,即萧氏所谓的"在内外之间"(《美学·发生的生物学的美学》)①。这颇具屈原"纷吾既有此内美兮,又重之以修能"(《离骚》)② 之审美风范。在这种美学观念的指导下,审美创作才能真正发挥出"敬天地,泣鬼神,淳风俗,美教化"(《美学·发生的生物学的美学》)③ 的巨大功效。因此,萧公弼总结道:"我青年男女同胞之审美也,须具有此胸襟气概,然后能不沉于声色货利,不淫于富贵功名,而能以美利利天下矣。"(《美学·发生的生物学的美学》)④

三、"好色"与"好淫"

春秋中期以后,周王室衰微,诸侯争霸,礼崩乐坏,原有的礼乐制度几乎消亡殆尽,所谓"天下有道,则礼乐征伐自天子出;天下无道,则礼乐征伐自诸侯出"(《论语·季氏》)⑤ 正是对这一时期的恰当描述。孔子为了挽救时局,维护周王室的统治,倡导恢复周代的礼乐制度,而"礼"成为儒家美学中的重要内容和对审美、艺术的评判标准与约束条件。从这个意义上讲,儒家文化就是"礼"文化⑥,儒学就是礼学。

孔子倡导"乐而不淫,哀而不伤"(《论语·八佾》)⑦,其中的"不淫""不伤"其实是让人的哀乐情感的抒发合于"礼"。"色"指美貌的女子或女子

---

① 萧公弼:《美学(四续)》,载《寸心》,1917年第6期。
② 蒋天枢:《楚辞校释》,上海古籍出版社1989年版,第6页。
③ 萧公弼:《美学(四续)》,载《寸心》,1917年第6期。
④ 萧公弼:《美学(四续)》,载《寸心》,1917年第6期。
⑤ [三国·魏]何晏注,[宋]邢昺疏:《论语注疏》,见[清]阮元校刻:《十三经注疏》(下册),中华书局1980年版,第2521页。
⑥ 蒙培元:《情感与理性》,中国社会科学出版社2002年版,第175页。
⑦ [三国·魏]何晏注,[宋]邢昺疏:《论语注疏》,见[清]阮元校刻:《十三经注疏》(下册),中华书局1980年版,第2468页。

的姿色，如《尚书·夏书·五子之歌》曰："内作色荒，外作禽荒。"① 孔安国《传》曰："色，女色。"② 孔颖达《疏》曰："女有美色，男子悦之，经传通谓女人为色。"③ 因此，"色"就是一种"美"。而儒家并非否定这种"美"，《关雎》之"窈窕淑女，君子好逑"④ 受到儒家的认可即说明这一点。只不过儒家要求人们"不淫于色"（《大戴礼记·千乘》）⑤。儒家美学一方面承认"色"的存在，认可人追求"色"的天性，另一方面又要求人们不沉溺于"色"，对"色"不能有非分之想，否则就由"色"而堕入"淫"。《史记·屈原贾生列传》曰"《国风》好色而不淫"⑥，显然是对儒家"色""淫"观念的继承与发展。质言之，儒家美学认为，人可以追求、欣赏"色"（"美"），但不能过分（"淫"），即"好色而不淫"，因为过分就不合于"礼"。

可是，到了明末清初的金圣叹那里，儒家的"色""淫"观念被完全颠覆。金圣叹认为"好色"就是"好淫"，如：

> 夫好色而曰吾不淫，是必其未尝好色者也。好色而曰吾大畏乎礼而不敢淫，是必其并不敢好色者也。好色而大畏乎礼而不敢淫而犹敢好色，则吾不知礼之为礼将何等也。好色而大畏乎礼而犹敢好色而独不敢淫，则吾不知淫之为淫必何等也。……人未有不好色者也，人好色未有不淫者也，人淫未有不以好色自解者也。（《贯华堂第六才子书西厢记·酬简》）⑦

在金圣叹看来，"好色"是人之天性，应该得以认可与承认，这一点与儒家美学相同。但同时他认为，"好色"就等于"好淫"，即好色是为了性欲的满足，反过来说，人人皆想"淫"，所以人人都有"好色"之心，故金圣叹曰："夫好色与淫相去则真有几何也耶？"（《贯华堂第六才子书西厢记·酬简》）⑧

---

① ［汉］孔安国传，［唐］孔颖达疏：《尚书正义》，见［清］阮元校刻：《十三经注疏》（上册），中华书局1980年版，第157页。
② ［汉］孔安国传，［唐］孔颖达疏：《尚书正义》，见［清］阮元校刻：《十三经注疏》（上册），中华书局1980年版，第157页。
③ ［汉］孔安国传，［唐］孔颖达疏：《尚书正义》，见［清］阮元校刻：《十三经注疏》（上册），中华书局1980年版，第157页。
④ ［汉］毛亨传，［汉］郑玄笺，［唐］孔颖达疏：《毛诗正义》，见［清］阮元校刻：《十三经注疏》（上册），中华书局1980年版，第273页。
⑤ ［清］王聘珍：《大戴礼记解诂》，中华书局1983年版，第154页。
⑥ ［汉］司马迁：《史记》（第八册），中华书局1959年版，第2482页。
⑦ ［清］金圣叹：《金圣叹全集》（三），江苏古籍出版社1985年版，第161—162页。
⑧ ［清］金圣叹：《金圣叹全集》（三），江苏古籍出版社1985年版，第162页。

金圣叹的"好色"即"好淫"的观点被萧公弼所注意,并且萧公弼将其放入了美学之中加以探讨。如前文所述,萧公弼认为,美的本质就是无利害之快感,这是一种精神愉悦、良知适意之美感。而与此相对的则是"美的玩赏",因为"美的玩赏者,一种机能的快感"(《美学·发生的生物学的美学》)①,而"机能快感,关于人之生理"(《美学·发生的生物学的美学》)②。所以,"美的玩赏"应为一种生理快感和欲望满足。以此论之,萧公弼曰:

> 好色者,美的本质也;好淫者,美的玩赏也。好色者,精神之快感也;好淫者,肉体之欲望也。盖美感为人之天性,则好色者,亦人之天性也。(《美学·美学之要义及其地位》)③

萧公弼与告子一样,认为"好色"是人之天性④,同时,作为美的本质的"好色"让人获得的是精神愉悦和无功利的快感,即美感。而真正应该被否定的是"好淫",因为"淫"是纯粹感官的享乐、欲望的满足,让人获得的是生理快感和肉体之乐。如果一个人"色之而不淫",那么,"如镜中花,如水里月,花月来而镜水有照,花月去而形影不留,则此胸中活泼泼地,只觉一片化机,一缕清光。凡宇宙间诸形形色色之美观,皆能生吾快感,而不入烦恼痛苦之魔障"(《美学·美学之要义及其地位》),即欣赏对象之美,享受审美愉悦,而非占之。如果一个人"色而至淫",则会"贪爱染着,妄念横生,百虑萦绕",最终导致"自缠自缚于苦海愁城而已"的结果。⑤ 易言之,"好淫"就是沉溺于欲望、肉体之乐,欲占有对象,但又往往占有不了,便堕入苦海,难以自拔。在这种情况下,"美"或"审美"根本无法生成。

基于此,萧公弼倡导当时的青年男女应该树立"好色而不淫"的审美观,而反对"好色而淫"。另外,萧公弼还借用佛教"熏习"说进一步论证了这一观点。《大乘起信论》曰:"熏习义者,如世间衣服实无于香,若人以香而熏习

---

① 萧公弼:《美学(三续)》,载《寸心》,1917年第4期。
② 萧公弼:《美学(三续)》,载《寸心》,1917年第4期。
③ 萧公弼:《美学(四续)》,载《寸心》,1917年第6期。
④ 《孟子·告子上》载:"告子曰:'食色,性也。'"参见[汉]赵岐注,[宋]孙奭疏:《孟子注疏》,见[清]阮元校刻:《十三经注疏》(下册),中华书局1980年版,第2748页。
⑤ 萧公弼:《美学(四续)》,载《寸心》,1917年第6期。

故则有香气。"① 可见，"熏习"就是一种不知不觉的影响力和陶染力。萧公弼认为，"夫好色而不淫者，是以真如熏无明。故此身常觉清净，获自在乐。色而淫者，是以无明熏真如。故此身爱染贪著，受诸种苦报"（《美学·美学之要义及其地位》）②。《大乘起信论》曰："一切法，从本已来，离言说相，离名字相，离心缘相，毕竟平等，无有变异，不可破坏，唯是一心，故名真如。"③ 可见，"真如"一方面指宇宙万物的真实存在与根本性质，另一方面还指对事物所持有的一种无生无灭、无垢无净的平等心。"无明"则与"真如"对立，指不能见到世界的真实本相和事物的真实存在的心态，是贪嗔痴的根源。萧公弼认为，"色而淫"犹如"无明熏真如"，见物相之美而生贪念，欲占有之，同时其动因乃肉体之欲望、生理之追求。但物是有限的，人的欲望却无限，所以，"色而淫"并不能真正给人以快乐，而只能增添新的烦恼和痛苦。因此，萧公弼所要倡导的是"色而不淫"，这是一种超越欲望的虚静心胸、空明心境，人们怀着这样的心境欣赏和钦慕事物之美，但不夹杂任何贪恋与功利，它是留存外物之美于心，而非占有之。所以，与"色而淫"相反，"色而不淫"给人以自在之乐。当人们以"色而不淫"的心胸映照万物时，万物灵动、物我无间、心物契合，一切差别对待、功名利禄都荡然无存。所以，萧公弼认为，"色而不淫"可让人获得"涅槃乐"，进入"高尚审美之领域，而有无穷快乐"（《美学·美学之要义及其地位》）④。

四、结　语

萧公弼以西方美学为基础，尤其吸收了康德美学，提出了美的本质就是无利害之快感的观点。但同时，他又融摄儒家美学思想，赋予美以"原道归德"的内涵。这使得萧公弼所谓的"美"并仅仅是快感，而是一种"善－美"。正是基于此，萧公弼在"内美"与"外美"之间，倡导"重内而轻外"的审美观，以实现由正人心到正世道的目的。此外，萧公弼还借用佛学理论进行"色""淫"之辨。在萧氏看来，"好色"是人的天性，是精神追求，"好淫"是人的欲望，是肉体享乐，"好色而淫"不是审美，它获得的是肉体之乐，犹如"无明

---

① ［古印度］马鸣菩萨造：《大乘起信论》，［古印度］三藏法师真谛译，见《大正新修大藏经》（第三十二册），财团法人佛陀教育基金会出版部1990年版，第578页。
② 萧公弼：《美学（四续）》，载《寸心杂志》，1917年第6期。
③ ［古印度］马鸣菩萨造：《大乘起信论》，［古印度］三藏法师真谛译，见《大正新修大藏经》（第三十二册），财团法人佛陀教育基金会出版部1990年版，第576页。
④ 萧公弼：《美学（四续）》，载《寸心》，1917年第6期。

熏真如",让人执着贪恋,堕入苦海,"好色而不淫"则是"真如熏无明",让人在贪念俱灭、执着尽除中,以空明、虚静之心映照万物,从而获得一种精神之乐。可以说,在近代中国"尊西崇新"的大势中①,萧公弼并没有唯西方美学是从,而是以西方美学为基础,融入中国传统学术思想与观念,提出了具有价值的美学观点和见解,一些中国传统学术思想与观念也借"西""新"之美学而再次绽放光彩,彰显出时代价值,实现了创造性的现代转化。当然,萧公弼论"美"的本质及相关概念,还启示着我们,美学首先要追问的问题就是"美是什么"(即美的本质)。因为,"如果不明白'美'是什么,就无法确定主体从事的怎样的活动是'审美活动',主体与对象所处的何种关系是'审美关系',主体获得的怎样的感受是'美'的感受,一句话,就无法判断'审'的是不是'美'"②。所以,忽略"美是什么"(即美的本质)的问题,不仅会削弱美学这一学科的理论品格,还会使美学研究的对象泛化和肤浅化,甚至造成美学这一学科的名存实亡。

---

① 罗志田:《裂变中的传承——20世纪前期的中国文化与学术》,中华书局2009年版,第34页。
② 祁志祥:《乐感美学》,北京大学出版社2016年版,第46—47页。

第四章

萧公弼的审美境界论

与西方美学相比，中国传统美学具有重视人、人生的特色。儒家推崇"文质彬彬"（《论语·雍也》）①、"孔颜乐处"（《朱子语类·论语·贤哉回也章》）②，道家追求"见素抱朴，少私寡欲"（《老子》十九章）③、"物物而不物于物"（《庄子·山木》）④，佛家禅宗所谓"平常心是道""行住坐卧，应机接物，尽是道"（《景德传灯录》卷二十八）⑤，无不体现出中国传统美学重视人、人生的特色。因此，我们认为中国美学是一种人生美学，中国美学所认为的"美"，"总是肯定人生，肯定生命的，因而，美实际上就是一种境界，一种心灵境界与人生境界"⑥。故而中国传统美学并不拘泥于追问"美是什么"，也不是教人掌握创造艺术的技法，其根本旨趣在于陶养人的心胸、提升人的精神境界，所以，中国美学又可被视为境界美学。但不可否认的是，美学是随着近代以来的"西学东渐"潮流而传入中国的，中国传统美学也因此向西方美学过渡，正如德国学者卜松山（Karl-Heinz Pohl）所言，"二十世纪余下的时间，对西方美学的了解以及对'美'的研究成为中国思想家——不论是蔡元培、朱光潜、宗白华还是李泽厚——的主要任务"⑦。萧公弼也是卜松山所讲的这些"中国思想家"之一。他以奥地利哲学家耶路撒冷《美学纲要》为蓝本撰写的《美学》，不仅介绍了西方美学史上的重要美学家的美学观点，还吸收康德美学，提出了

---

① [三国·魏] 何晏注，[宋] 邢昺疏：《论语注疏》，见 [清] 阮元校刻：《十三经注疏》（下册），中华书局1980年版，第2479页。
② [宋] 黎靖德编：《朱子语类》（第三册），中华书局1986年版，第799页。
③ [三国·魏] 王弼注，楼宇烈校释：《老子道德经注校释》，中华书局2008年版，第45页。
④ [清] 郭庆藩：《庄子集释》（中册），中华书局2004年版，第668页。
⑤ [宋] 道原纂：《景德传灯录》，见《大正新修大藏经》（第五十一册），财团法人佛陀教育基金会出版部1990年版，第440页。
⑥ 皮朝纲、李天道、钟仕伦：《中国美学体系论》，语文出版社1995年版，第62页。
⑦ [德] 卜松山：《中国的美学和文学理论——从传统到现代》，向开译，华东师范大学出版社2010年版，第350页。

"美即无功利之快感"的命题。但同时，他又在儒道释美学思想的基础上，倡导追求"乐天""超物""忘美"的审美境界，以达到正人心而正世道的目的，从而构筑起了具有中华美学特色的审美境界论。

一、"勤修天爵，漠视人爵"："乐天"之境

西方哲学在经历了古希腊、古罗马时期后，于公元4世纪进入长达一千年的中世纪，而支配着中世纪哲学或占中世纪哲学主流地位的是基督教哲学。朱光潜先生说："基督教的基本教义是神权中心与来世主义。现世据说就是孽海，一切罪孽的根源在肉体的要求或邪欲。……所以人应当抑肉伸灵，抛弃现世的一切欢乐和享受，刻苦修行……"① 从这个意义上讲，基督教哲学或中世纪哲学就是一种禁欲主义的哲学，美学在中世纪处于"停滞状态"②。中世纪结束以后，西方学者从各自的角度对这一时期进行了反思，其中，边沁（Jeremy Bentham）就提出功利主义学说对西方长久以来的禁欲主义传统进行了批判。边沁所谓的"功利"，是指"任何客体的这么一种性质：由此，它倾向于给利益有关者带来实惠、好处、快乐、利益或幸福（所有这些在此含义相同），或者倾向于防止利益有关者遭受损害、痛苦、祸患或不幸（这些也含义相同）"③。可见，人的快乐和痛苦是边沁功利主义学说所关注的核心，趋乐避苦是其学说的基本出发点。这明显颠覆了中世纪禁欲主义的哲学观念。

虽然，"自然把人类置于两位主公——快乐和痛苦——的主宰之下"④，但边沁所倡之功利主义旨在使人趋乐避苦。而实惠、好处、利益、幸福等与快乐"含义相同"，所以，趋乐避苦就被烙上了对利益、好处等追求之欲的印记。李泽厚认为，中国文化是一种"乐感文化"⑤，但边沁之"乐"并不被中国文化所接受，因为中国文化之"乐"是一种受礼约束，充满道德内涵的"乐"，其中，儒家美学尤为典型。孔子曰："乐而不淫，哀而不伤。"（《论语·八佾》）⑥ 这说明，人的快乐应符合"礼"的规范，否则"乐"就流为"淫"。孔子还说：

---

① 朱光潜：《西方美学史》，人民文学出版社1979年版，第122页。
② 朱光潜：《西方美学史》，人民文学出版社1979年版，第119页。
③ ［英］边沁：《道德与立法原理导论》，时殷弘译，商务印书馆2000年版，第58页。
④ ［英］边沁：《道德与立法原理导论》，时殷弘译，商务印书馆2000年版，第57页。
⑤ 李泽厚：《中国古代思想史论》，人民出版社1985年版，第311页。
⑥ ［三国·魏］何晏注，［宋］邢昺疏：《论语注疏》，见［清］阮元校刻：《十三经注疏》（下册），中华书局1980年版，第2468页。

"知者乐水，仁者乐山；知者动，仁者静；知者乐，仁者寿。"（《论语·雍也》）① 仁智之人以山水为乐，是因为自然山水象征着人类的道德，所以智者之乐属于一种道德情感而非功利、欲望得以满足后的快感。在此基础上，荀子则明确提出，"无欲"乃圣人之一大特点（《荀子·解蔽》）②。

边沁之"乐"是一种功利、欲望之乐，儒家之"乐"则是一种无欲之乐、精神之乐。萧公弼发现了两者的相悖之处，因而说：

> 英人边沁 Jeremy Pentham 以为窒欲说之目的，往往使人去乐就苦，且出于好名与畏惧之心。此特沉溺俗谛之语也。不知人类有肉体之乐，必假物以为乐，则求之不得，苦恼以生理性之乐，则无求于外，其乐在我而已。彼孔子疏食，颜子陋巷，在边氏处之，必以为苦。其如孔颜之怡然。（《鬼学·窒欲》）③

在萧公弼看来，人类的快乐分为"肉体之乐"和"理性之乐"。"肉体之乐"是因外物满足自身的欲望需求而产生的，"理性之乐"不是向外求，不靠外物，而是向内探，随自我之道德境界的不断提升而来的道德情感。前者是短暂的，甚至是虚假的快乐，因为当外物满足不了自我之欲时，痛苦随即产生，而后者是持久的、真实的精神之乐。中国文化、中国美学所追求的正是理性之乐、道德之乐、精神之乐，所以去欲、虚静是求"乐"之基础，这一点与边沁之"乐"完全不同。因为按边沁之论，"窒欲"就"窒乐"，让人去乐存苦，儒家所推崇的"孔子疏食，颜子陋巷"之乐则变成了苦，所以，萧公弼说边沁之学说乃"沉溺俗谛之语"。

萧公弼在传承儒家美学的基础上，倡导一种真正的快乐，即精神之乐，而抑欲望之乐、肉体之乐。这与梁启超倡"高等趣味"而斥"下等趣味"④ 有异曲同工之妙。因为精神之乐是一种持久高尚的快乐，而肉体之乐是短暂下等的欲望满足之快感。儒家美学所追求的"乐"是前者。孟子曰："有天爵者，有人爵者。仁义忠信，乐善不倦，此天爵也；公卿大夫，此人爵也。古之人修其天

---

① ［三国·魏］何晏注，［宋］邢昺疏：《论语注疏》，见［清］阮元校刻：《十三经注疏》（下册），中华书局1980年版，第2479页。
② ［清］王先谦：《荀子集解》（下册），中华书局1988年版，第394页。
③ 萧公弼：《鬼学（三续）》，载《寸心》，1917年第4期。
④ 梁启超：《趣味教育与教育趣味》，见金雅选编：《中国现代美学名家文丛·梁启超卷》，浙江大学出版社2009年版，第18页。

爵，而人爵从之。今之人修其天爵，以要人爵；既得人爵，而弃其天爵，则惑之甚者也，终亦必亡而已矣。"（《孟子·告子上》）①"爵"本指官位，孟子将它分为"人爵"和"天爵"。赵岐注曰："天爵以德，人爵以禄。"② 可见，"人爵"指官位，即"公卿大夫"，"天爵"指仁义忠信等道德品质。孟子倡导人们应该注重"天爵"的修为，因为修得"天爵"，"人爵"自会到来，即朱熹所说的"盖不待求之而自至也"（《孟子集注·告子上》）③。所以，"天爵"才是个人修为的首要目标和关键。"天爵"不仅是一种道德品质，它还具有"乐"的内涵，因为"乐善不倦，此天爵也"，即要求人坚持不懈地以"善"为乐。而孟子认为，"人性之善也，犹水之就下也。人无有不善，水无有不下"（《孟子·告子上》）④。"善"就是人的本性，"善"即"性"，"性"即"善"。那么，以"善"为乐即以"性"为乐，以"天爵"为个人修为的首要目标和关键就是以精神之乐、道德之乐为追求。萧公弼传承了孟子的这一思想，他在《读〈康德人心能力论〉书后》中说：

> 愿吾徒读康氏之论者，勤修天爵，漠视人爵，则淡泊明志，宁静致远，箪瓢陋巷，褐衣粝食，乐亦在其中矣。⑤

萧公弼在此并非单纯复述孟子的思想，而是作了一定的发挥。在孟子思想中，虽有"天爵"与"人爵"之分，但他并非否定"人爵"而只求"天爵"，孟子所否定的是，为了"人爵"而修"天爵"或沉溺于"人爵"而抛弃"天爵"的思想和行为。只要一个人专注于"天爵"的修炼，"人爵"自然会随之而来，这是孟子的真实看法。但萧公弼却明确否定"人爵"，提出"勤修天爵，漠视人爵"的命题，即以精神、道德之乐为追求，而荡去对功名利禄的欲求，在这样的工夫修为下，人的心智明净闲淡，精神宁静致远。萧公弼认为，这就达到了孔子、颜回之境界，自然"乐在其中"。当然这种"乐"是一种精神之乐，而非肉体之乐，"天爵"之境也不只是道德的境界，它还是审美之境。

---

① ［汉］赵岐注，［宋］孙奭疏：《孟子注疏》，见［清］阮元校刻：《十三经注疏》（下册），中华书局1980年版，第2753页。
② ［汉］赵岐注，［宋］孙奭疏：《孟子注疏》，见［清］阮元校刻：《十三经注疏》（下册），中华书局1980年版，第2753页。
③ ［宋］朱熹：《四书章句集注》，中华书局1983年版，第336页。
④ ［汉］赵岐注，［宋］孙奭疏：《孟子注疏》，见［清］阮元校刻：《十三经注疏》（下册），中华书局1980年版，第2748页。
⑤ 萧公弼：《读〈康德人心能力论〉书后》，载《学生》，1915年第6期。

萧公弼提出"勤修天爵,漠视人爵"的命题,实为否定欲望之乐、功利之乐,而求精神之乐。此外,萧氏还以"乐天"与"乐人"来对此问题加以申论,如:

> 原夫有所恃而乐者,乐人也,不可恃也,无所待而乐者,乐天也,求在我者也。(《读〈康德人心能力论〉书后》)①

"乐人"之乐依靠("恃")外物,以满足自我之欲望,所以此乐如同"肉体之乐"短暂不可靠。"乐天"之乐是"无所恃"之乐,它是随自我道德境界之提升而生发出的愉悦情感。这种愉悦情感不再是单纯的快乐,而是一种通向形而上的境界,它是道德之境与审美之境的合一,它不以"欲"为乐,而以"性"为乐。所以,萧公弼说:"闭物质界之眼,而开心灵界之眼,以赞天育地,通神达物,固意中事,则人心能力,讵止制病乐性也哉!"(《读〈康德人心能力论〉书后》)②

李雪涛教授在《儒家话语对康德思想的重构——〈人心能力论〉译本初探》一文中指出,"1915年,《学生》杂志刊载署名萧公弼的读后感,⋯⋯看似跟康德哲学完全没有任何关系"③。萧氏之修"天爵"、尚"乐天"等思想主要来源于儒家哲学,的确与康德"没有任何关系"。但正是由于"没有任何关系",萧公弼提出的这种超越肉体欲望之乐、崇尚道德精神之乐的审美境界论,才彰显出中华美学精神的特质——旨在陶养人的心灵,提升人的精神境界。这种境界是集真善美为一体的人生精神和审美境界。

二、"解脱尘缚,与神冥契":"超物"之境

中国文化的"乐感"基因渗透于萧公弼的美学思想之中,但他崇尚的不是"肉体之乐"而是"精神之乐",不是功利欲望满足之"乐人"而是道德境界提升之"乐天",所以,他倡导人们应"勤修天爵,漠视人爵"(《读〈康德人心能力论〉书后》)④。这种观念使得萧氏美学思想呈现出一种超越尘俗物欲的倾向。

---

① 萧公弼:《读〈康德人心能力论〉书后》,载《学生》,1915年第6期。
② 萧公弼:《读〈康德人心能力论〉书后》,载《学生》,1915年第6期。
③ 李雪涛:《误解的对话——德国汉学家的中国记忆》,新星出版社2014年版,第306页。
④ 萧公弼:《读〈康德人心能力论〉书后》,载《学生》,1915年第6期。

萧公弼在《鬼学·超物》中说：

> 慨吾人自禀气受形，呱呱坠地以来，以至于死。其间为赏罚所进退，爵禄所诱劝，功名所激励，事业所奖掖。当其兴高采烈，鼓勇而前也。俨若孔佛不足侪，华拿不足匹，意气洋洋，甚自得也。洎至皎月当空，万籁无声，或晨光熹微，晓鸡初唱。试静坐以思，则觉功名富贵，其来不可围，其去不可止，皆物之傥来寄者也。为欲成名乎，则姓名符号耳，留之何用。为欲立功乎，则功勋幻梦耳，于我何加。兴念及此，则万念俱灰，感激而悲矣。顿觉我之生平历史，皆有所谓莫之为而为，莫之致而致，皆造化小儿，有以玩弄我耳。①

在萧公弼看来，人自出生到去世，不断受到功名利禄、祸福赏罚所诱惑与纷扰，并为之"鼓勇而前"，一生追求迷恋之。当这些欲望得以满足时，自以为得到了快乐和幸福，但细细想来，功名利禄、祸福赏罚来不可挡，去不可留，再加上这一切不过是一种"符号"罢了，生不带来，死不带走，一切都是梦幻泡影、过眼云烟。何不放下贪念，荡去欲望，清净心胸，在皎月当空、晨光熹微时，欣赏万籁之无声，聆听晓鸡之初唱呢？所谓"造化小儿，有以玩弄我耳"正是对萧氏这种超凡脱俗态度的恰当形容。但他认为，唯有"中人以上"才能认识和达到此等境界，因为"中材之人，则淫于富贵，眩于声色。食欲有刍豢，衣欲有文绣，行欲有舆马，又欲餘财蓄积之富，勾心斗角，略无停晷。地位愈尊，欲望愈奢。虽至老死，曾不稍悟。至于下等社会，顿根众生，则奔走衣食，经营居住，系念妻室，顾累子弟，更日夜遑遑，终岁劳苦，惟日不足矣"（《鬼学·超物》）②。但萧氏对人的这种划分并非一成不变的，因为人是一种超越的动物③，"中材之人""下等社会"可以通过一定的修为提升自我的精神境界，从而超越原有之自我，成为"中人以上"，获得那"自得"之乐。在萧公弼看来，这种修为就是"超物"。

在儒家美学中，"物"是艺术创作的基元，是情感产生的因素之一，但同时也是激起欲望的触引，如《礼记·乐记》曰："乐者，音之所由生也，其本在人

---

① 萧公弼：《鬼学》，载《寸心》，1917年第2期。
② 萧公弼：《鬼学》，载《寸心》，1917年第2期。
③ 参见杨春时：《生存与超越》，广西师范大学出版社1998年版，第31页。

心之感于物也"①;"人生而静,天之性也;感于物而动,性之欲也"②。汪晖教授将此称之为"失礼而后物"③。道家美学更则将"物"视作"道"之末,因为"道"本身是无形无象、无声无色的"无",所以老子美学倡导超越有形有象去追求那"无状之状,无物之象"(《老子》十四章)④,庄子美学要求人们"外天下""外物""外生"(《庄子·大宗师》)⑤。由此可见,"物"即欲,欲即"物"。萧公弼则进一步将代表欲的"物"发挥为对物质、权力,甚至性的欲求与贪恋,这种物之欲会引起佛教所谓的生、老、病、死、怨憎会、爱别离、求不得和五取蕴"八苦"。如果物欲不除,"八苦"则不灭,那么,"人至淫僻其行,纷驰逐物,而不自闻自见,反本穷源,岂尚知有精神之乐乎?"(《鬼学·超物》)⑥ 所以,要想获得真正的快乐,必须超"物"去"欲"。

张世英先生按实现人生意义、价值的高低等标准,将人的精神境界分为了四个等级,依次是"欲求的境界""求实的境界""道德的境界"和"审美的境界",但"一般地说,人往往是四种境界同时具有。大概不会有人低级到完全和禽兽一样,只有'欲求的境界',而没有丝毫更高的境界;也不可能有人只有最高的'审美境界',而无饮食男女之事的'欲求境界'。事实是,各种境界的比例关系在各种不同人身上有不同表现;有的人以这种境界占主导地位,有的人以另一种境界占主导地位"⑦。所以,萧公弼提出的"超物"之境并不是否定或取消一切人类欲望,而是以超越的态度统摄之,让最高的精神境界在人心中占主导地位,同时也留存合理的欲望。具体说来,"超物"之"超"就是以"心眼"观之、"从内观之"的态度与精神,如:

> 盖吾人以肉眼之观察,觉万物种类,纷然庞杂。苟妙心眼于肉眼之外,而为主观之观察,终不能不认宇宙有其一之体。原物自外观之,万物皆异,

---

① [汉]郑玄注,[唐]孔颖达疏:《礼记正义》,见[清]阮元校刻:《十三经注疏》(下册),中华书局1980年版,第1527页。
② [汉]郑玄注,[唐]孔颖达疏:《礼记正义》,见[清]阮元校刻:《十三经注疏》(下册),中华书局1980年版,第1529页。
③ 汪晖:《现代中国思想的兴起》(上卷·第一部·理与物),生活·读书·新知三联书店2008年版,第263页。
④ [三国·魏]王弼注,楼宇烈校释:《老子道德经注校释》,中华书局2008年版,第31页。
⑤ [清]郭庆藩:《庄子集释》(上册),中华书局2004年版,第252页。
⑥ 萧公弼:《鬼学》,载《寸心》,1917年第2期。
⑦ 张世英:《境界与文化》,见《羁鸟念旧林:张世英自选集》,首都师范大学出版社2008年版,第395—397页。

各有独立不同之势。若自内观之,则物无一独立,皆属于宇宙之总体,由宇宙支配而成,是宇宙为一大总体也。(《鬼学·通一》)①

所谓"肉眼"就是欲望之眼、世俗之眼与分别之眼,"以肉眼之观察"的态度亦可称为"自外观之",它仅见出万物之不同和区别,物与物、物与人相互割裂,宇宙万物彼此独立存在。而"心眼",也可称为"法眼"(《鬼学·察变》)②,它是"自内观之",以此种态度观照万物,可见出天地造化相通相融,物与我共同构成了我们这个大宇宙,老子所谓"大制不割"(《老子》二十八章)③的道境正是此种境界。因此,以"心眼""法眼"观之即《庄子·秋水》中的"以道观之"④,而以"肉眼"观之则似"以物观之"⑤。前者通向"道",获得的是"至乐无乐"(《庄子·至乐》)⑥,后者聚焦于"物",得到的是因功利欲望得以满足后产生的肉体之乐、世俗之乐,这极有可能导致"人随物化,纵欲灭理"⑦的严重后果。当然,萧公弼因"超物"而倡导人们应以"心眼""法眼"观照万物,贬斥以"肉眼"观之,但他并不是要否定人类的一切欲望。萧氏的目的是在满足人们正常的欲望基础上,使"心眼""法眼"在人心中占据主导地位,否则谈何境界?谈何审美?正如马克思所言,"忧心忡忡的、贫穷的人对最美丽的景色都没有什么感觉"⑧。

"超物"要求人们闭"肉眼"而开"心眼""法眼",以物我无间、万物齐同的态度映照万物,就在"成物"之时也成就了自我。《庄子·齐物论》曰:"吾丧我。"⑨ "我"是世俗之我、分别之我、欲望之我,"吾"是超越分别对待、欲望得失的真我。萧公弼将前者称为"物质之我",后者称为"灵魂之我"或"理性之我",亦即精神之我,他说:

理性之我,为灵魂之我,永久不灭者也。物质之我为躯壳,与世变迁

---

① 萧公弼:《鬼学(三续)》,载《寸心》,1917年第4期。
② 萧公弼:《鬼学(四续)》,载《寸心》,1917年第6期。
③ [三国·魏]王弼注,楼宇烈校释:《老子道德经注校释》,中华书局2008年版,第74页。
④ [清]郭庆藩:《庄子集释》(中册),中华书局2004年版,第577页。
⑤ [清]郭庆藩:《庄子集释》(中册),中华书局2004年版,第577页。
⑥ [清]郭庆藩:《庄子集释》(中册),中华书局2004年版,第611页。
⑦ 萧公弼:《宣言语:本报标举之三大目的》,载《世界观》,1915年第1期。
⑧ 马克思:《1844年经济学哲学手稿》,中共中央马克思恩格斯列宁斯大林著作编译局编译,人民出版社2000年版,第87页。
⑨ [清]郭庆藩:《庄子集释》(上册),中华书局2004年版,第45页。

者也。认物质之我，而不察理性之我，此失其性者也。失其性必不足以超物，不超物必不足以穷神知化。(《鬼学·释我》)①

"超物"就是要超越"物质之我"，成就精神之真我，这样才能免于"失性"，才能"穷神知化"，即洞见那宇宙万物的生命本真与运行规律。因此，萧公弼又说：

  质言之，则欲理会秘密之意义者，不得不死于可觉可见之世界也。何谓死于可觉可见之世界？即超物是也。夫超物者，不以物喜，不以己悲，得不为喜，失不为忧。夫然后乃能判天地之美，烛万化之理，明于本数，系于末度，解脱尘缚，与神冥契。(《鬼学·超物》)②

所谓"死于可觉可见之世界"不是要否定和拒绝有形有象的物质世界及其带来的物欲，而是在正视、认可和满足人类正常合理欲望基础上，超越物我隔阂，荡去功利欲望，消解区分对待，从而进入陶渊明所说的"纵浪大化中，不喜亦不惧"(《形影神·神释》)③ 的境界。这种境界不仅可以判天地之"美"，还可烛万化之"理"，最终使人进入"解脱尘缚，与神冥契"的天人合一之境。一言以蔽之，"超物"之境就是一种集真善美为一体的本体之境。

三、"人我两妄，法执双融"："忘美"之境

佛教在明清时期已经开始式微，但随着清朝灭亡，民国建立，中国社会由半封建半殖民地社会向现代新社会过渡，再加上1912年3月11日颁布的《中华民国临时约法》中具有"人民有信教之自由"④ 一条，中国佛教逐渐挣脱了封建统治的桎梏，在民国初年迎来了一场"复兴"，就连中断了千余年的唯识学也成为民国佛教的"显学"⑤。萧公弼正经历了这一时期，他的哲学、美学思想中多处渗透着佛学因子，他对"美"的生成、审美过程的分析与解释运用的正

---

① 萧公弼：《鬼学（二续）》，载《寸心》，1917年第3期。
② 萧公弼：《鬼学》，载《寸心》，1917年第2期。
③ 袁行霈：《陶渊明集笺注》，中华书局2003年版，第67页。
④ 西北政法学院法制史教研室编：《中国近代法制史资料选辑（1840—1949）》（第1辑），西北政法学院法制史教研室1985编印，第59页。
⑤ 赖永海主编：《中国佛教通史》（第十五卷），江苏人民出版社2010年版，第3页。

是佛教唯识学之"五蕴"说①。萧氏除运用唯识学研究美学外，还吸收了佛教中观理论，将人的审美境界划分为三个层次。

在萧公弼看来，美的本质就是"无功利之快感"，故美学首先应该是一种"感情之哲学"（《美学·美学之概念及问题》）②。同时，他还说："美学者，研究精神生活之科学也。"（《美学·美学之要义及其地位》）③ 因此，美学还应关注人的精神境界，它不仅是情感之学，还是精神之学、境界之学。但由于人的精神境界各有不同，这就造成了每个人的审美理想、审美标准、审美趣味以及审美境界有所不同，甚至有高低之分，如萧氏云："因根器智慧之不同，而有太上、知之、纵欲三种之差别，则美之服膺力行，亦视人之高尚卑劣而定矣。"（《美学·美学之要义及其地位》）④ 而"太上""知之""纵欲"的具体内涵是什么呢？萧公弼在《美学·概论》中有明确的说明，如"故吾尝谓美之一字，终非易言。惟太上忘美，其次知美，下焉者欲而已矣"⑤。由此可见，"欲"是最低的境界，在它之上是"知美"之境，"忘美"之境是最高的审美境界。

审美活动不是实用功利的活动，也不是理性认识的活动，而是一种情感体验的活动，它获得的不是欲望满足和知识而是超越功利的精神愉悦，即美感，正如法国学者朱利安（Francois Jullien）所言，"它（笔者按：美）是不再留下任何欲望的极端，它如一堵最后的高墙，阻挡住所有前进的道路（当一幅画是'美'的，我便除它之外不再有任何更多的想象）……"⑥ 所以，萧氏与康德一样认为"美"具有无功利的性质。那么，要想进行审美，获得无功利之美感，就必须先虚静去"欲"。佛学在这一点上与美学有相通之处。《杂阿含经》卷第十四曰："此有故必有，此起故彼起"，"此无故彼无，此灭故彼灭"。⑦ 世间万

---

① 如："夫美何以现于世界邪？凡物必有其本相与现相。吾人目所能察见者，仅为现象。现象者，是谓之'色'（色在物）。由眼帘偶触于色，而与之接洽者，是名曰'受'（受在我）。既受其现象，则由眼帘绘其影入于脑海，而运以思索，是名曰'想'。因想而差别计较，是名曰'行'。因行而执著爱染，是名曰'识'。吾人感觉界，凡不经此数者，则美之观念，绝不能成立者也。"参见萧公弼：《美学》，载《寸心》，1917年第1期。
② 萧公弼：《美学》，载《寸心》，1917年第1期。
③ 萧公弼：《美学（四续）》，载《寸心》，1917年第6期。
④ 萧公弼：《美学（四续）》，载《寸心》，1917年第6期。
⑤ 萧公弼：《美学》，载《寸心》，1917年第1期。
⑥ [法]朱利安：《美，这奇特的理念》，高枫枫译，北京大学出版社2016年版，第125页。
⑦ [古印度]求那跋陀罗译：《杂阿含经》，见《大正新修大藏经》（第二册），财团法人佛陀教育基金会出版部1990年版，第100页。

有、造化宇宙无自性,皆由因缘假合而生,一言蔽之曰"空",故"空"为佛教哲学的一大特征与核心之所在①。我们知道,人心本静,但受外物之刺激,遂生种种欲望。但佛教认为,外物为"空",了无自性,那么,在"物"基础上产生的"欲"自然无存在之基,更何况对虚幻之外物的执着欲求,不仅不生快乐,反而使人离涅槃境界越来越远,永无解脱,所以佛教在破"色""有"的同时,也要求去"欲"。正是在这种背景下,萧公弼将"欲"或"纵欲"视为审美的最低境界。他说:

  下此或阿私所好,或醉生梦死,其去禽兽也几希。乌足以语于美哉!(《美学·概论》)②

  其实,"欲"之境不能称为审美的境界,因为它获得的是肉体之乐、欲望之乐,是一种感官快感而非美感,不仅与美学旨趣相悖,还不为佛学所容,它是闭"心灵之眼"而开"物质之眼",是"乐人"而非"乐天"。

  王国维也认为,"故美术之为物,欲者不观,观者不欲;而艺术之美所以优于自然之美者,全存于使人易忘物我之关系也"(《红楼梦评论》)③。虽然王国维偏重于论述艺术和"美",但他与萧公弼一样将"欲"排斥在审美和艺术之外,因为"欲"或"纵欲"根本不是审美而是纯粹肉体的享乐、欲望的满足,所以萧氏曰:"乌足以语于美哉!"萧公弼注意到当时的社会上正有一些人处于这种所谓的审美境界,他说:"昔日同仇敌忾之心,今又渐归无何由之乡矣,而征逐洒食如故也,贪恋声色如故也,狂热势位如故也,争夺权利如故也。至普通社会,犹日玩斗雀牌,狎比优娼以为寻乐之所,鄙夷正当营业,独立生活而不为,乃伈伈俔俔,伊阿靦澁,忙碌于无谓之举,奔走于权势之门,若有余羡焉。"(《中国何以存立于世界邪》)④ 这种沉溺于"欲"的下等之境会造成国家衰败、民族颓废,且无法存立于世。所以,萧公弼在此之上,提出了一种"知美"之境。法国艺术家罗丹(Auguste Rodin)曾说:"美是到处都有的。对于我们的眼睛,不是缺少美,而是缺少发现。"⑤ "知美"就是那双"发现美的

---

① 严北溟:《中国佛教哲学简史》,上海人民出版社 1985 年版,第 224 页。
② 萧公弼:《美学》,载《寸心》,1917 年第 1 期。
③ 王国维:《王国维文学论著三种》,商务印书馆 2001 年版,第 5 页。
④ 萧公弼:《中国何以存立于世界邪》,载《文星》,1915 年第 3 期。
⑤ [法] 罗丹口述,[法] 葛塞尔笔记:《罗丹艺术论》,沈琪译,雄狮图书股份有限公司 1989 年版,第 88 页。

眼睛",是一个人具有的审美能力和鉴赏能力。但这世间的"美"纷繁复杂,有内外、雅俗之分,所以"知美"不仅要让人具有审美的能力,还更应培养人们"健康的、高雅的、纯正的趣味,使他们远离病态的、低俗的、恶劣的趣味"①。即萧公弼所说:

> 其次察物之媸妍,辨理之是非,所谓知美者也。(《美学·概论》)②

妍媸就是美丑,是非就是善恶。"知美"就是明辨是非、区分美丑的审美能力,并在此基础上形成一种健康、高雅、纯正的审美趣味。正是由于此,萧氏在"色"与"淫"、"内美"与"外美"之间,倡导"好色而不淫""重内而轻外"(《美学·美学之要义及其地位》)③ 的审美趣味与理想。

"纵欲"之境是欲望功利之境,它不是审美而是审丑。在"纵欲"之上是"知美"之境,它辨别美丑,并暗含求美去丑。但对于佛教(尤大乘佛教)来说,"空"是其基本的思想立场,所谓"色不异空,空不异色,色即是空,空即是色"(《心经》)④、"一切有为法,如梦幻泡影,如露亦如电,应作如是观"(《金刚经》)⑤ 等说明世间色相皆虚妄不实。申言之,世间色相之美丑亦如是。那么,区分美丑、求美去丑的"知美"之境不可能是最高的境界,它依然是"俗谛"。龙树《中论·观行品》曰:"大圣说空法,为离诸见故。若复见有空,诸佛所不化。"⑥ 在佛教中观学派看来,"空的深意,是说事物既非有(自性)、亦非无(虚);不落于有或无两边极端的见解,便是中道"⑦。质言之,中观或中道就是一种不偏不倚、不落两边的态度和思维方式,所谓"不生亦不灭,不常亦不断,不一亦不异,不来亦不出"(《中伦·观因缘品》)⑧ 正道出了其中真意。萧公弼怀着这样的观念而认为:

---

① 叶朗:《美学原理》,北京大学出版社 2009 年版,第 412 页。
② 萧公弼:《美学》,载《寸心》,1917 年第 1 期。
③ 萧公弼:《美学(四续)》,载《寸心》,1917 年第 6 期。
④ [唐]玄奘译:《波若波罗蜜多心经》,见《大正新修大藏经》(第八册),财团法人佛陀教育基金会出版部 1990 年版,第 848 页。
⑤ [姚秦]鸠摩罗什译:《金刚般若波罗蜜经》,见《大正新修大藏经》(第八册),财团法人佛陀教育基金会出版部 1990 年版,第 752 页。
⑥ [古印度]龙树菩萨造:《中论》,[姚秦]鸠摩罗什译,见《大正新修大藏经》(第三十册),财团法人佛陀教育基金会出版部 1990 年版,第 18 页。
⑦ 屈大成:《佛学概论》,文津出版社 2002 年版,第 161—162 页。
⑧ [古印度]龙树菩萨造:《中论》,[姚秦]鸠摩罗什译,见《大正新修大藏经》(第三十册),财团法人佛陀教育基金会出版部 1990 年版,第 1 页。

人我两妄，法执双融，非所谓忘美者乎？（《美学·概论》）①

"人我两妄，法执双融"就是要破除"人我执"和"法我执"，以证得"人无我"和"法无我"，进而超越分别、消除妄念，不执"有"亦不执"无"（"空"），不泥于"美"亦不溺于"丑"（"欲"），最终进入无垢无净、不生不灭的忘美之境中。美学中的忘美之境就是佛学中观论所追求的涅槃之境，因为"无得亦无至，不断亦不常，不生亦不灭，是说明涅槃"（《中伦·观涅槃品》）②。当人进入涅槃之境后，不仅能够洞见世间万有的真实本相，消除个人之偏执，还可获得那无上的快乐，用萧公弼的话来形容就是，"鸢飞鱼跃，俯仰皆乐"（《释我》）③。基于此，萧公弼将"忘美"之境设置为最高的审美境界，"忘美"之境就是"涅槃"之境，它是宗教的境界，也是审美的境界，获得的是一种超越美丑乐苦的无上之乐、本体之乐，即"涅槃乐"（《美学·美学之要义及其地位》）④。

萧公弼说："美学者，感情之哲学，其'任务'，在本心理学社会学历史的条件，最后以研究宇宙的形而上之条件为归宿，乃能收圆满之效果者也。"（《美学·美学之概念及问题》）⑤ 作为一种最高的审美境界，"忘美"之境正是一种宇宙之境，它是形而上的追求，使人、人生、生命获得真正的"圆满"。这也体现出萧氏不同于蔡元培"以美育代宗教"⑥的一面——"以美育融宗教"。

四、结　语

王本朝教授认为，"美学在现代中国的兴起，也是在传统文化发生崩溃之际，社会发生转型，知识出现分化，美学被作为传统伦理解体之后的替代物而得以确立"⑦。诚然，自鸦片战争以来，西方文化开始大规模涌入中国，并迅速传播，影响巨大，原有的文化传统与习俗受到了极大冲击，如几千年以来的

---

① 萧公弼：《美学》，载《寸心》，1917年第1期。
② ［古印度］龙树菩萨造：《中论》，［姚秦］鸠摩罗什译，见《大正新修大藏经》（第三十册），财团法人佛陀教育基金会出版部1990年版，第34页。
③ 萧公弼：《释我》，载《学生》，1917年第3期。
④ 萧公弼：《美学（四续）》，载《寸心》，1917年第6期。
⑤ 萧公弼：《美学》，载《寸心》，1917年第1期。
⑥ 蔡元培：《以美育代宗教说》，见《蔡元培美学文选》，北京大学出版社1983年版，第68页。
⑦ 王本朝：《中国现代文学观念与知识谱系》，人民出版社2013年版，第26页。

"男女授受不亲"观念就遭到"男女社交公开化"的挑战。而一些人却打着这样的旗号,"淫秽放荡,脑袋里装满了色欲思想,视男女社交为开放节操,虽'王法''礼教'也难禁止他们,这些冒牌者乘了'男女社交'的新潮,荒淫堕落"①。萧公弼借用美学,贬"乐人"倡"乐天",要求闭"肉眼"而开"心眼",以"超物""忘美"为审美追求与理想,从而发挥导人向善、遏制欲望的作用。在近代,美学的确可以视作传统伦理的"替代物"。李泽厚认为,伦理道德虽不同于"外在强制"的法律而具有"内在强制"性特点②,但毕竟道德仍然是一种强制,它与幸福、快乐等相悖。而审美则是一种自由,让人在不知不觉的审美体验中,净化心灵,陶养心胸,提升境界,所以像萧公弼提出的"乐天""超物""忘美"之境,不再是一种单纯的道德境界,而是容纳了伦理道德的集真善美为一体的审美境界,它通向了本体之境、存在之域,获得的是一种"涅槃"之乐。这是对中国传统美学的继承,彰显出具有民族特色的美学精神。

---

① 梁景和:《近代中国陋俗文化嬗变研究》,首都师范大学出版社2009年版,第221页。
② 参见李泽厚:《伦理学纲要》,人民日报出版社2010年版,第20—21页。

第五章

萧公弼的美学研究方法论

美学这一学科是"西学东渐"的产物，它于19世纪末20世纪初传入我国。王国维、梁启超、蔡元培等学者为美学在我国的介绍、传播作出重大贡献。而巴蜀学人萧公弼则是继他们之后又一位为"美学在中国"作出了独特贡献的学者。1917年连载于《寸心》杂志的《美学》是萧公弼的美学力作，近17000字。萧公弼《美学》以奥地利维也纳大学教授耶路撒冷的《美学纲要》为蓝本，初步具备了美学概论的核心内容，"除介绍了西方具有代表性的美学家和美学观点外，还借用佛学理论阐发了他自己的美学观点，如忘美之境、美与丑、淫与色、内美与外美等"①。一方面，我们要基于《美学》分析、研究萧公弼的美学思想，以弥补过去我们进行中国近现代美学史研究的遗漏；另一方面，我们还要重视萧公弼的美学研究方法。这是因为近现代学者的美学思想可能会因为种种原因具有一定的历史局限性，但他们的美学研究方法却值得我们吸收、借鉴。杨春时教授指出，"方法论是哲学、美学体系的重要组成部分。不同的研究方法，就会导致不同的哲学、美学体系"②。所以，研究萧公弼等近现代学者的美学研究方法，有利于我们找出形成我国现代美学理论形态的原因，为中国美学的现代转型提供理论资源。

一、中西参证

"中西参证"是萧公弼进行美学研究的最基本方法，这一方法是19世纪末20世纪初中国学者进行人文科学研究的惯用方法。包括萧公弼在内的王国维、梁启超、蔡元培、吕澂、黄忏华等学者在研究西方哲学、美学的基础上，结合

---

① 谭玉龙：《萧公弼：被遗忘的近代美学学人》，载《重庆科技学院学报（社会科学版）》，2012年第4期。
② 杨春时：《关于中国美学方法论的现代转型问题》，载《吉林大学社会科学学报》，2003年第4期。

我国固有之学术资源，创造性地进行美学研究，阐发自己的美学观点。这些学者的"中西参证"美学研究方法为后来中国的美学著作的撰写、中国美学研究的走向现代化、甚至比较美学研究都提供了方法论上的支持。具体来讲，"中西参证"的美学研究方法体现在萧公弼《美学》中即是：同时运用西方美学理论和中国固有的学术思想对同一美学问题加以论证与说明。

清末民初，康德美学被王国维等学者引入我国，并对当时的美学界产生了重要影响。但萧公弼却认为，审美活动不可能在康德所谓的"绝思寡欲，舍纯粹感情之习惯"（《美学·美学之概念及问题》）① 之中进行，人们也不能从中获得美的享受。因为这种态度只能造成"媸妍两忘"（《美学·美学之概念及问题》）② 的后果。同时，萧公弼发现，在我国古代典籍《列子·黄帝篇》中正含有支持他观点的思想，如"其美者自美，吾不知其美也，其恶者自恶，吾不知其恶也"③。因此，萧公弼说："美学者，感情之哲学。"（《美学·美学之概念及问题》）④ 美学就是关于人类情感的一门学问。那么，审美判断就不能离开人的爱好憎恶等情感，离开了这些情感，就会美丑不分，那么审美关系就无法建立，审美活动也不能进行。在中国古代哲学中，"道"是宇宙万物的本体及生命，而"道"落实到人身上则为"性"。战国时期的告子曾说："食色，性也。"（《孟子·告子上》）⑤ 人的饮食与性爱就被赋予了本体论的地位。萧公弼将告子之"色"创造性地阐发为"美"，并与达尔文的学说相结合，提出了"好美之情，出于天性"（《美学·美学之发达及学说》）⑥ 的命题。达尔文曾指出，雄鸟以多种多样的声音、各式各样的羽毛以及在空中的飞舞"来魅惑雌鸟""激发雌鸟的春情"⑦。可见，对"美"的追求与维持生命、传宗接代一样是出自天性的，不是后天专门培养的结果。另外，萧公弼与蔡元培、梁启超等人一样，重视与倡导审美教育，但其独特之处在于，萧公弼从我国历史中找到了与席勒美育理论相契合的事件，从而指出，"美的观念者，实能激发人之志趣，而助其成功者也"（《美学·美学之发达及学说（续前）》）⑧。

---

① 萧公弼：《美学》，载《寸心》，1917年第1期。
② 萧公弼：《美学》，载《寸心》，1917年第1期。
③ 杨伯峻：《列子集释》，中华书局1979年版，第81页。
④ 萧公弼：《美学》，载《寸心》，1917年第1期。
⑤ [汉]赵岐注，[宋]孙奭疏：《孟子注疏》，见[清]阮元校刻：《十三经注疏》（下册），中华书局1980年版，第2748页。
⑥ 萧公弼：《美学（续）》，载《寸心》，1917年第2期。
⑦ [英]达尔文：《人类的由来》，潘光旦、胡寿文译，商务印书馆1983年版，第555页。
⑧ 萧公弼：《美学（二续）》，载《寸心》，1917年第3期。

儒家哲学追求一种"内圣外王"的境界，而"内圣"是"外王"的基础。《大学》又将"正心""诚意"视为"内圣"的重要环节，故曰："物格而后知至，知至而后意诚，意诚而后心正，心正而后身修，身修而后家齐，家齐而后国治，国治而后天下定。"① 萧公弼将本属于儒家道德修养领域的"正心""诚意"引入了美学，将其理解为艺术家进行审美观照时务必排除个人的偏好、成见，力求客观公正地观照外物，让它成为一种审美的心胸。西方美学中的移情理论揭示出人对外物进行的审美观照其实就是移情于物，由于人的各方面都有所差异，所以移入对象的情感也会各不相同。所以对对象的审美判断、评价以及模仿都因人而异，会染上主观色彩。但《大学》曰："身有所忿懥，则不得其正""有所好乐，则不得其正"②。所以，萧公弼虽然认为美学乃是情感之学，但是他利用移情理论创造性地阐释儒家之"正心诚意"，要求艺术家进行审美观照、评价以及审美创作时，应该消除主观的偏好与成见。

形式与内容之争在中西美学史上延绵了几千年，不同学者提出了不同的看法。大致上，中国美学更加重视艺术、艺术家的内容和精神之美，而西方古典美学则侧重于艺术的形式之美。内容与形式之美在萧公弼美学思想中被称为"内美"与"外美"，他继承了中国传统美学思想，倡导一种"重内而轻外"的审美观。从人生美学角度讲，萧公弼尤为赞赏颜渊的"疏食曲肱"、子思的"瓮牖绳枢"等，因为他们体现出儒家圣人的至美人格境界。这种人格境界就是"内美"的显现，是"外美"所无法企及的。从艺术美学角度讲，他受到古里鲁巴夏（Grillparzer）学说的影响，认为，"诗属直观性者，因其快感非自外部而来，乃由内部而生"（《美学·美学之要义及其地位》）③。因而他倡导艺术也应该重视内部之美。另外，内美与外美给人带来的快乐也是不同的。外美给人以"身体快乐"，内美则给人"心意快乐"。他在吸收伊壁鸠鲁学派④思想的基础上说："身体快乐，瞬即消灭。心意上之快乐，则记忆其过去，希望其未来，

---

① ［汉］郑玄注，［唐］孔颖达疏：《礼记正义》，见［清］阮元校刻：《十三经注疏》（下册），中华书局1980年版，第1673页。
② ［汉］郑玄注，［唐］孔颖达疏：《礼记正义》，见［清］阮元校刻：《十三经注疏》（下册），中华书局1980年版，第1674页。
③ 萧公弼：《美学（四续）》，载《寸心》，1917年第6期。
④ 伊壁鸠鲁派是由古希腊哲学家伊壁鸠鲁创立的具有重要影响力的哲学学派。该派认为，快乐是幸福生活的始点和终点，是人生追求的终极目标。但是，这种快乐并不是欲望的满足、感官的享乐，而是在排除肉体痛苦和精神烦恼后，心灵所达到的一种宁静、安闲的状态。

以至无穷者也。"① 因而人们真正应该追求的是内美所引起的"心意快乐"。萧公弼所倡导的"重内而轻外"的审美观既体现出中国传统的人文诉求,又受到了西方文艺观念的影响。

萧公弼在《美学》中论述的美学问题,是西方美学中基本而又重要的问题。他在运用西方美学理论的同时,又借用中国古代学术思想加以参证,虽然他对西方美学理论的运用和对中国传统学术范畴、命题等的美学阐发还比较生硬,但这毕竟是一种"在中西'视界融合'中生发出来的、具有民族特色的"② 美学研究方法。他运用这种"中西参证"的美学研究方法,在我国古代典籍中找到了可与西方美学对接的范畴、命题与学说,"对中国美学具有重要的学科建构意义"③。同时,这种"中西参证"的美学研究方法在一定程度上沟通了中西美学,为我国后来的美学原理、中西比较美学的研究起到一定的推动作用。

二、自下而上

"自下而上"的美学及研究方法是由德国美学家费希纳(1801—1887)于19世纪下半叶提出的。这种方法与西方传统的"自上而下"的美学及研究方法相对,前者重视审美活动中个人的经验与情感,运用科学实证的方法进行美学研究,是一种由个别到一般的美学,而后者则重在运用哲学思辨进行美学研究,是一种由一般到个别的美学。我们知道,从古希腊到19世纪中叶,西方美学一直是在哲学的框架中发展、变化的,美学家们也多用哲学思辨的方法进行美学研究。但是这种"自上而下"的哲学思辨美学严重脱离了审美经验与艺术实践,越来越不能适应19世纪中叶及以后兴起的"科学思潮",心理学、考古学、人类学、生理学等学科的出现与发展冲击着哲学以及以哲学思辨为研究方法的"自上而下"的美学。因此,费希纳倡导美学研究应该结合"自上而下"与"自下而上"两种方法,从而打破了从一般到个别,又以一般代替个别,忽略个人的经验、情感在审美活动中的作用的"自上而下"的哲学思辨美学一统天下的局面。

萧公弼首先肯定了19世纪西方美学的这种转变,同时,还对费希纳提出的"自下而上"的经验的、科学的美学研究方法给予了赞赏,并对费希纳的《美学

---

① 萧公弼:《读〈康德人心能力论〉书后》,载《学生》,1915年第6期。
② 刘悦笛:《美学的传入与本土创建的历史》,载《文艺研究》,2006年第2期。
③ 黄雁鸿:《晚清时期美学在中国的发展历程与早期留学生》,载《人文杂志》,2008年第5期。

入门》评价甚高："其书出，价重连城，为世所宝。"（《美学·美学之发达及学说（续前）》）① 萧公弼说："美的态度主观之条件，当深考于心理学，客观之条件，当殚精于历史学社会学，夫然后乃可语于美也。"（《美学·美学之概念及问题》）② 可见，"自下而上"的美学研究方法被萧公弼拆分为"主观"和"客观"两个方面，他倡导"主客合一"的美学研究方法其实就是将"主观"之心理学与"客观"之历史学、社会学结合起来进行美学研究。这也就是区别于"自上而下"的哲学思辨的美学研究方法的"自下而上"的方法。另外，萧公弼对西方"自下而上"的方法的吸收和借鉴并非只停留在理论上，他还从经验事实出发，论证了这一方法的必要性，他说："东西洋对于妇女之审美，东洋以黑发为美，西欧以金色发为美；东洋以黑眼为美，西欧以碧眼为美。至于黑种人于美观判断，尤为特异，然则熟是而熟非邪？盖皆源于心理之特殊与社会历史之习惯不同也。"（《美学·美学之概念及问题》）③ 这是萧公弼关于审美差异的论述。他不是利用某种哲学观点说明审美差异论，也不是以某种哲学为基础演绎出审美差异论，而是在具体的经验事实基础上，并且注意人的心理、社会、历史等因素，归纳、总结出人与人之间存在的审美差异这一现象。这种研究路数乃为典型的"自下而上"。

亚里士多德曾指出，人的审美能力是天生的，因为人天生就具有爱好节奏和和谐的倾向和欲望。我国古代典籍也有"食色，性也"（《孟子·告子上》）④ 一说。这都说明爱美、好美都是人的天性。萧公弼对此表示赞同，但他并没有从理论到理论对此加以论述，而是从人类的经验、体验出发进行说明，"且古今人，如诗文家或理想家等，每当良辰美景，花朝月夕，逸兴遄飞，豪情高举，或天籁自鸣，或推敲自赏，至长言咏歌，手舞足蹈者，推原其故，皆美之观念动触于中，情不自已，有以使之然也"（《美学·美学之发达及学说》）⑤。古今艺术家对待自然美景的喜好皆是"天籁自鸣"，即出于天性、非后天造作，以至于他们进行的艺术创作也是自然而然的，皆是自"性"之所发。此外，对美丑的区分、好美恶丑也是出于人的天性，正如"彼孩提之童，何以与以好花异品，则喜欢把玩，意不忍释，示以狰恶其丑，则恐惧俔匿，惊啼哭泣？故好美恶丑

---

① 萧公弼：《美学（二续）》，载《寸心》，1917 年第 3 期。
② 萧公弼：《美学》，载《寸心》，1917 年第 1 期。
③ 萧公弼：《美学》，载《寸心》，1917 年第 1 期。
④ ［汉］赵岐注，［宋］孙奭疏：《孟子注疏》，见［清］阮元校刻：《十三经注疏》（下册），中华书局 1980 年版，第 2748 页。
⑤ 萧公弼：《美学（续）》，载《寸心》，1917 年第 2 期。

者,实含生之类所同具之特征"(《美学·美学之发达及学说》)①。萧氏此例,足以证明在"性"中即存在人之审美能力、审美趣味以及艺术创作之潜能。一言以蔽之,萧公弼从经验事实出发、以个人情感体验为基础,揭示出人类的审美能力、艺术创作欲皆"发于人类之良知良能"(《美学·美学之发达及学说》)②。

萧公弼虽然不同意康德关于审美判断需要离开个人爱憎情感的观点,但是他仍然吸收了康德的超功利、无欲望的审美思想③,提出了"美者,不杂利害之见,而能使人爱好畅快者也"(《美学·美学之发达及学说》)④ 的观点。但与"自上而下"的哲学思辨美学不同的是,萧公弼从自己的审美经验出发,说明了审美活动的不计较利害的特性。他说:"吾人观珍异则思把玩,视好花则拟攀折,见奇鸟则欲牢笼,遇美人则怀缱绻。"(《美学·美学之发达及学说》)⑤ 此时"胸中所有利害得失,荣辱忧郁,排遣不去之杂念,一刹那间都觉尽忘"(《美学·美学之发达及学说》)⑥。萧公弼就"自下而上"地说明了审美活动、审美判断具有无功利、无欲望的特征。

如前文所述,萧公弼兼采中西,倡导"重内而轻外"的审美观,"内美"就是内容之美,"外美"就是形式之美。他除运用中西学者的理论加以论证"内美"的重要性外,他还从人对艺术的审美体验角度作了进一步说明。萧公弼说:"内美作用,例如见人美术雕刻,或精妙绘画后,暇时默念,亦常能激发人之记忆,及想象活动,以思惟该对象,使美之快感情益臻强度,饶有兴味,而感情缘以深厚矣。且内美能满足吾人知的机能要求,而起美之快感者。于诗文之道,尤易证明。彼诗文者,特词章家意志之寄托耳!无声音笑貌以悦耳,无美曼婀娜以悦目,然千载之下,使人读之,或拍案叫绝,或感慨欷歔,或长言吟歌,或手舞足蹈,乐而忘倦者,何也?以其能激发人之感情、思想、内美作用故也。"(《美学·美学之要义及其地位》)⑦ 萧公弼没有用"自上而下"的方法,即哲学思辨,谈论艺术美的问题,而是从心理学角度,"自下而上"地阐明绘画、雕刻等造型艺术使人产生持久的美感乃是由于它们所体现的深厚的思想情

---

① 萧公弼:《美学(续)》,载《寸心》,1917年第2期。
② 萧公弼:《美学(续)》,载《寸心》,1917年第2期。
③ [德]康德:《康德美学文集》,曹俊峰译,北京师范大学出版社2003年版,第451页。
④ 萧公弼:《美学(续)》,载《寸心》,1917年第2期。
⑤ 萧公弼:《美学(续)》,载《寸心》,1917年第2期。
⑥ 萧公弼:《美学(续)》,载《寸心》,1917年第2期。
⑦ 萧公弼:《美学(四续)》,载《寸心》,1917年第6期。

感，而诗歌、文学则能够启发读者的思想情感，故"内美"应为艺术家所重视。

简言之，萧公弼从人的审美经验出发，以具体的审美现象为依据，论述了审美差异性、内美等问题，实际上是受到当时西方美学及其研究方法由"自上而下"转"自下而上"、由思辨转经验、由哲学转心理学等思潮的影响。当然，我们也应该注意到，对于萧公弼来讲，这种重视人的经验、个人体验，吸收心理学、历史学、社会学等学科理论成果的"自下而上"美学研究方法的运用还不够成熟与熟练，很多地方显示出生搬硬套的痕迹，并且他并没有从具体的经验现象、人的审美体验中归纳、总结出自己的美学观点和学说，而多是为西方美学理论作补充说明。因此，他的"自下而上"的美学研究方法还是初步的、浅显的，不过，这种自下而上、重视经验的美学研究方法，已经接触到审美心理学、审美意识、审美文化等领域，仍然值得我们借鉴与发扬。

三、史论结合

中国学者对西方美学的研究从 19 世纪末 20 世纪初便已经开始。王国维在对康德、叔本华、尼采等人的美学研究基础上，创造性地引入了中国美学的研究之中。梁启超、蔡元培等人对西方美学进行研究，主要是为了改造社会、提高国民素质。而对西方美学史的研究则晚于对西方美学的研究。聂振斌先生说："吕澂从'五四'之后就开始美学和西方美术史的研究、介绍，1923 年出版了近代最早一本《美学概论》。黄忏华也是西方美学和艺术理论的最早传播者之一。他于 1924 年出版了《美学史略》的小册子，评述了西方美学从古到今的发展概况。"① 聂先生此说可代表大多数学者之观点。但是，萧公弼在 1917 年就开始对西方美学史进行译介、阐发，其《美学》之"美学之发达及学说"一节就是一部简要的"西方美学史"，梳理了从古希腊到 19 世纪的西方美学发展脉络。参考耶路撒冷的著作，我们可以发现，萧氏之"美学之发达及学说"以耶氏"美学之发展及学派"为蓝本②，但萧氏在耶氏基础上作了更多的中国式阐发与深化。所以，萧氏对西方美学史的译介、阐发是近现代以来中国的西方美学史研究的滥觞，他是中国西方美学史的早期传播者、研究者与撰写者之一。

萧氏首先译介了耶氏关于美学学科的创立问题。"asthetics 知觉"之语，于

---

① 聂振斌：《中国近代美学思想史》，中国社会科学出版社 1991 年版，第 223—224 页。
② 参见［奥］耶路撒冷：《西洋哲学概论》，陈正谟译，商务印书馆 1926 年版，第 114—120 页。

1750 年初用于鲍姆嘉通,"美学经其发展,乃成为独立的哲学的学问"①。后来,康德沿用鲍氏这一观点,赫尔巴特又对它作了更广义的解释,认为 asthetics 应是包含道德论、美学等一切"实用哲学——价值判断"②的学科。虽然美学学科的建立是在 18 世纪,但在柏拉图、亚里士多德等人的著作中早已有对艺术创作、美的观念的讨论。因此,萧氏译介出了一个光辉的论断:"美学之名,虽起于近世,然美与艺术之观念,早已为古代思想家所顾念矣。"(《美学·美学之发达及学说》)③ 但他并未就此止步,他说:"且古今人,如诗文家,或理想家等,每当良辰美景,花朝月夕,逸兴遄飞,豪情高举,或天籁自鸣,或推敲自赏,至长言咏歌,手舞足蹈者,推原其故,皆美之观念动触于中,情不自已,有以使之然。"(《美学·美学之发达及学说》)④ 萧氏在耶氏的基础上,将中国美学中的"感物说"融入其中,论证了美学虽然起于近代,但是人对美的关注与实践古已有之。

近代经验主义美学家多从主观经验、情感入手进行美学研究,认为"美感之快乐,是因其供给人心愉快的运用"⑤的活动。故而萧氏认为,"盖物之美观,呈于吾前则心生爱悦,四体舒畅,精神愉快,其情有非语言文字所能形容者也"(《美学·美学之发达及学说》)⑥。简言之,美就是无法用语言表达的能引起美感的物的性质。在对德国古典美学进行梳理时,耶氏对康德评价甚高,认为其超功利、无欲望的审美理论"至今日尚规定哲学的美学之内容与趋势"⑦。虽然萧氏认为康德的观点具有重大价值,但他还是认为审美活动中应有主观的爱好憎恶等情感:"吾人观珍异则思把玩,视好花则拟攀折,见奇鸟则欲牢笼,遇美人则怀缱绻……觉物姣好美观,遂染着贪爱,得之则喜,失之则郁,快感与不快感之情生,而美丑之界判矣。"(《美学·美学之发达及学说》)⑧ 可见,萧氏并非机械地翻译耶氏著作,而是以耶氏为蓝本,阐发自己的美学观点,也就是在"史"的基础上进行了"论"。

继德国古典美学之后,西方美学推陈出新。费希纳的《美学入门》《实验美学》以及费舍尔等移情派美学家的美学理论是一种不同于哲学思辨美学的美学,

---

① [奥] 耶路撒冷:《西洋哲学概论》,陈正谟译,商务印书馆 1926 年版,第 114 页。
② [奥] 耶路撒冷:《西洋哲学概论》,陈正谟译,商务印书馆 1926 年版,第 114 页。
③ 萧公弼:《美学(续)》,载《寸心》,1917 年第 2 期。
④ 萧公弼:《美学(续)》,载《寸心》,1917 年第 2 期。
⑤ [奥] 耶路撒冷:《西洋哲学概论》,陈正谟译,商务印书馆 1926 年版,第 115 页。
⑥ 萧公弼:《美学(续)》,载《寸心》,1917 年第 2 期。
⑦ [奥] 耶路撒冷:《西洋哲学概论》,陈正谟译,商务印书馆 1926 年版,第 115 页。
⑧ 萧公弼:《美学(续)》,载《寸心》,1917 年第 2 期。

而是"由观察事实以为归纳",并且"其得之美学之原则是根据经验,是运用纯粹的实验方法"①。萧氏虽然赞扬、吸收经验、实验的研究方法,但并不反对思辨的方法,因为美学是"体用兼赅,广大悉备"(《美学·美学之发达及学说(续前)》)②的学科。所以应该用思辨研究"体",用经验、实验研究"用",并将两者结合起来。这也符合了"美学者 Aesthetics,哲学之流别"(《美学·美学之概念及问题》)③、"美学者,感情之哲学"(《美学·美学之概念及问题》)④的美学学科性质。

萧公弼《美学》在"五四"以前就梳理西方两千多年来的美学史,开中国近现代西方美学史研究、撰写之先河。如果说萧氏译介耶氏《纲要》的部分是"史",那么萧氏对"史"的阐发、深化则是"论",从而形成了萧公弼"史论结合"的美学研究方法。质言之,萧公弼以耶氏《纲要》为基础,但又超越了《纲要》,在"史"的梳理中展现出"论","论"又以"史"为基础。这种"史论结合"的研究方法至今仍具有巨大价值。

四、以佛释美

萧公弼美学研究的另一方法就是"以佛释美",即运用佛教理论阐释美学问题。他在《美学·概论》中讲,人在审美上分为三个层次:"太上忘美,其次知美,下焉者欲而已矣。"⑤ 萧氏所倡导的是第一种"忘美"之境,一般人只能达到"知美"的境界,而在当时的社会中有些人像禽兽一样借审美之名追求纯粹欲望之满足,这是最下等的。

大乘佛学认为,"一切诸法以心为主,从妄念起。凡所分别皆分别自心,心不见心,无相可得"(《大乘起信论》卷上)⑥。一切事物和事物的好坏美丑皆由人心而生,由人的妄念而起。大乘佛学所追求的是一种"平等法",即不增不减、无垢无净的境界。在这种思想的影响下,萧公弼提倡一种"人我两妄,法执双融"(《美学·概论》)⑦的态度,人们荡去了妄念,消除了分别心,那么美

---

① [奥]耶路撒冷:《西洋哲学概论》,陈正谟译,商务印书馆1926年版,第116页。
② 萧公弼:《美学(二续)》,载《寸心》,1917年第3期。
③ 萧公弼:《美学》,载《寸心》,1917年第1期。
④ 萧公弼:《美学》,载《寸心》,1917年第1期。
⑤ 萧公弼:《美学》,载《寸心》,1917年第1期。
⑥ [古印度]马鸣菩萨造:《大乘起信论》,[唐]实叉难陀译,见《大正新修大藏经》(第三十二册),财团法人佛陀教育基金会出版部1990年版,第586页。
⑦ 萧公弼:《美学》,载《寸心》,1917年第1期。

与不美都已经不重要了,这就是一种"忘美"的境界或称"真空妙有之道"①的境界,此乃最上乘。次一等的审美态度为"知美",也就是人要去"察物之媸妍,辩理之是非"(《美学·概论》)②,即用一种分别的眼光、知识的态度去取美去丑、分辨善恶。虽然"知美"可以让人们弃恶从善、去丑存美,但始终是一种执念、分别心,所以不是审美之最高境界。最次等的审美态度(已不是审美)只是"欲","欲"的特点就是"阿私所好,或醉生梦死,其去禽兽也几希"(《美学·概论》)③,这种态度完全是人的原始欲望的满足,流于俗套,多重肉体之快感而轻精神之愉悦,"饰一时之美观,失万物之真象"(《美学·美学之发达及学说(续前)》)④,体现在艺术创作上就是"舞文弄墨""制造之简陋"(《美学·概论》)⑤。所以这种态度根本就不是审美,"乌足以语于美哉!"(《美学·概论》)⑥

另外,萧公弼还借用佛教"五蕴"学说对审美活动的过程进行了精当的阐释与研究。人用眼睛或耳朵所看到的物、听到的声音,不是物的实相,而是物的现象,现象在佛学中称为"色";眼耳接触到"色",则为"受"。色在物,受在我。人"受"物之"色","色"由眼耳映入大脑,大脑开始运作、思索、判断等,这叫"想";因"想"而产生美丑、善恶等分别计较,这叫"行";因分别计较之"行"而生爱恨喜恶,这就叫"识"(《美学·美学之概念及问题》)⑦。萧公弼认为,"凡不经此数者,则美之观念绝不能成立者也"(《美学·美学之概念及问题》)⑧。这一段"以佛释美"的论述可谓相当精辟,基本阐释清楚了审美之发生过程。简言之,人的审美过程首先是眼睛和耳朵接触到外物,看到物体的形色,听到声音;由眼睛和耳朵得到的物体之形与声映入大脑,大脑运作分析这些信息,得出哪些是美的、哪些是丑的,甚至影响到其他身体器官和部位,产生相应的情感。萧公弼在20世纪初就能对审美之发生的论述达到如此高的水平,可见其佛学、美学功力之深厚。

关于美丑的问题,萧公弼是从佛教唯识学理论的角度来加以阐释与研究的。他说,人的快感与不快感的发生、美与丑的判断是因为"由物之色相,有触眼

---

① 萧公弼:《释我》,载《学生》,1915年第3期。
② 萧公弼:《美学》,载《寸心》,1917年第1期。
③ 萧公弼:《美学》,载《寸心》,1917年第1期。
④ 萧公弼:《美学(三续)》,载《寸心》,1917年第4期。
⑤ 萧公弼:《美学》,载《寸心》,1917年第1期。
⑥ 萧公弼:《美学》,载《寸心》,1917年第1期。
⑦ 萧公弼:《美学》,载《寸心》,1917年第1期。
⑧ 萧公弼:《美学》,载《寸心》,1917年第1期。

识，由眼识识而转识，而现识，而智识，而相续识，觉物姣好美观，遂染着贪爱，得之则喜，失之则郁"（《美学·美学之发达及学说》）①。也就是说，人在接触到外在的物象时，产生相应的视觉形象，有了相应的视觉形象后，人就开始有分别的见解，对那些美好的事物生发出贪爱之心，得到了就高兴，失去了就郁闷，于是人的快感与不快感，美与丑的判断就由此而生了。

在《美学·美学之要义及其地位》中，他用佛教中非常有名的"熏习"说论述"好色"与"好淫"的区别："夫好色而不淫者，是以真如熏无明……色而淫者，是以无明熏真如。"② 好色但不淫是用真如熏无明，好色而淫是无明熏真如。怎样理解这句话呢？萧公弼借印度佛教哲学家马鸣的话来进一步阐释，马鸣说："净染法起，无有断绝。一净法，谓真如。二染因，谓无明。三妄心，谓业识。四妄境，谓六尘。熏习义者，如世衣服，非臭非香，随以物熏则有彼气。"（《大乘起信论》卷上）③ 众生的染净是四种因素——真如、无明、业识、六尘（或净法、染因、妄心、妄境）不断相互熏习的结果。"熏习"就如衣服一样，本来没有什么味道，但被人穿上后，就会带上人身体的味道，如果身体有臭味，则衣服就会带上臭味。"真如"本身是"非染"的，"无明"是"染"的。当真如被无明熏习后，则产生业识、妄心，业识、妄心又复熏真如后，则妄念起。色好比真如，淫好比无明。人天性好色（美），但不一定有淫念，但当好色之天性被淫念所熏习后，色就着上了淫之色彩，即"好色而淫"。人如果持这种态度，则"快感不生，失美学之真谛者也"（《美学·美学之要义及其地位》）④。相反，"以真如熏无明"，则"无明则灭，无明灭故，心相不起。心不起故，境界相灭"（《美学·美学之要义及其地位》）⑤。也就是说，如果人们怀着一颗澄明之心去映照外界之色或感染邪淫之妄念，即以真如熏无明，一切邪淫之念都会灭绝，而得"涅槃乐"。这就是萧公弼说的"色而不淫，提撕警悟，乃得入高尚审美之领域，而有无穷快乐者也"（《美学·美学之要义及其地位》）⑥。简言之，萧公弼认为，好色是人的天性，是审美的本质；好淫则是人好色之天性受到邪淫之念的熏染而进入的与审美相悖的欲望满足之路。所以人

---

① 萧公弼：《美学（续）》，载《寸心》，1917 年第 2 期。
② 萧公弼：《美学（四续）》，载《寸心》，1917 年第 6 期。
③ [古印度] 马鸣菩萨造：《大乘起信论》，[唐] 实叉难陀译，见《大正新修大藏经》（第三十二册），财团法人佛陀教育基金会出版部 1990 年版，第 586 页。
④ 萧公弼：《美学（四续）》，载《寸心》，1917 年第 6 期。
⑤ 萧公弼：《美学（四续）》，载《寸心》，1917 年第 6 期。
⑥ 萧公弼：《美学（四续）》，载《寸心》，1917 年第 6 期。

未有不好色者,但好色不一定淫,关键是看人怀着一种怎样的态度去审美。

中国近现代佛教美学研究的开拓者应是太虚大师(1889—1947),他在1928年法国巴黎佛教美术大会上作了《佛法与美》的专题演讲,论述了佛教美学的独特性质,佛陀法界的人生美、自然美、艺术美等问题①。此后,中国的佛教美学研究处于低迷时期,直到20世纪80年代末才逐步被人们重视,部分学者开始撰写相关的学术著作,如王志敏、方珊的《佛教与美学》(1989)、曾祖荫的《中国佛教与美学》(1991)、王海林的《佛教美学》(1992)、皮朝纲的《禅宗美学史稿》(1994)、祁志祥的《佛教美学》(1997)等。然而,正如赵建军所言,"佛教并没有严格意义上的美学,自然也没有明确的范畴直接呈明其价值趋向"②。所以,佛教美学研究、学科建设的基础应是佛学与美学的沟通,如果佛教理论与美学理论无法沟通、对接,那么佛教美学的研究就落入一句空话。虽然萧公弼的《美学》没有直接研究佛教美学,但他大量运用佛教理论对审美活动进行解读、说明,一定意义上沟通了佛学与美学,在佛教理论与美学理论之间搭建了一座桥梁。在萧公弼之后,吕澂也将佛教唯识学与美学中的移情理论相结合来构建其美学理论体系。可以说,萧公弼、吕澂等人的以佛教理论阐释、研究美学的方法不仅为后世中国的佛教美学研究奠定了基础,也为拓宽中国美学的研究范围作出了贡献。

五、结 语

总而言之,"中西参证""自下而上""史论结合"以及"以佛释美"是萧公弼在《美学》中所运用的主要美学研究方法,对后世中国的美学研究有着一定的影响。虽然,萧公弼以耶路撒冷《美学纲要》为蓝本,但他并不局限于此,而是在译介的基础上,将中国传统学术思想融入其中,中西参证、古今结合,创造性地提出了具有中国特色的美学观点和学说,并为中国后世学者"拉开了美学原理的架势"③,推动了美学这一学科在中国的建立与认可,也为中国美学的产生、研究作出了贡献。萧公弼在美学研究过程中,借鉴和运用西方近代"自下而上"的美学研究方法,十分重视人类的经验以及审美活动中的情感体验。这体现出他的实证精神,同时顺应了当时西方美学的转向,为我国后世美

---

① 释太虚:《太虚大师全书》(第二十四卷),宗教文化出版社2004年版,第412页。
② 赵建军:《论佛教美学的价值趋向》,载《四川大学学报(哲学社会科学版)》,2004年第1期。
③ 张法:《中国美学史:学科性质、提问方式、演进状况》,载《学术月刊》,2011年第8期。

学研究打开了思路,为后来我国审美心理学、审美意识以及审美文化研究给予了启示。他借用佛教理论阐释审美现象、揭示审美活动的规律,在佛学与美学之间搭建了一座桥梁,为后世中国的佛教美学研究开辟了道路。虽然,在一些美学研究方法的运用上,萧公弼还比较稚嫩,但这并不能抹杀他为"美学在中国"的建立、传播与发展作出的独到贡献。他是继王国维、梁启超、蔡元培等学者之后又一位为中国的"美学"作出了贡献的学者。他是"美学在中国"的奠基人之一,并且"站在国际美学的前沿"① 推动着中国美学的现代转型。

---

① 刘悦笛:《美学的传入与本土创建的历史》,载《文艺研究》,2006 年第 2 期。

余论

萧公弼与巴蜀美学精神

人是时间性的存在，亦是空间性的存在，人的生活、实践、思考等总是在一定时间和空间中进行的。法国学者史达尔认为，南北方文学的不同形象、追求与风格，是由南北方不同的"气候""大自然的景象"等因素所决定的。① 我国刘勰也说："若乃山林皋壤，实文思之奥府，略语则阙，详说则繁。然则屈平所以能洞监《风》《骚》之情者，抑亦江山之助乎！"（《文心雕龙·物色》）② 可见，不同的地形、气候、水文、土壤等地域环境往往会导致生活在该地域人们独特的文化和审美风貌。因此，"地域文化是形成民族审美心理结构的重要条件，也是构成一个民族的美学思想独特性的基础"③。那么，对于萧公弼美学思想的研究，我们除了考虑他所经历的清末民初这一特定的历史环境外，还应将之放入其生活的特定地域环境——巴蜀地区——之中加以讨论，探析巴蜀文化对他思想的影响，同时揭示他思想中彰显出的巴蜀美学精神。

一、包容精神

巴蜀地处我国西南，北有陕甘高原，南有云贵高原，东有江汉平原，西有青藏高原，它像是一个"十字路口"，是四周多种文化的交汇区。近年来，巴蜀境内发现的先秦古墓中，有平底壶、陶豆等器物大量出土，从形质上看似与中原文化无关而接近于楚文化。④ 公元前316年，秦灭巴蜀。为了更好地管理和开发巴蜀地区，秦实施了对巴蜀地区的移民政策，如《史记·项羽本纪》所载，

---

① [法]史达尔：《论文学》，见伍蠡甫主编：《西方文论选》（下册），上海译文出版社1979年版，第124—126页。
② [南朝·梁]刘勰著，范文澜注：《文心雕龙注》（下册），人民文学出版社1958年版，第694—695页。
③ 皮朝纲、李天道、钟仕伦：《中国美学体系论》，语文出版社1995年版，第19页。
④ 施劲松：《蜀文化中的楚文化因素》，见李绍明、林向、赵殿增主编：《三星堆与巴蜀文化》，巴蜀书社1993年版，第250—256页。

"秦之迁人皆居蜀"①。《华阳国志·巴志》中也有"移秦民万家实之"②的记载。秦朝的移民不仅带动了巴蜀地区的人口融合，还促进了中原文化在巴蜀地区的传播。此外，元明清三代又出现了多次大规模的移民入川运动，即"湖广填四川"，这再一次为巴蜀文化注入了新鲜血液，巴蜀文化的多元性特点进一步凸显。

在历史的长河中，巴蜀文化不断接受、吸收和改造其他区域文化，逐渐形成了自己的文化特色，所以有学者将巴蜀文化视作"海纳百川的文化熔炉"③。一言以蔽之，巴蜀文化具有一种包容精神，惟有包容才能海纳百川，并将异己之文化与本土文化融会贯通，形成独具地域特色的文化。近代以来，洋人入侵，西学东渐，一部分人本着救亡图存的目的，在抗击洋人侵略的同时，抵制西学的传入。他们视洋人的科技为"奇技淫巧"，视西学为"异端邪说"，晚清举人曾廉所谓"今天下之患，莫大于以西学乱圣人之道，堕忠孝之常经，趋功利之小得"（《应诏上封事》）④ 正代表这部分人对西学的态度。作为巴蜀中人的萧公弼，并未因西方列强的侵略罪行而一味排斥西学，而是以巴蜀文化中的包容心胸，接受、学习西洋先进的科技，吸收西学中合理的内容。

萧公弼在进入四川工业学校后，选择的专业就是西学中的电科。从他发表的论文来看，他广泛涉猎西洋科学中物理学、电学、生物学，社会科学中的商业和人文科学中的哲学、美学、心理学。这足见萧氏之包容心态。此外，这种包容心态还体现在萧氏探讨"美是什么"的问题之中。萧氏一方面吸收了康德美学思想，认为美即无利害之快感，如"吾人所谓美者，不杂利害之见，而能使人爱好畅快者也"（《美学·美学之发达及学说》）⑤。同时，他又不忘传统，将儒家美学融入其中，提出"美"还应具有"原道归德"（《战争哲学（续）》）⑥ 的性质与功能。萧公弼兼采中西，不仅将"美"视作一种不涉及利害计较的快感，同时认为"美"还应具有道德内涵，发挥一定的教化功能，这就通向了儒家美学所倡导的"尽善尽美"⑦。

---

① ［汉］司马迁：《史记》（第一册），中华书局1959年版，第316页。
② ［晋］常璩撰，刘琳校注：《华阳国志校注》，巴蜀书社1984年版，第194页。
③ 吴康零主编：《四川通史》（卷六·清），四川人民出版社2010年版，第89页。
④ 杨家骆主编：《戊戌变法文献汇编》（第二册），鼎文书局1973年版，第493页。
⑤ 萧公弼：《美学（续）》，载《寸心》，1917年第2期。
⑥ 萧公弼：《战争哲学（续）》，载《世界观》，1915年第3期。
⑦ 《论语·八佾》载："子谓《韶》，尽美矣，又尽善也。"参见［三国·魏］何晏注，［宋］邢昺疏：《论语注疏》，见［清］阮元校刻：《十三经注疏》（下册），中华书局1980年版，第2469页。

另外，萧公弼吸收我国古代的易学思想，认为宇宙万物的本体是"太极"，但萧氏之"太极"不是"气""理"，而是"心"，故即"心"即"太极"。"心"并不完全等于宋明心学之"心"，而是萧氏融通中西学术思想后提出的"心"本体，他说："孔曰'性命'，佛曰'真如'，耶曰'灵魂'，道曰'谷神'，均其写真也。"（《释我》）① 所以，西学中的"心灵""精神""大主观"等与"心"同出而异名。对"物"而言，"心"是"本相"，物质是"现象"，对人而言，"心"就是"真我"，身体躯壳则是"幻我"。此"心"构成了萧氏美学思想的哲学始基。

蒙文通先生曾说："蜀人尚持其文章杂漫之学。"② 萧公弼的美学无疑不是一种"杂漫之学"，它兼采中西，贯通古今，将儒家、道家、佛教以及西学中的合理内容包容为一，提出了较为合理的美学观点，彰显出巴蜀文化、巴蜀美学之包容精神。

二、超越精神

虽然巴蜀地处多种文化的"十字路口"，是三秦文化、楚文化与西南少数民族文化的交汇区，但巴蜀四面环山、道路险峻、远离中原、相对闭塞，却是不可否认的事实。李白《送友人入蜀》云："见说蚕丛路，崎岖不易行。山从人面起，云傍马头生。"③ 岑参《入剑门作寄杜杨二郎中时二公并为杜元帅判官》亦云："双崖依天立，万仞从地劈。云飞不到顶，鸟去难过壁。"④ 可见，巴蜀地理环境之险恶，崇山峻岭阻隔了巴蜀与外界的交通。但正如徐中舒先生所言，"古代四川人不甘心局限于一个小的经济文化区内，而决心开辟道路，向外发展"⑤。"开辟道路"就体现出巴蜀先民的超越精神，超越区域地理环境的限制从而"向外发展"。自古巴蜀"栈道"的修建正是巴蜀中人超越地理环境束缚的重要方法，《史记·货殖列传》中就有"栈道千里，无所不通"⑥ 的记载。如果说"栈道"是巴蜀先民通过陆路对地理环境的超越，那么，"船"则是从水路对巴蜀地理环境的突破。自古文人诗歌中多有描绘坐船出巴蜀的场景，如李

---

① 萧公弼：《释我》，载《学生》，1915年第3期。
② 蒙文通：《议蜀学》，见《蒙文通全集》（第一卷），巴蜀书社2015年版，第229页。
③ ［唐］李白著，瞿蜕园、朱金城校注：《李白集校注》，上海古籍出版社1980年版，第1053页。
④ ［唐］岑参著，陈铁民、侯忠义校注：《岑参集校注》，上海古籍出版社1981年版，第327页。
⑤ 徐中舒：《论巴蜀文化》，四川人民出版社1982年版，第1页。
⑥ ［汉］司马迁：《史记》（第十册），中华书局1959年版，第3261—3262页。

白《早发白帝城》云:"朝辞白帝彩云间,千里江陵一日还。两岸猿声啼不尽,轻舟已过万重山。"① 可见,"船"是古代巴蜀人冲破自然环境束缚的另一重要工具。正是由于此,巴蜀喜以"船"为棺,因为这种"船棺"是"灵魂之舟",它承载着死者的灵魂驶往生命的彼岸。②

无论是"栈道"还是"船棺",都体现出巴蜀先民不臣服于恶劣自然环境而欲超越之的精神。对于古代巴蜀人来说,现实世界的束缚来自巴蜀独特的地理环境,但对于萧公弼来说,现实世界的束缚则是当时社会上兴起的追求利益、欲望的潮流。但萧氏不是用"栈道"和"船棺"来超越,而是借用审美来助人超越现实。

萧公弼认为,世界由精神和物质两部分组成,但精神("太极""心灵")才是本体,是事物的本相,是人的真我,如萧氏曰:"物质发为现象,心灵蕴为本相"(《〈易〉为中国之灵魂学》)③;"夫灵魂者,永久之我,真我也。躯壳者,暂时之我,幻我也"(《鬼学·释我》)④。物之形式,人之身体,以及由物引起的人之身体欲望皆是虚幻不实之物,所以,萧氏倡导人们"闭物质界之眼,而开心灵界之眼"(《鬼学·超物》)⑤,从而超越有限,进入无限。基于此,萧公弼将人的审美境界分为了三个层次:"惟太上忘美,其次知美,下焉者欲而已矣。"(《美学·概论》)⑥ 最低层次的境界就是"欲"或"纵欲",它仅关注物质利益、身体欲望的满足,获得的是生理快感,而绝非美感。较之"欲"而高一等的审美境界是"知美"之境,即能够分辨美丑善恶、好美恶丑、扬善去恶。但在萧氏看来,两者皆未进入最高的审美境界,因为"欲"是纯粹的功利追求、欲望满足,而"知美"其实是一种分别心,这种分别心与佛教中观论倡导的"人我两妄,法执双融"(《美学·概论》)⑦ 的"中道"境界相背离,它仍然是"俗谛"而非"真谛"。因此,萧氏认为最高的审美境界乃是"忘美"之境。

萧氏之"忘美"之境具有明显的佛教中观学说的烙印,但值得注意的是,其中亦积淀着道家的审美追求。道家美学十分重视"忘"的工夫,如"堕肢体,

---

① [唐]李白著,瞿蜕园、朱金城校注:《李白集校注》,上海古籍出版社1980年版,第1280页。
② 阮荣春、罗二虎主编:《古代巴蜀文化探秘》,辽宁美术出版社2009年版,第105页。
③ 萧公弼:《〈易〉为中国之灵魂学》,载《学生》,1915年第2期。
④ 萧公弼:《鬼学(二续)》,载《寸心》,1917年第3期。
⑤ 萧公弼:《鬼学》,载《寸心》,1917年第2期。
⑥ 萧公弼:《美学》,载《寸心》,1917年第1期。
⑦ 萧公弼:《美学》,载《寸心》,1917年第1期。

黜聪明，离形去知，同于大通，此谓坐忘"（《庄子·大宗师》）①，"故德有所长而形有所忘，人不忘其所忘而忘其所不忘，此谓诚忘"（《庄子·德充符》）②。可见，"忘"这种工夫使人达到的是一种超越利害计较、身体欲望的虚静心胸。而超越利害欲望首先应超越区别对待，如"与其誉尧而非桀也，不如两忘而化其道"（《庄子·大宗师》）③。因为人的分别心导致了事物之间的高低贵贱、善恶美丑之分，由此种种分别而激起人内心尊贵贬贱、好美恶丑等心机，此心机乃欲之源。因此，"忘"掉功利欲望的根本乃是消除人的分别心，当人消除了分别心，以"齐物"的态度映照万物时，就进入了"道"的境界，故曰"两忘而化其道"。因为，"道"的境界就是"大制不割"（《老子》二十八章）④ 的境界。从这个意义上讲，萧氏之"忘美"之境又与道家的审美追求相暗合。

综言之，萧公弼所追求的"忘美"之境，实要超越人们对物质、利益的欲望，在无美无丑、无垢无净中实现对有限存在的超越，从而进入那集真善美为一体的大道之境，实现"天人合一"。

三、现实精神

巴蜀地区被群山所围，除盆地中部的成都平原外，巴蜀地区多丘陵山地。这种自然环境，一方面孕育出巴蜀中人对长生不死、飘逸逍遥之神仙的想象与慕恋，另一方面又不忘现实生存，因为巴蜀先民深深地明白，由于巴蜀地形复杂、环境恶劣，如果不投身于认识自然、改造自然中，生产难以进行，生命难以维系。所以，巴蜀文化在具有超越精神的同时，它还具有一种现实精神，这种现实精神包含有关注生活、重视生命的内容，体现在古代巴蜀的部落首领身上就为一种社会责任感，不为一己之生活而为全体之生活堪忧。用李天道教授的话说就是，"参与意识极强，和当下生活紧密结合，同时渗透着强烈的忧患意识、责任意识和使命意识"⑤ 是巴蜀文化的又一特征。

巴蜀文化虽具有超越的一面，但也有现实的一面，其中蕴含着强烈的社会责任感和使命感，这早在大禹身上就有所体现。大禹，生于"石纽"（《竹书纪

---

① ［清］郭庆藩：《庄子集释》（上册），中华书局2004年版，第284页。
② ［清］郭庆藩：《庄子集释》（上册），中华书局2004年版，第216—217页。
③ ［清］郭庆藩：《庄子集释》（上册），中华书局2004年版，第242页。
④ ［三国·魏］王弼注，楼宇烈校释：《老子道德经注校释》，中华书局2008年版，第74页。
⑤ 李天道：《西部地域文化与民族审美精神》，中国社会科学出版社2010年版，第23页。

年·帝禹夏后氏》)①，即今四川北川县禹里乡②，他是夏朝的奠基者，以"治水"之功绩闻名于世。《尚书·尧典》曰："四岳，汤汤洪水方割，荡荡怀山襄陵，浩浩滔天。"③《孟子·告子下》曰："禹之治水，水之道也。"④ 由此可推知，尧之时，天下受洪水所威胁，禹受命而治水。关于"大禹治水"的过程，无须赘述，但需要注意的是，大禹治水之目的。《孟子·滕文公上》曰："禹疏九河，瀹济漯，而注诸海；决汝汉，排淮泗，而注之江，然后中国可得而食也。当是时也，禹八年于外，三过其门而不入，虽欲耕，得乎？"⑤ 可见，大禹治水不是为一己之私利而是舍弃私利、谋求公利，即"中国可得而食"。这种"大禹精神"不仅体现出大禹的大公无私，还彰显出他关心百姓生命安全、生活生产的社会责任感和使命感。

"大禹精神"彰显出一种社会责任感和使命感，唐代杜甫所谓"安得广厦千万间，大庇天下寒士俱欢颜，风雨不动安如山"(《茅屋为秋风所破歌》)⑥ 亦是此种精神的折射。作为巴蜀中人的萧公弼同样具有这样的精神。萧氏美学并不止于理论的探讨，也不仅倡导人们去超越，而是在理论探讨、倡导超越的同时，指向现实，解决现实社会中存在的问题，富含一种改造现实的美育精神。我们知道，近代中国经历一个由封建到共和、由传统到现代的过程，虽然巴蜀地处西南内陆，由封闭走向开放、由传统走向现代明显滞后于东南沿海地区，但历史的潮流不可阻挡，巴蜀社会与文化思想也在清末民初发生着悄然变化。《民国重修大足县志·风俗》载："唯利是趋，罔所忌惮，恬不知耻，风气之广，早已普遍全国，本县感受尚迟，然已足为世道人心之忧矣。"⑦ 可见，中国传统的义利观念被打破，巴蜀社会上盛行一种以"利"为本的风气。此外，近代以来，随着妇女解放运动的开展，妇女在工作学习、婚姻社交方面获得了平等与自由。

---

① 王国维：《今本竹书纪年疏证》（卷上），见《王国维全集》（第五卷），浙江教育出版社 2009 年版，第 213 页。
② 参见李德书编著：《巴蜀文化简论》，四川科学技术出版社 2008 年版，第 46—48 页。
③ [汉] 孔安国传，[唐] 孔颖达疏：《尚书正义》，见 [清] 阮元校刻：《十三经注疏》（上册），中华书局 1980 年版，第 122 页。
④ [汉] 赵岐注，[宋] 孙奭疏：《孟子注疏》，见 [清] 阮元校刻：《十三经注疏》（下册），中华书局 1980 年版，第 2761 页。
⑤ [汉] 赵岐注，[宋] 孙奭疏：《孟子注疏》，见 [清] 阮元校刻：《十三经注疏》（下册），中华书局 1980 年版，第 2705 页。
⑥ [唐] 杜甫著，谢思炜校注：《杜甫集校注》（第二册），上海古籍出版社 2015 年版，第 749 页。
⑦ 石曾：《民国重修大足县志》（卷三），中国学典馆北泉分馆印刷厂 1945 年排印，第 59 页。

但是这种观念也为男女专行苟且之事提供了契机，更成为一部分男人玩弄女性的借口。近代巴蜀也受到了这种思想潮流的影响，如萧氏所言，"异说鼓沸，处士横议，家庭革命，则视夫子如陌路，男女公共，则等夫妻若传舍，骄奢淫逸，荒谬狂悖，我国今日社会状况，诚有不堪问者矣"（《宣言语：本报标举之三大目的》）①。面对这样的思想潮流，萧公弼以美学为武器，宣扬美是无利害之快感，无疑不是对"唯利是图"观念的抨击与纠正。此外，他倡导人们"好色而不淫"，反对"好色而淫"（《美学·美学之要义及其地位》）②。因为"色"就是"美"，"好色"即"好美"，追求美出于人的天性，获得是无利害的快感，即美感，"淫"则是纯粹生理欲望的满足，获得是身体之乐。可以说，萧氏倡导"好色而不淫"欲以扭转当时社会中青年男女不健康的审美观念，从而实现正人心、正世道的目的。

萧公弼的美学并非纯粹理论探讨的思辨美学，也不是仅仅倡导人们超越现实而进入那虚无缥缈的天国世界，而是在理论探讨、超越物质欲望的同时，关注现实，介入现实，以强烈的社会责任感和使命感，借美学而实行审美教育，提升人们的精神境界，解决社会中存在的精神文明问题。所以，萧氏提出美具有"无利害"的特性，倡导"好色而不淫"，其实具有一种现实精神，指向一种现实目的——"我青年男女同胞之审美也，须具有此胸襟气概，然后能不沉于声色货利，不淫于富贵功名，而能以美利利天下矣"（《美学·美学之要义及其地位》）③。

四、结　语

萧公弼从小生活在巴蜀，在四川崇州读高小，后进入四川工业学堂学习电科，毕业之后又在成都创办杂志。可以说，萧氏是在巴蜀独特的自然环境与文化环境中生活、学习和成长的，巴蜀自然环境与文化环境使他的美学思想具有包容性、超越性和现实性的特点。同时，他的美学思想又反过来凸显出巴蜀美学精神中的包容性、超越性和现实性特点。萧氏美学不是巴蜀美学史上的特例，而是与古代巴蜀美学精神一脉相承，他是巴蜀美学史上的"王国维"，他站在世纪之交，融通中西古今，立足现实又超越现实，推动着中国美学的现代转型，展现出巴蜀学人为"美学在中国"的确立与传播作出的独到贡献。

---

① 萧公弼：《宣言语：本报标举之三大目的》，载《世界观》，1915年第1期。
② 萧公弼：《美学（四续）》，载《寸心》，1917年第6期。
③ 萧公弼：《美学（四续）》，载《寸心》，1917年第6期。

下编 02

萧公弼著述整理

凡 例

一、本部分是对萧公弼著述的整理，收录了萧氏于1915年至1917年间发表在《世界观》《寸心》《学生》《文星》等杂志上的所有著述，涉及美学、哲学、文化、物理学等诸多学科。

二、收录萧氏著述以原刊为底本，一律将原著直排繁体字转为横排简体字。原著中无标点或仅有简单断句者，今运用现代汉语标点符号加以断句。

三、萧氏著述刊发年代久远，多有字迹模糊和缺页现象。今以□表示无法释读或辨认的字，一个□代表一个字，不知缺多少字者则以〔……〕表示，并运用"对校""本校""他校""理校"诸方法，审慎补遗原文，〔〕中的内容为补遗内容。

四、本编除原文点校外，还对原文进行注释，但注释力求简明扼要，不作烦琐考证与阐释。如需注释的字词多次出现，一般只对首次出现者加以注释，后皆略。

五、原刊著述中的人名、地名、书名、术语及其译名与今不统一者，本编不做改动，仅在注释中予以说明。如确系作者笔误、排印讹误与外文拼写错误等，则予以校正，并出校勘记。

六、前人引书，常有省略改动，如不失原意，则不以原书文字改动引文，如确需校改，则以较严谨的版本，校正萧氏著述所引书籍原文，并出校勘记。

七、原刊著述中有加粗大一号字出现，以引重视与强调，今统一字号，仅保留粗体。原刊著述中的双行夹注，今改为括号内仿宋体以示之。

八、本书"附录"收入耶路撒冷《美学纲要》、于伟《集定庵句赠萧君公弼》和彭举《竹根滩忆旧》，以助读者进一步了解萧氏人物生平及其美学思想的来源。

九、本书在点校和注释过程中，借鉴、吸收了前人和今人的相关研究成果，不在文中一一注出，而在书后参考文献中列出，以示感谢。

美 学

萧公弼

概 论

原夫人者，肖[1]天地之貌，怀五常之性，聪明精粹，有生之最灵者也。故生而有饮食之需要，居住之择好，求偶之性能，所谓饮食男女，人之大欲存焉。第此犹不足以厌人之欲望也。于是目欲穷靡曼之色，耳欲娱声色之好，口欲极豢刍之美，行欲有舆马之奉，此亦人情之常，无足异者。然而好美恶丑之情思，即起于是。所谓"人生而静，天之性也，感于物而动，性之欲也"，而审美之观念具矣。虽然，美之时义大矣哉！日月星辰丽乎天，此天之美者也；山川草木丽乎土，此地之美者也；菁英灵秀钟乎人，此人之美者也。他若艺术良窳，可卜国家文野，制作精窳，可瞰民品优劣。物以美观而保族，花以香艳而存种，则美之关系于自然界及生物界，岂浅鲜哉？至若因美之观感而表现于男女间者尤为特异。试观诗书史册之纪载，百家小说之流传，言之津津，若有余味焉。然试叩以"美者何以现于世界"及"美之原理如何"，吾人"奚由而感于美"，吾恐作者必瞠目挢舌，无以应也。甚矣哉！我国人之心粗气浮，识陋行秽，此正孟子所谓"行之而不著焉，习矣而不察焉，终身由之而不知道"[2]者是也。故吾尝谓美之一字，终非易言。惟太上忘美，其次知美，下焉者欲而已矣。

何则？彼佛不云乎！无人相，无我相，无众生相。夫相之不存，何有于美？故《大乘起信论》亦云："一切诸法，以心为主，从妄念起。凡所分别，皆分别自心，心不见心，无相可得。"是故，当知一切世间境界之相，皆依众生无明妄念而得建立。若然，则人我两妄，法执双融，非所谓忘美者乎？其次察物之媸妍，辩理之是非，所谓知美者也。下此或阿私所好，或醉生梦死，其去禽兽也几希，乌足以语于美哉！故曰："君子以美利利天下。"[3]其旨深矣。余观我国近日社会美术之缺乏，制造之简陋，已不寒而栗。乃其最者，无行文人，恒喜舞文弄墨，以艳情小说，蛊惑当时。余惧我青年男女之忽于审美，而有以铺其毒也。于是本奥国野鲁撒劣牟氏[4]之说,述美学概论,以就正有道焉。

(一) 美学之概念及问题

美学者 Aesthetics,哲学之流别。其学"固取资于感觉界,而其范围,则在研究吾人美丑之感觉之原因也"。故吾人欲究斯学,须先知美之概念及问题,然后其定义学说,乃可得而言也。原夫人之美的态度者 Aesthetics activity,经文化发达之过程,种种分化复合,以吾人特殊精神状态,而始能显著者也。而此精神状态之特质,因对自然物或艺术品,于乍睹或熟视之际,则起"快感"或"不快感"之差别。快感者,则种好之因;不快感者,则收恶之之果。同时则欲望憎恶之情生焉。如是者谓之"美之感情"最初之特征。康德谓之为"离利害适意之感情"云。虽然,余犹觉其未尽精详也。今更引释氏色、受、想、行、识诸说以明之。

夫美何以现于世界邪?凡物必有其本相与现相。吾人目所能察见者,仅为现象。现象者,是谓之"色"(色在物)。由眼帘偶触于色,而与之接洽者,是名曰"受"(受在我)。既受其现象,则由眼帘绘其影入于脑海,而运以思索,是名曰"想"。因想而差别计较,是名曰"行"。因行而执著爱染,是名曰"识"。吾人感觉界,凡不经此数者,则美之观念,绝不能成立者也。至马鸣尊者,则谓吾人感觉意识之起,以依阿赖耶识,有无明不觉起,能见能现,能取境界,分别相续,说名为意。此意复有五种异名:一名"业识",谓无明力,不觉心动;二名"转识",谓依动心,能见境相;三名"现识",谓现一切诸境界相,犹如明镜,现众色相;四名"智识",谓分别染净诸差别法,生爱非爱心;五名"相继识",恒作意念,相应不断。此说虽与前说,微有不同,然明吾人审美之程序,及心境之变迁,可谓深切著明者矣。

虽然,美之感情,殆常以美的对象为判断。苟美之刺戟[5]感触于脑筋者多,兴味影响于精神者厚,则对其物益增美观。故一般判断,有彼为美,此以为丑者,职是故也。但论美之态度,不当仅及于个人之生活,及人类文化之发达,并当注意于人类之精神,及动作之新方面,而加以研究。质言之,即美的态度主观之条件,及客观之条件,皆当深思,而吟味之也。若是者,名曰"美学之任务"。

美之"主观条件",全属于心理学之范围。故最近十年间,研究是学者,多主张从心理学之探讨,其结果增长吾人审美之智识,亦甚夥[6]也。例如吾人或见绘画,或闻音乐,或听吟诗,感觉界愉快之际,试就三十年前,与现今比较,亦觉不同。何则?因审美智能增长进步故也。是以心理学的美学,一方面当研究美的玩赏 Aesthetic enjoyment[①]之情态,他方面当极虑美术家创作之内幕。夫如是，乃能得美之真正价值也。

至美的态度"客观条件"之研究，其目的及方法，颇不一致。古代如补拉朵[7] Platon，近世如 Schopenhauer[8]等，论美之本质，关于宇宙之意义，而为哲学之思辨者，其说异点，亦甚多也。若更进而为美学重要之研究，则详考特殊艺术之起原及发达，并美的态度之传播与增进，且更穷艺术对于社会要求之心理，及审美能力渐次之进步等，其纲目条例，亦颇繁复。如是研究者，是谓"文明史"之研究。要之，美的态度主观之条件，当深考于心理学，客观之条件，当殚精于历史学、社会学，夫然后乃可语于美也。否则，若私断某程度为美，某状态为不美，则其结论，必不能得公共之承认也。如东西洋对于妇女之审美，东洋以黑发为美，西欧以金色发为美；东洋以黑眼为美，西欧以碧眼为美。至于黑种人之于美观判断，尤为特异。然则，孰是而孰非邪？盖皆缘于心理之特殊，与社会历史之习惯不同也。故美学，苟得积极研究结果，大之可"补助哲学发明宇宙之原理，小之可体会人心，促进艺术之制作，以致国富强"，其有益于人世，固非浅也。

虽然，若进而论究美的态度成立之基础，如上所述，则吾人若绝思寡欲，舍纯粹感情之习惯，则美的态度，洵难成立。何则？此心不动，嫔妍两忘，则如《列子》所载逆旅主人之于其妻妾，所谓"美者吾不知其为美，丑者吾不知其为丑"[9]，则美之观念，何由成立？故美之考察，一方因心理之表象及思考异，他方则因欲望及意志异。此美之基础成立之机能，固可确证于人情、社会而不谬也。若然吾人于美学之概念，欲求其定义，舍取哈倚里喜甫氏之断语曰"美学者，感情之哲学"也，则难得适切简当之定义矣。

若必欲更求其精确之定义，则当于哲学体系中，察美学之地位而定之。同时又须开展心理学、历史学、社会学研究之范围，以求其原则，就中第一急当穷究重要之问题，即"美的玩赏之心理学"是也。苟于诸学，若未博极，而欲得美学精确至定义，不其难乎！

且吾人于美的态度，如自然界及艺术品之美，当观察相念之际，不可不练习其易得明了之理解，以为审美之判断，又当于他之快感及美的喜悦情态。其区分理由如何，亦应注意辨别者也。更进一层，吾人能得美之真确概念，应利用其概念，亦"支配造作家，俾之制器造物，能合社会心理，以裕家而富国"。若然，则美之研究，绝不可限于单独之个人，而要在求公共之原则于社会。何则？美之态度者，以社会"想像之要素"而成者也。故造作家之制作，苟徒逞一己思想之美观，而不顾社会之公好，则其作品，必归失败而已。故研究美学者，亦有一定之规范 Norm。苟制作家及审美家能本此规范，以造物论世，未有不声名扬溢，美利天下者也。要之，美学者，感情之哲学，其"任务"，在本心理学、社会学、历史的条件，最后以研究宇宙的形而上之条件为归宿，乃能收圆满之效果者也。

（《寸心》，1917年第1期）

【校】

① "Aesthetic enjoyment"，底本作"Aesthetics enjoment"，误，今改之。

【注释】

[1] 肖：像，相似。
[2] 语出《孟子·尽心上》，文字略有不同。
[3] 语出《周易·乾卦·文言》，文字有改动。
[4] 野鲁撒劣牟氏：即耶路撒冷（William Jerusalem），奥地利维也纳大学教授，著有《美学纲要》《哲学导论》。
[5] 刺戟：刺激。
[6] 夥（huǒ）：多。
[7] 补拉朵：即柏拉图。
[8] Schopenhauer：即亚瑟·叔本华（1788—1860），德国哲学家、美学家，著有《作为意志和表象的世界》等。
[9] 语出《列子·黄帝》，文字略有不同。

美学（续）

萧公弼

（二）美学之发达及学说

美有哲学意味，而为"感官知觉"Aesthetik 之语，初用于巴武母哈鲁特[1] Baumgarten。（氏生于一七一四年，卒于一七六二年。）氏天资聪颖，淹博善察。自一七五〇年，至一七五八年，皆闭门扫轨[2]，殚精著述[3]，祖述伍鲁甫氏[4] Wolff 所作《哲学体系》，而补其阙，深明美学在哲学中，有独立成科之要素。书成，士夫赞赏，传播一时，而美学遂独立为哲学之一部分矣。Aesthetik 之语，源于希腊语之 Asth' anesthaio，即感官知觉之学也。康德尝本此义，于其名著《纯理性批判》[5]中，论感性一章，即因而命名为先验的感觉论云 die transyendentale asthetik。而巴武氏尤以美为感官的认识之完全，须注意保存其原意，不可失也。其后康德于其所著《判断力判断》[6]中，恒引用武氏所解释美为感官知觉之语辞。故今世一般学者，遂沿用之。然康德以 Asthetik 语，有二种厘然相异之义，即氏之认识论，于 Ashetik 则用感官知觉之研究之意味，关于判断力之著述，则各①美为适意之感之研究。而海鲁巴鲁特氏[7]（生于一七七六年，卒于一八四一年。）Herbart，于此尚有广义之解释，即凡实际哲学皆有研究判断之价值者也。故道德论与美学，咸能以感官知觉之语，以包括之。虽然，氏之解释，殊嫌泛滥，终不能得一般学者之同意。故今于 Asthetik 金[8] 以"美即艺术之哲学"解之。

由斯以谭，则美学之名，虽起于近世，然美与艺术之观念，早已为古代思想家所顾念矣。且古今人，如诗文家，或理想家等，每当良辰美景，花朝月夕，逸兴遄飞[9]，豪情高举，或天籁自鸣，或推敲自赏，至长言咏歌，手舞足蹈者，推原其故，皆美之观念，动触于中，情不自已，有以使之然也。故美学者，实"天然之科学，而发于人类之良知良能"者也。不然，彼孩提之童，何以与以好花异品，则欢喜把玩，意不忍释，示以狞恶奇丑，则恐惧偎匿，惊啼哭泣？故好美恶丑者，实含生之类所同具之特性。孟子所谓"食色性也"之语，洵不诬也。故达尔文于其《物竞篇》，谓物类之欲保其种也，则雄者，常具美丽之羽毛、妩媚之态度，以诱惑雌者，使其亲己，以达其传种之目的。至于植物，则开美丽鲜艳之花，发芬芳浓郁之香，以引诱蜂蝶，使为媒介，而繁衍其种焉。是好美之情，出于天性，而关于物之生存竞争者大矣。故布叶氏[10] Platan②于其《对话篇》，就美之概念，纵横议论，谓美与爱有密切关系。而亚里斯多德 Aristotle亦于其名著《作诗法之理论》[11]，谓诗人最富于美之观念，而探奇赏幽，会心独运，或哀慕感叹，或兴会酣畅，其发于诗歌者，皆对景生情，由美之观念致之也。氏于美学与作诗之关系，可谓知言矣。故火拉斯[12] Horas 关于作诗法，恒引亚氏之言，以为论诗之鹄。至新柏拉图学派之普洛启[13] Platin 以美为"深远之哲学"，其说至今尚有研究之价值者也。

第其时诸哲学家，虽于美学，朝夕论思，日月献纳[14]，然犹未能为体大精深之著述。至十八世纪，人类智识进步，感情生活，充分发达，而美之感觉科学的研究，始形发达。盖审美之性能，固随社会文化而增进者也。试观野蛮民族，蓬首垢面，被发文身，浆酪为食，毡裘[15]为衣，日出而嬉，日入而息，饱食终日，几近禽兽。彼讵尚知人间有所谓美丑者哉？故美学之盛兴，实人类文明发达之征也。故当时英国人夏辅慈伯里[16] Shaftesbury③（生于一六六一年，卒于一七一三年。），则著《美的道德哲学》，苏格兰人何马[17] Home（生于一六九六年，卒于一七八二年。）及巴苦[18] Burke 则述《心理的美学》。此等精神过程之著述，其增进吾人之智识，固非浅也。而德意志之思想家，被其流风，组纂遗绪，因之出类拔萃者，亦实繁有徒。至十八世纪，法兰西之精美学者，尤以杞薄 Dubos[19]为著。其所著述，思想之高妙、议论之赅博，诚希世之鸿宝也。

氏以美的玩赏者，所以"愉快意志"者也。盖物之美观，呈于吾前，则心生爱悦，四体舒畅，精神愉快，其情有非语言文字所能形容者也。故曰美也者，所以使人"娱情适志赏心悦目"者也。使美而不能生人恋爱之心，则美之为美，不足观也已矣。其次则有威克鲁马 Winckelmann[20]④皓首穷年，搜求古代艺术，以考美之理想之进化，而征文明发展之程序。勒喜古 Lessing[21]则区别诗与造形美术之异同。海鲁得鲁 Herder[22]则以国民精神之奥蕴，发于诗歌之美感。康德继起，承诸哲之后，遂折衷群言，贯穿百家，于所著《判断力判断》发扬光大，不遗余力。而美在科学界之基础，即壁垒森严矣。

故吾人不研究美之原理，其审美判断，绝不能得精确之结论，而饶有趣味者也。盖以其不明美之意义、美之玩赏，而审美之观念，必蹈误谬者也。故康德之思想，以为美者，对于吾人"心理觉官，而生快感，超绝利害之情态"也。换言之，即吾人所谓美者，不杂利害之见，而能使人爱好畅快者也。故吾人观珍异则思把玩，视好花则拟攀折，见奇鸟则欲牢笼，遇美人则怀缱绻[23]，皆由物之色相，有触眼识，由眼识识而转识，而现识，而智识，而相续识。觉物姣好美观，遂染着贪爱，得之则喜，失之则郁，快感与不快感之情生，而美丑之界判矣。

且人当惊艳赏美，色授魂与之际，胸中所有利害得失，荣辱忧郁，排遣不去之杂念，一刹那⑤间，都觉尽忘，而归诸无何有之乡。惟觉此物，生吾快感，娱吾神志，爱恋莫释而已。迨既以为美，心迷神荡，必欲攫取，以为己有，则不惜劳心焦思，惨淡经营以求之。虽生死祸患，刀锯鼎斧，亦所弗惧，必达目的而后快。试观古今人物，或僻嗜一物，或眷爱一人，至于梦魂颠倒，生死为命者，其例固数见不鲜也。如李太白之爱酒、米元章[24]之爱石、林和靖[25]之爱梅、周莲溪[26]之爱莲，嗜好虽各有不同，然其快感则一也。至于男女之相爱，尤指不胜屈矣。故康德以美为超绝利害适意之感，其说固大有研究之价值者也。

康德美学之学说，至喜拉氏 Schiller[27] 出⑥，始大发展。氏以为"美之感觉者，人类特有之良知也"。凡认识、道德、及文化之源泉、物质之进步，皆由美之感觉而臻晋者也。夫人若无美之感觉，则物之精粗良窳，必失鉴别衡量之能，此认识说也。又人有善举懿行，则谓之美德，有劣迹恶声，则谓之丑行。使人类而无美丑好恶之情，必不能有羞恶是非之心，则社会秩序，必大扰乱，而不足以维系之矣。故曰："天生蒸民，有物有则，民之秉彝，好是懿德。"[28]此道德说也。

（未完）

（《寸心》，1917 年第 2 期）

【校】

① "各"，疑应为"名"。
② "Platan"，应为"Platon"。
③ "Shaftesbury"，底本作"Shaftesury"，误，今改之。
④ "Winckelmann"，底本作"Wincklmann"，误，今改之。
⑤ "刹那"，底本作"那刹"，倒误，今乙正。
⑥ "Schiller 出"，底本作"出 Schiller"，倒误，今乙正。

【注释】

[1] 巴武母哈鲁特：即鲍姆嘉通（Alexander Gottlieb Baumgarten, 1714—

1762），德国启蒙运动时期的哲学家、美学家，他在《关于诗的哲学默想录》（1735）一书中，第一次提出美学是一门独特的哲学学科，故被誉为"美学之父"。

［2］闭门扫轨：杜绝宾客，不与来往。

［3］殚精著述：用尽精力，撰写著述。

［4］伍鲁甫氏：即伍尔夫（Wolff，1679—1754），德国著名的哲学家、美学家。

［5］《纯理性批判》：即《纯粹理性批判》。

［6］《判断力判断》：即《判断力批判》。

［7］海鲁巴鲁特氏：即赫尔巴特（Johann Friedrich Herbart，1776—1841），德国哲学家、心理学家，科学教育学的奠基人，著有《普通教育学》《哲学概论》《通用的实践哲学》等。

［8］佥（qiān）：全，都。

［9］逸兴遄飞：超逸豪放，意兴勃发。

［10］布叶氏：即柏拉图。

［11］《作诗法之理论》：即《诗学》。

［12］火拉斯：即贺拉斯（Horatius，前65—前8），罗马帝国奥古斯都统治时期著名的诗人、批评家、翻译家，代表作有《诗艺》《讽刺诗集》《世纪之歌》等。

［13］普洛启：即普洛丁（Plotinus，204—270），古罗马时期的希腊唯心主义哲学家、新柏拉图主义创始人。有遗著54卷，由其高足玻尔菲利辑为6集，每集9章，故称《九章集》。

［14］献纳：委婉地提出意见。

［15］毡裘：以动物皮毛制成的衣服。

［16］夏辅慈伯里：即夏夫兹博里（Shaftesbury，1671—1713），英国伦理学家、美学家，新柏拉图派代表人物，著有《论人、习俗、意见、时代等的特征》。

［17］何马：即大卫·休谟（David Hume，1711—1776），英国经验主义哲学家、美学家，著有《论人性》《论审美趣味的标准》《论趣味和欲望的奥妙》等。

［18］巴苦：即博克（Burk，1729—1797），英国经验主义哲学家、美学家和政论家，著有《关于崇高和美的观念的根源的哲学探讨》。

［19］杜薄 Dubos：耶路撒冷《美学纲要》云："十七八世纪，法国学者中，

以度波（Dubos）之《批评的思想》（Reflexions Critiques）。"杜薄应为法国启蒙美学的早期代表杜波斯。

[20] 威克鲁马 Winckelmann：即温克尔曼（1717—1768），德国艺术史家、美学家，著有《古代艺术史》。

[21] 勒喜古 Lessing：即莱辛（1729—1781），德国启蒙运动最杰出的代表，戏剧家、批评家和美学家，主要美学著作有《拉奥孔》《汉堡剧评》和《文学书简》。

[22] 海鲁得鲁 Herder：即赫尔德（1744—1803），德国历史哲学家、神学家和诗人，著有《关于近代德意志文学的断想》《批评之林》《论雕塑》等。

[23] 缱绻：情意深笃，难以分舍。

[24] 米元章：米芾（1051—1107），字元章，北宋著名书法家、画家、书画理论家。

[25] 林和靖：林逋（967—1028），字君复，后人称为和靖先生，北宋著名隐逸诗人。

[26] 周莲溪：周敦颐（1017—1073），字茂叔，谥号元公，世称濂溪先生，北宋五子之一，宋明理学的开山祖师。

[27] 喜拉氏 Schiller：即席勒（1759—1805），德国诗人、剧作家、历史学家和美学家，著有《美育书简》《论素朴诗和感伤诗》《论悲剧艺术》《论秀美与尊严》等。

[28] 语出《诗经·大雅·烝民》。

美学（二续）

萧公弼

（二）美学之发达及学说（续前）

若夫国家之典章制度、社会之风俗习尚，始则简陋野僿，终则优美繁复，而究其促成进化之动机，实因人有好美恶丑、舍粗取精之美感性，于是优胜劣败，适者生存。国家社会之进化，不能不准此公理，而日改革迁善者也。且贫之羡富，贱之欲贵，岂非以富者贵者？其宫室之美、妻妾之奉、饮食之肥甘、服御[1]之华好，有加于己哉。于是美丑之形显于外，因而好恶之情蕴于内，遂竞争奋勉，欲求其平衡，而社会事业，缘以发展矣。不观夫刘、项之事乎？当秦始皇游会稽，渡浙江，项梁与项羽俱观，籍曰："彼可取而代也。"汉高祖游咸阳，纵观秦皇帝，喟然太息曰："嗟乎！大丈夫当如此也。"味其所言，岂非有所欣羡而动于中邪？及高祖即位，叹曰："吾今日始知为天子之贵矣。"其沾沾自喜之态，可想见矣。故美的观念者，实能激发人之志趣，而助其成功者也。若吴三桂之冲冠一怒为红颜，尤卑卑不足道矣。然其缘于美感则一也。不然，使人无美之感觉，则媸妍同观，精粗齐等，是茅茨土阶[2]之制，必无改于今矣，饮血茹毛[3]之风，必相沿而不革矣。何有近日之文化发达，物质昌明乎？而英雄豪杰、志士仁人，亦安能激其奋发有为之心，以黾勉图功乎？吾人试返本穷源，其故可深长思矣。氏论及此，可谓发人猛省者矣。故氏生平，最提倡"人类美的教育"，以为教育家苟垂精于此，因势利导，必能收最大之效果者也。

复次，如黑①格儿 Hegel[4]、锡蒲哈伍儿 Schopenhouer[5]等，于美及艺术之形而上学，均有特殊研究，深思理解。而黑格儿尤以艺术为绝对精神之寄托，属于"形器之阶级"，反之如宗教哲学，属于"道体之阶级"。而此等阶级，恒与时俱进，如古代则重"艺术"，中世则尊"宗教"，近世则贵"哲学"，亦人智进化之序也。锡蒲哈伍儿则谓艺术品者，人类"精神最高之代价"也。何则？彼残声废疾者，不能为绝妙之制作，而凡愚庸暗，亦不能有精巧之构思。故知艺术品者，国家文化之特征，而人类智慧之表现也。至音乐者，亦艺术类也。

凡上所述，不过略示诸家对于美学所用思辨之方法。至千八百七十六年，甫喜劣鲁 Fechner[6]等出，所著之《美学入门》，乃全示学者以研究之新方法。盖从来学者，对于美学之观感，皆恃理想，而为演绎的研究。至氏出，乃返其观察，综核名实，而为归纳的研究。且于美的快感之法，则从经验的与实验的方法而定之。至是美学始体用兼赅，广大悉备矣。盖氏博极群书，练达人情，从心理之分析，而为精深之探讨。故其书出，价重连城，为世所宝矣。氏复以美的判断者，有"直接要素"与"联想要素"之别，实有价值之区分也。例如观山玩水，弄月赏花，或拨管弦，或听丝竹，有一种形式质量，直接印于吾人之感官，而生适意之快感者，是谓直接要素。反之如绘画、雕刻及作诗等，因脑筋之构思，而联想及于真景，惝恍间，觉山川人物、鸟兽草木，奔来眼底，列列在目，俨如对晤，而生快感者，是谓联想要素。如斯感觉，吾人莫不经验，而男女爱情，梦魂颠倒，默念间，觉其人珊珊来迟，而生平所爱服之服，喜玩之物，均觉隐现心目。此种思想者，皆联想要素也。特人习焉不察耳。

今日关于研究艺术品创作，及美的玩赏之法，则有菲喜劣鲁 Fechner 氏，自实验与分析，竭力穷其奥蕴，以促其进步者也。若就"实验美学"之结果与任务而论，则有奥兹瓦特·屈尔拍 Ostwald Külpe[7]②于千九百零五年开心理学大会时，曾为卓绝之报告，以宣布其研究之所得。该会之纪录，业将其学说公布于世，一时传诵之。至美的玩赏的分析，近年如里帕斯 Lipps[8]、兰格[9] Lange③、阿鲁格鲁朵[10] Volkelt④、斯皮岂[11] Spitzer⑤诸人，尤笃志研求，其学益进。而得所儿 Dessoir[12]关于美学诸问题，特发刊专门杂志，征求最有价值之研究，以作美学言论发表之机关。而里帕斯 Lipps⑥尤能独抒新见解，以美为"感情恋爱之概念"。苟其人不与己之感情深厚惬洽，虽美亦不之顾也。或其人眷念彼美，若此美逾于彼美，而与彼美感情淡漠，则亦终能移其爱彼美之心，以爱此美也。故美与爱者，纯系感情作用也。此其事实发见于男女之爱情，固甚夥也。而兰格之主张，以美为自己"意识之错误"。何则？物之来呈于吾前也，实其现象。现象印入吾脑而感快者，则谓之美，否则谓之丑。其实物之本相，或美与丑，固非吾人所能定也。非独本相不能定，即现象亦非物之现象。何则？物之现象，印于吾脑，此所印者，乃吾脑所绘制影，其实物之现象，一刹那间，真影已逝。此所留者，持吾人意识界所绘之假象而已。此说为唯心论，即佛氏所谓"境由心造"者是也。

里帕斯则谓吾人于美的对象绘画生物时，则默念物之美态、美境，由想像力之假定，脑筋中构造物之真境。默念间，若此身躬临其境，目睹其物，此种精神状态，亦为人经验所恒有。故命为"感情移入"Einfuhlung⑦。男女之爱慕，及物品之嗜好，其爱情之浓淡，皆视感情移入之深浅以为度也。里帕斯于美术品几何学之装饰，及天然物之恋爱，发见此感情移入之原理，以为可适用于艺术品之工作，并可爱爱情之深浅也。而兰格复从事经验，于自己意识之错误，发见美的玩赏主要之特性，即吾人对于美术品判断应注意其助长意识之错误，或预防止之。盖人当赏美之际，或实际，或假象，宜正心诚意，以为观察，不可方寸骤起动摇，致感情有所偏私，因而阿私所好，审美观念，遂蹈谬误矣。盖人当感情不摇动时，则灵犀一点，烛照万象，所谓良知良能，审美未尝不真，判断未尝不确，及感情移入，差别计较，爱恶取舍，各有不同。因之美之观念，不无误谬之差。故孔子所谓"有所好恶，则不得其正。有所忿懥，则不得其正"[13]，此戒人正心之要，可谓微矣。而美术家之审美，尤当以正心诚意为要务者也。

近世有美学学说，复有诸种倾向，即"思辨的美学"Speculatue aesthetics 与"规范的美学"Normative aderterhnische asthetik[8]（即技巧的美学）。思辨美学者，如思辨的心理学，今日尚有一部分势力，其说犹未纯全消灭者也。而其存在之真理，即理想为事实之母。吾人欲为事实之考证，应先备思辨之条理，而以为验证者也。若漫无条理，则所考证者，究为谁属，效果如何，均莫克自明。验证云乎哉！而分经验的美学，复有二种之区别，即"规范的"（即技巧的）与"记述的"（即分析的）是也。

规范的美学者，即艺术家准此而立规则，批评家据此而设规范也。故凡艺术家之各种手工，皆本此规范，而施精巧之技能。所谓"离娄之明，公输子之巧，不以规矩，不能成方圆"[14]者是也。故又称为技巧的美学。如建筑、绘画、雕刻等，当实行造美术之际，欲其成功精巧绝伦，断非俄顷侥幸所能致，必于未临事以前，先有科学的预备、教育的陶镕与技巧的修养，及临事，乃能出其所蕴，一鸣惊人，而收美满之誉矣。盖此等技能者，实艺术家之任务，平时不能养之有素，习之有恒，以期纯熟谙练[15]，成竹在胸，用时必不能得心应手，以奏厥功也。

技巧应习于平时，非独艺术为然，即音乐家亦宜如是。初习时，当五音六律，各应其节，继则繁响促奏，极尽其变，终则手之所抚，志之所之，应念所至，维肖维妙矣。故人徒惊师旷之清角、〔邹[9]〕衍之吹律，而不知其柱指钩弦初时用心之苦也。故技巧上之正确与音乐上之卓越，其功正同，固未有精密之区分者也。

外此，如诗歌、演剧等，若未至功深纯熟之境，则命意遣辞，必无警策新颖之句，而传神摸形，亦难曲尽人情之妙。故技巧熟练者，实能收艺术上无穷之效果也。而世之说者，以技巧的美学，与造形美术及音乐，皆有非常重要关系，而诗之意义，比较尚轻者也。虽然，此实肤浅之见，未达美学问题之中心者也。何则？艺术之美，发见于外部者也；诗歌之美，含蕴于内部者也。不然，彼诗歌者，不过片文只字，何能使人兴观群怨，哀思悲喜，至动天地而泣鬼神乎？故作诗者，其起兴多由于美感，而其可传后世者，则金音玉振，吉羽片光，有美蕴于中也。世称李太白诗如"出水芙蓉，天然可爱"，可谓深得此意矣。

（未完）

（《寸心》，1917 年第 3 期）

【校】

① "黑"，底本作"里"，误，今改之。

② "奥兹瓦特·屈尔拍 Ostwald Külpe"，底本作"阿斯瓦鲁特 Ostmald 与克伯鲁 Kulpe"，误，今据耶路撒冷《西洋哲学概论》第五章《美学之方法及目的》改。

③ "Lange"，底本作"Tange"，误，今改之。

④ "Volkelt"，底本作"Uolkelt"，误，今改之。

⑤ "Spitzer"，底本作"Spityer"，误，今据耶路撒冷《西洋哲学概论》第五章《美学之方法及目的》改。

⑥ "Lipps"，底本作"Tipps"，误，今改之。

⑦ "Einfuhlung"，底本作"Einbuhlung"，误，今改之。

⑧ "asthetik"，底本作"asthetok"，误，今改之。

⑨ "邹"，底本原缺，今据文意补。

【注释】

[1] 服御：衣服车马之类。

[2] 茅茨土阶：我国古代的一种建筑构造形式。

[3] 饮血茹毛：连毛带血地生食鸟兽，形容事物或人处于野蛮状态。

[4] 黑格儿 Hegel：即黑格尔。

[5] 锡蒲哈伍儿 Schopenhouer：即叔本华。

[6] 甫喜劣鲁 Fechner：即费希纳（1808—1887），德国科学家、心理学家、哲学家，实验心理学和实验美学的创始人，主要著作有《心理物理学原理》《论实验美学》《美学前导》等。

［7］奥兹瓦特·屈尔拍 Ostwald Külpe：今译奥斯瓦尔德·屈尔佩（1862—1915），德国心理学家、哲学家，1887 年在莱比锡大学获得哲学博士学位，著有《心理学大纲》。

［8］里帕斯 Lipps：即立普斯（1851—1914），德国心理学家、美学家，著有《逻辑原理》《论情感、意志和思维》《空间美学和几何学·视觉的错误》《美学》等。

［9］兰格：即康拉德·朗格（Konraol Lange，1855—1933），德国哲学家、美学家，历任哥廷根大学、哥尼斯堡大学、杜宾根大学教授，著有《艺术的本质》《论艺术哲学的方法》等。

［10］阿鲁格鲁朵：即沃凯尔特（Johannes Volkelt，1848—1930），德国心理学家、哲学家、美学家，著有三卷本《美学体系》。

［11］斯皮岂：即雨果·施皮策（Hugo Spitzer），德国心理学家，在格拉茨大学讲授哲学史和美学。

［12］得所儿 Dessoir：即德索尔（Max Dessoir，1867—1974），德国哲学家、美学家、心理学家，创办了世界上首份美学期刊《美学与一般艺术学》，又出版了同名专著。

［13］语出《礼记·大学》，文字略有不同。

［14］语出《孟子·离娄上》。

［15］谙练：熟练。

美学（三续）

萧公弼

（二）美学之发达及学说（续前）

反之，记述的，又名分析的美学 Beschreibende od analytische aethetik，即精详周密研究艺术品之制作，应具如何之矩矱，始臻完善，如何情状，始为美观。此诸条件，娴熟胸中，艺术家运其深刻思索，施其巧妙制作，并应适于当时文明状态，人民习尚，则其出品，必为社会赞赏，而名腾利溢矣。匪特此也。且使斯制作，流传后世，考古家得之，亦足以想见作者之精神、文化之程度，而当世人民之心理、风俗之倾向，俱藉以证明，其关系非浅鲜也。若然，则美学侵入心理学及历史学之范围者甚深，艺术家当初作品时，于结合心理学的及历史方法，不可不务得其确实理解，俾可传言于后世者也。

美学之方法及目的，就上所区别，近世关于艺术任务解释之点，尚有二三相异意义，即"理想主义"Idealism[①]与"写实主义"（即自能主义）Naturalismus[②]是也。美学上之理想主义，即以艺术之目的，引起人整洁之思想、精细之脑筋，庶舒畅其气质，柔和其性情，俾入于"纯粹高尚之范围"，且其几微，能使人于审美之际，体泰意适，浮嚣气敛，狂妄心收，纷纭杂思，爰以镇静。苟觉物美，则娱乐欢忻，嬉笑鼓舞，能发挥人性之本质，延长人生之寿命，且足激其振作有为之心，其功亦微妙矣。故人生衣、食、住三者，美备丰羡[1]，斯为幸福。裕则贵寿，啬则贱夭，是以入其室，见其陈设之美恶、服器之秽洁，则可推测其人思想之高尚卑鄙，及行为之纯粹驳杂，以知其为人也。故从美学上理想主义之原理，凡丑陋平凡粗野庸俗之事物，艺术家对之，皆当鄙弃拒绝，不应有所绘画制作，俾传后世以自点[2]耳。

反之，若写实主义（即自能主义），则不然。以为凡天壤间，所有形形色色之事物，艺术家皆应博考详稽，搜罗网遗，图其形象，写其色容，俾诏示来哲，传信后人。若著善掩恶，显长晦短，则物之真伪不明，而事之文野无征，饰一时之美观，失万物之真象，使国民皆弃实务虚，斗靡浮夸[3]，是率天下而为伪，何如任其自然之为愈也。二说皆持之有故，言之成理，未可是甲而非乙也。然西洋美术之流传，多为写实主义，吾国美术品之流传，多属理想主义。此东西物质文明之异点，学者不可不察也。而近世美术家，则有欲综合 Syuthese 自然主义与理想主义镕为一治之新倾向。然其目的，今犹未能充分达到也。盖如诗歌及绘画等类，其著作描写实属"象征主义"Symbolismus，纯从客观之悬想，其中奥妙神韵，可以意会，而不可以言传，则又非写实主义所能范围也。又如"印象主义"Impressionismus[3]，为艺术家瞬时之印象，时则确肖主物，时则错晦不明。若是之类，写实主义，亦不足穷其真象，甚矣哉！美学者，诚非他肤浅科学所能同语也。故艺术上称此等事实曰"新浪漫主义"Neoromanticism。研究美学者，不可不知也。

（三）发生的生物学的美学

近世科学昌明，分业益精。学者一般之见解，以美学基于发生的生物学，故名之曰"发生的生物学的美学"Jenetische und Ciolgische asthetik，亦研究斯学者所不可忽略也。且解释美及艺术，于其起原，及其意义之真价值，并得藉以科学的确信，而决定之者也。今特将发生的生物学的基础，于美学之关系，略说明之。康德尝谓美之判断者，非自表象悟信之动与对象关系而成立者也，而在主观条件及快不快之感情关系而成立者也。盖美之与丑，本无一定标准，且因各国风俗习惯不同，美之程度界说，亦各异观。则竟定某形式为美，某态度为丑，实为武断派之言，非笃论也。故美之为美，仅能就个人快感与不快感立论。苟于其感觉不快，则众虽美之，彼亦觍觍然[4]也。故康德以为美者，生于适意之感，而快感与善及喜悦，复有微异差别。盖善及喜悦，或为道德之问题，或为欲望之愉快，而美则谓适意离利害之快感，或纯粹感情之作用，故与善及喜悦，有不能比量齐观之点在也。故氏之研究，以美学之中心问题，与美的玩赏之本质，二者厘然有别，不可不辨也。

而喜拉氏 Schiller 于[4]美的玩赏，以游戏动作比拟而说明之，尤为深切著明。盖人当游戏活动之际，欢欣鼓舞，亦生快感，同于审美，且可适用于美学之说明也。故斯伯莎[5]亦认为审美与游戏，有同一意味，而那沙鲁斯[6] Lazarus[5]更注意成人之游戏，及游戏休养要求之说明。而古洛斯 Groos[7][6]尤深究幼稚动物之蹈舞，与儿童之游戏，以考人类之愉快精神生活。然此为类于美的玩赏，而非美的本体也。如吾人或以伟大事业，深自期许，当抱负未展时，苦心志，劳筋骨，困乏其身，行拂所为，于是精神上顿生不快之感。但此志不磨，蹈厉奋发，迨目既达，快乐逾恒[8]，此则类美的本体，而非美的玩赏。何则？游戏者，吾人身体之活动，其结果唯生喜悦而已。而自生理的及心理力之活动，所生游戏上之快感者，不过为生物学的心理学之法则特种运合，而非感情上之作用也。质言之，即游戏者，机能要求之快感；美学者，本质的感觉之快感也。机能快感，关于人之生理，故人类生理心理的有机体中，凡各机关，须时活动，而此活动必要之事，即保育发达⑦有机体，不可使蹈委靡危险为必要条件者也。例如人之四肢不长使用，久则机能障碍，萎缩衰弱，终致疲癃残疾，听失聪，视失明，苦恼集焉。原吾人机能若长时间被障碍时，则生不快感，反之如机能充分活动，则快乐无极矣。故夫人欲长得快乐，亟[9]宜以保爱精神，健康体力，为唯一要素。今之青年男女，误于审美正鹄[10]，迷恋姿色之美，沉溺肉体之欲，以致耗精疲神，戕贼[11]厥身，年始及壮，躬若老耄。虽欲求乐，其如黄耇鲐背[12]，伛偻闟跂[13]，何亦徒垂头丧气，揽镜自照，徒伤老丑而已。

由斯以谭，则游戏之喜乐者，实自机能要求满足而生之快感也。是知美的玩赏者，一种机能的快感。详言之，即种种心理的机能之活动而生之喜悦者也。准此理由，则美之玩赏，与游戏动作，实相类似，而其本质，则各异也。即吾人游戏之际，经验之机能快感，虽与美的快感类似，然决不可视为同一物，以美的中心问题差异故也。虽然，游戏与美的玩赏，至一层高尚发达形式活动时，仍能结合精神与机能同生美的快感也。

故美学者，即于机能快感之特质，观想其对象及过程而发生之科学也。兹于造形美术之作品、诗曲之歌唱、戏剧之串演等，恒久默察熟考，倾听熟视，如何能使精神状态，致生有意味与无意味之感，均应研求者也。故美之玩赏者，实自观想唤起其特种机能的快感而已。譬如视觉听觉，感官知觉，或时触感，则屡生要素美的感情。例如单纯之色，与复杂之色，或虹垂天际，或月到天心，如斯等类，因光之作用，颇能兴起人之美感。又如几何学的装饰，形状奇丽，而美的感情，亦能发生。此等事实，虽起于视觉机能之动，而快感实缘附之，吾人若仅就快感之起，活动之生，而不求喜悦之本质源泉，及称为"美之对象"。

至美之判断，虽应准乎美的规范，但亦当独具另眼，发挥己见，不可蹈袭他人审美之习见、评美之窠臼，以自阻精神活动之进化。盖美者，固无绝端界说，其认识批判，仍因人智而臻晋者也。如我国昔以"弱不胜衣""罗袜纤步"等类，皆为形容女子之美辞，今为强国保种计，凡此等审美评判之眼光思想，皆应革新改观，始足为审美有价值之论调者也。若求此美的判断之源泉，则发于人生良知良能之天性，成于社会事实上之经验，而据以为美之判断者，不外能生人人机能快感而已。故曰："不知子都之美者，无目者也。"[14]此言目之于色也，其同美焉。吾人即准此社会人情，共同为美之点，而独寻求其判断烧点[15]者也。故就客观存在而论，则物之对象性质，即为美的判断之间接原因也。例如人当感触一物，事过景迁，苟默念深思，至再至三，低回徘徊，想念不绝，则美感之度，逐渐深厚，至神往意迷，虽左右对象，有何种变化，亦视之弗见，听之弗闻，至机能快感，亦因停滞失效。此皆对象引起念力颠倒迷离之证也。

（未完）

（《寸心》，1917年第4期）

【校】

① "Idealism"，底本作"Ldealism"，误，今改之。
② "Naturalismus"，底本作"Nturalismus"，误，今改之。
③ "Impressionismus"，底本作"Lmpressionismus"，误，今改之。
④ 底本"于"前有一"氏"字，衍，今去之。
⑤ "Lazarus"，底本作"Layarus"，误，今据耶路撒冷《西洋哲学概论》第五章"美学之方法及目的"改。
⑥ "Groos"，底本作"Jroos"，误，今改之。
⑦ "发违"，疑应为"发达"。

【注释】

[1] 美备丰美：完美齐备，丰足有余。
[2] 自点：自污，自辱。
[3] 斗靡浮夸：指写文章以篇幅多、辞藻华丽夸耀争胜。
[4] 觖觖然：挑剔，苛责。
[5] 斯伯莎：即斯宾塞（Herbert Spencer, 1820—1903）。
[6] 那沙鲁斯：即莫里茨·拉扎鲁斯（Moritz Lazarus），德国民族心理学奠基人，柏林大学教授。
[7] 古洛斯 Groos：即谷鲁斯，德国心理学家、美学家，移情派的代表人物，著有《美学导言》《动物的游戏》《审美的欣赏》等。
[8] 逾恒：超过寻常。
[9] 亟：急切。
[10] 正鹄：正确的目标。

[11] 戕贼：伤害，残害。
[12] 鲐（tái）背：年老后，背上生鲐鱼般的斑纹。
[13] 伛偻闉跂（yǔ lǚ yīn qí）：腰背弯曲，脚尖点地而行。
[14] 语出《孟子·告子上》，文字略有不同。
[15] 烧点：即焦点。

美学（四续）

萧公弼

（三）发生的生物学的美学（续前）

《记》曰："声音之道，与政通矣。"[1]故审音以知政。盖言乐之正哇[2]，有关于世之理乱也。故《易》曰："先王作乐崇德，殷荐之上帝，以享祖考。"[3]则音乐之作，所以敬天地，礼神明，尊祖考，端政本，其道微矣。故吾人当精神疲惫，或意志郁结，偶闻丝竹管弦之音，则不觉心移神往，而喜怒哀怨之情，亦随音而变化。此其故何也？柏喜劣鲁 Büchner 氏以为听觉于单一纯雅之音，能起要素的美的作用，而生人适意之快感，至响入高妙之时，尤能满人之机能要求，而舒畅其神志。盖音乐之道，入人心者微，而感人之化甚速也。故促急噍杀[4]之音作，使人厉，澶漫和易[5]之音作，使人悦，强国之音宏以壮，其民奋，亡国之音哀以思，其民困。故孔子曰："安上治民，莫善于礼，移风易俗，莫善于乐。"[6]是以音乐之道，苟能穷深研几，中节合律，或清扬和悦，或高元阆輵，皆能兴起国民高尚之志、激昂之情，非仅感快而已。故惇颐[7]论乐有云："古者圣王制礼法，修教化，百姓太和，万物咸若。乃作乐，以宣八风之气，以平天下之情。故乐声淡而不伤，和而不淫。入其耳，感其心，莫不淡且和焉。淡则欲心平，和则躁心释。优柔中平，德之盛也；天下化中，治之至也。是谓道配天地，古之极也。后世礼法不修，政刑紊乱，纵欲败度，下民困苦。谓古乐不足听也，代变新声，妖淫愁怨，导欲增悲，不能自止。故轻生败伦，不可禁者矣。呜呼！古以平心，今以助欲；古以宣化，今以长怨。不复古礼，不变今乐，而欲至治者，远矣！故乐声淡则听心平，乐辞善则歌者慕，故风移而俗易矣。妖声艳辞之化也，亦然。"[8]斯言可谓知本明化，深切沉痛者矣。吾观吾国今日听剧家，每喜闻妖淫之声，而评剧家亦多为倚艳之辞，而演剧者之不学无术，昧于音乐之道，教化之义，尤不足论矣。噫嘻！使长此终古，陋而不改，则妖声艳辞，习而成俗，国且不国，何快感乎？欧美各国音乐专家知其然也。故凡国歌之制作、音乐之谱调，务穷深究极，非撰宏壮之声，即取和易之乐，务求振发国民激昂之气，生其平淡之心，以成移易之化。而演剧家亦多为音乐专家，或大学毕业者充其任，故能尽社会教育之责，而不至导欲增悲。即如盲哑学校音乐教授，亦多使盲哑学者为律动的排列，教之歌唱，而生其适意快感，俾不致郁郁无生人之乐。要之，美的感情之生，在于应感官机能的要求，使人知觉性情愉快欢乐，且充分满足而已。而音乐实能达此目的。故音乐之属于技巧的美学者，以此故也。（以上论美与音乐之关系）

（四）美学之要义及其地位

美学者，研究精神生活之科学也。故其范围广大悠远，而其意义，亦精深微密，则治之者，非有高尚之思想、沉静之脑筋，则恒难得其真谛，而领其意趣。且知之而行之者，复因根器智慧之不同，而有太上、知之、纵欲三种之差别，则美之服膺力行，亦视人之高尚卑劣而定矣。甚矣哉！美之一字之难言也。若夫"美的本质与美的玩赏"之分别，尤属几微，仅可意会，不可言传，以其非语言文字之所能曲状者也。原美的本质与美的玩赏，以言乎男女之间，即"色"与"淫"之辨也。吾尝谓金圣叹[9]者，绝世之聪明才子也。然览其批《西厢·酬简》一出，竟将色淫二字，混为一谈，曰："人未有不好色者，人好色未有不淫者也。"（此语以论理学[10]断论法证言之，其结语阅即可曰："人未有不好淫者也。"然欤否欤，知者自①之。）人淫未有不以好色自解者也。呜呼！此乃思想简单，未入审美高尚领域。圣叹尚犹如此，则滔滔浊世，解人难得，吾益怅然矣！抑知好色者，美的本质也；好淫者，美的玩赏也。好色者，精神之快感也；好淫者，肉体之欲望也。盖美感为人之天性，则好色者，亦人之天性也。然美之真谛，在以生人快感为要素者也。夫吾人若有高尚审美之观念，则美感之入吾眼帘也，色之而不淫，如镜中花，如水里月，花月来而镜水有照，花月去而形影不留。则此胸中活泼泼地，只觉一片化机、一缕清光。凡宇宙间诸形形色色之美观，皆能生吾快感，而不入烦恼痛苦之魔障。佛说所谓"不生爱染，不著色相"是也。若大程子[11]之"目中有妓心无妓"，斯其例矣。不然，若色而至淫，则贪爱染着，妄念横生，百虑萦扰。佛说所谓生、老、病、死、爱别离、怨憎会、求不得诸苦，均纷至沓来，其烦恼苦痛，有不堪言者矣。则此时心中、目中、意念中，坐卧梦魂中，生生死死中，无非眷恋一人，或贪爱一物，则外此虽有他美，亦不能领受，只自缠自缚于苦海愁城而已。

夫美本以感快，今则召苦，本以娱志，今则丧心。故好色而淫，失美之意义远矣。圣人知好美恶丑之出天性也。故曲为之制，事为之防，其于《国风》曰："好色而不淫。"[12]盖予之好色者，本乎人情，而不抑其快感也。戒之不淫者，虑其因色而召痛苦，且人心风俗将以此益坏也。其救世诲人之意，至深切矣。故曰："发乎情，止乎礼义。"[13]如斯而已。圣叹不明美学，故将美的本质，与美的玩赏，混而为一，犹以为乡塾迂谈[14]。吁！亦陋矣！

抑吾再以佛学明之。夫好色而不淫者，是以真如熏无明。故此身常觉清净，获自在乐。色而淫者，是以无明熏真如。故此身爱染贪著，受诸种苦报。此其义马鸣尊者言之颇详，兹引之。尊者谓众生染净诸因，有四种法，熏习义故，染净法起，无有断绝。一净去，谓真如；二染因，谓无明；三妄心，谓业识；四妄境，谓六尘。熏习义者，如世衣服，非臭非香，随以物熏，则有彼气。真如净法，性非是染，无明染法，实无净业。（则色而至淫，断未有不受苦者。）真如熏无明，故说有净用，云何熏习不断？所谓依真如故，而起无明，为诸染因。然此无明，即熏真如，既熏习已，生妄念心，复熏无明，以熏习故，不觉真法，以不觉故，妄境相现，以妄念心熏习力故，生于种种差别执著，造种种业，受身心等众苦果报。是以色而至淫，快感不生，失美学之真谛者也。

复次云何熏习净法不断？谓以真如熏于无明，以熏习因缘力故，令妄念心，厌生苦死，求涅槃乐。以此妄心厌求因缘，复熏真如，以熏习力故，自觉己身，有真如法。本性清净，知一切境界，毕竟无有，以能如是如实知故，修远离法。起于种种诸随顺行，无所分别，无所取著，经于无量阿僧祇[15]劫，惯习力故。无明则灭，无明灭故，心相不起，心不起故，境界相灭。如是一切染因染缘，及以染果，心相都灭，各得涅槃乐，成就种种自在业用。是知色而不淫，提撕[16]警悟，乃得入高尚审美之领域，而有无穷快乐者也。且美的机能快感，以身体健康为第一要义。则色而淫者，断未有不精神委靡[17]，戕贼厥身者，此又与美之原则相背驰者也。虽然，吾非欲效村塾先生，龂龂[18]于色淫之辩。但惧我国青年男女，审美失当，沉迷声色，纵欲败度，致荒时废事，淫乱之俗，日炽区夏[19]，种既衰微，国且不国也。且恐世之学者，以美的本质，与美的玩赏，并为一谈，致美之意义，晦而不彰，而失其真正之价值，时不可不辩也。（上言美的本质与美的玩赏）

美之现象，呈于吾前，吾人能认识觉察者，以其有知觉思惟也。知觉思惟，能择别明辨，领其趣味，舒畅豫悦者，谓之"知的机能快感"Bunktionslust②。故宇宙间，凡诸形色，如何为美，如何为丑，实因人之知识高下而定，亦即因人之智慧浅深而定也。智慧愈深，则美之观念愈高尚，而其领域亦大，知识浅薄，则美之观念既卑下，而美之容量亦狭隘，自然之势也。故审美之判断，固在养慧修智，而美之容量，尤当计算者也。盖高尚之美，其量必大，常与苦味绝对；卑下之美，其量必小，常与苦而相倚。常人不精计算，恒以声色货利满足为美，不知出舆入辇[20]，命曰蹷痿[21]之机，洞房清宫，命曰寒热之媒，皓齿蛾眉[22]，命曰伐性之斧，甘脆肥脓，命曰腐肠之药[23]。得之固一时觉美，失之择其苦愈甚，乃众生趋之若鹜，而不稍悟者，此正佛说所谓"众生有四颠倒法，无常计常，常计无常，无我计我，我计无我，无苦计苦，苦计无苦，不净计净，净计不净"，此其所以患得患失，愁苦为缘。虽至老死，犹无萧然自得日也。故世界之精于计算，能择高尚之美者，莫如孔佛。孔佛知外美不足恃也，世间乐之无常也。故或以仁义为归，或以无相为宗。故能乐天不忧，德身自在，而快乐无边者也。则美感之高尚卑下，及其容量之大小，时间之短长，苦乐之因果，实因人智慧而别，则智慧之于审美，岂不大矣！故彼农夫不可语于林泉之乐，舆台[24]不可语于山林之美者，非境异趣，其智殊也。

知的机能快感，又可于诗歌、绘画证之。如人读喜拉氏之哲学的抒情诗，其吟天地山川、美人才子诸佳章美什，使读者不觉心怡神旷，美之快感，浮于脑际，其乐融融，有非墨楮[25]所能形容者也。夫诗歌者，干枯无色相之物也，何能使人至于如斯？曰知的机能快感作用故也。而近世美术家于绘画时，亦得此种经验。是以当其操觚描写时，恒种种设想，意匠惨憺，其曲状形态，渲染色彩，务尽变极致，浓淡错综者，不外满人感官机能要求，而生其永续的美之作用而已。直言之，即生其知的机能快感而已。而此快感，于吾人日常生活，又可命名为"穷理的兴味"。盖知识者，不外由人心理经验之内容而已。故人之知识，感官愉快活动时，常能引起人之兴味，而快乐生焉。而此兴味味语，近年欧美各国，于美的判断之际，恒引用之。盖美之概念，若大扩张，不仅包含狭义之美，凡有兴味者，皆可以美之作用统括之，即美者所以满足人之知的机能快感，而使人有兴味者也。否则吾人奚为而好美恶丑哉！（上言知的机能快感）

《记》曰："人生而静，天之性也。感于物而动，性之欲也。"善哉斯言！夫吾人当思虑寂然，嗜欲不萌，则美丑之态，无由发现。佛说所谓"一念寂时，万法皆空"是也。是则感觉之起，及知的快感之生，实由人心意识之动，初发端于"美的玩赏"，继扩充于"美的作用"，终则"感情"随之。故马鸣尊者谓："一切法，本来唯心，实无分别，以不觉故。分别心起，见有境界，名为无明。"夫情者即无明之动，亦即意识之动也。如人于艺术美，或自然界而生喜悦之际，然试穷此喜悦之本质，则由了见境界相后，知的机能快感发其端，同时感情亦大活动，而为意识之根本作用，即情之作用也。盖喜怒哀乐未发之谓性，既发之谓情，情至其极，则有兴奋之要素，而此要求，名曰"情的机能要求"Bunkuonsbedurfuis。满此情的机能要求，则精神上生非常之愉快，名曰"情的机能快感"。情的机能快感者，凡感情以中心的性质，自感觉的及知的机能感快，深入精神生活之关系也。此感情要求，若激烈发扬，则兴奋力甚大，其结果能激动全有机能，往往生起永续的作用，而成伟大之事业。如伊尹[26]耻其君不为尧舜之君，耻其民不为尧舜之民，孔子"己欲立而立人，己欲达而达人"[27]，世尊"众生有一不成佛，我誓不入涅槃"，凡此诸端，皆感情之作用也。故人而无情，则国家文化，无由增进，社会事业，无由发展，而万事丛脞矣。盖吾人事业功动之所由成，多缘吾人对于社会国家现在或将来发生一种不忍之心，因而遂生不忍之情，由是"情之奋兴力作"，蹈励奋发，勇往直前，务求贯彻吾之怀抱而后已。若是者，名曰"情激"Leidenschaft。情激者，发于事物之戟刺，而成于感情之作用。殆目的既达，而后情的快感生焉。情感所激，非独事业赖以促成，即验以登山陟险，亦有同情。彼峭壁千仞，岗峦耸峙，熊罴啼东，虎豹号西，其境地非不险也。然吾人兴会所至，情感所激，则兴奋力作，视险如夷，必探奇涉幽，一至其境，快其情的机能而后已焉。凡男女爱情至不达时，而郁结怨恨，致继之以死者，皆情激也。故曰："人非草木，孰能无情。"然情之所钟，要在用之得当而已。（上言情的机能快感）

　　美丑态度，固由人之认识而定。然由其发现诸象，则有内部之美与外部之美之别。外部之美，则假于外物，托于色相，意觉美观，缘生爱恋，是此美为自外部发生，是谓"外美"。若理性自适，意志修洁，天君泰然，良知愉快而感美者，是此美自内部发生，名曰"内美"。故甲第连云[28]，崇阁绮室，衣被文绣，食饱珍馐者，外部之美也。孔子疏食曲肱，原宪瓮牖绳枢，声出金石，乐在其中者，内部之美也。内部之美，精神之快感也，在我而已。外部之美，形式之美，求在外者也。故周惇颐称颜子曰："颜子一箪食，一瓢饮，人不堪其忧，而不改其乐。夫富贵人之所爱也。颜子不爱不求而乐贫者，独何心哉？天地间至贵至爱可求，而异乎彼者，见其大而忘其小焉者。见其大则心泰，心泰则无不足，无不足则富贵贫贱处之则一。处之一则能化而齐，故颜子亚圣。"[29]此所谓重内而轻外者也。故曰："有所恃而乐者，乐人也。无所恃而乐者，乐天也。"外美之至，其来不可圄，其去不可止，皆物之傥来寄者也。内美则良知莹然，心不蔽物，自适自乐，无入而不自得焉。且内部之美，其感快性强，为时永久，外部之美，物有不足，则烦恼以生，其痛苦有异寻常万倍者。内美作用，例如人见美术雕刻，或精妙绘画后，暇时默念，亦常能激发人之记忆，及想像活动，以思惟该对象，使美之快感情，益臻强度，饶有兴味，而感情缘以深厚矣。且内美能满足吾人知的机能要求，而起美之快感者，于诗文之道，尤易证明。彼诗文者，特词章家意志之寄托耳。无声音笑貌以悦耳，无美曼婀娜以悦目，然千载之下，使人读之，或拍案叫绝，或感慨欷歔[30]，或长言吟歌，或手舞足蹈，乐而忘倦者，何也？以其能激发人之感情思想，内美作用故也。故美学家多谓诗为"直观性之美感",以其自理性而发,非纯恃感官知觉故也。故古里鲁巴夏 Grillparzer[31]③之言曰:"诗属直观性者,因其快感非自外部而来,乃由内部而生。"其言颇为适切者也。是以诗人之美感,苟高尚纯洁,其发为诗歌,能敬天地、泣鬼神、淳风俗、美教化者,必金声玉振,有美蕴于中也。曾子曰:"晋楚之富,不可及也。彼以其富,我以吾仁,彼以其爵,我以吾义。吾何慊乎哉?"[32]子舆氏曰:"堂高数仞,榱题数尺,我得志弗为也;食前方丈,侍妾数百人,我得志弗为也。在彼者,皆我所不为也;在我者,皆古之制也,吾何畏彼哉?"[33]是皆胸有所主,重内而轻外,故不以彼而易此也。我青年男女同胞之审美也,须具有此胸襟气概,然后能不沉于声色货利,不淫于富贵功名,而能以美利利天下矣。孟子曰:"先立乎其大者,则其小者不能夺也。"[34]吾人三复斯言,可不勉欤?(上言内美与外美)若夫清洁自好,振饬自修,则在内外之间,又美学之所深予者也。

(未完)

(《寸心》,1917 年第 6 期)

【校】

①疑"自"后脱一"知"字。

②"Bunktionslust",疑应为"Funktionslust"。

③"Grillparzer",底本作"grillporyer",误,今据耶路撒冷《西洋哲学概论》第五章《美学之方法及目的》改。

【注释】

[1] 语出《礼记·乐记》。

[2] 哇:邪淫,非雅正。

[3] 语出《周易·豫卦·象传》,文字略有不同。

[4] 促急噍杀:声音急促不舒缓。

[5] 澶漫和易:声音舒缓平和。

[6] 语出《孝经·广要道》,前后次序倒置。

[7] 惇颐:即周敦颐。

[8] 语出周敦颐《通书·乐上》与《通书·乐下》,文字略有不同。

[9] 金圣叹(1608—1661):名采,字若采,明亡后改名人瑞,字圣叹,苏州吴县人,明清之际著名的文学家、文学批评家,擅长文学批评,对《水浒

传》、《西厢记》、《左传》等书及杜甫诸家唐诗都有评点。

[10] 论理学：逻辑学。

[11] 大程子：程颢。

[12] 语出《史记·屈原贾生列传》。

[13] 语出《毛诗序》。

[14] 乡塾迂谈：乡塾，旧时乡里进行教学的地方；迂谈，迂阔的谈论。

[15] 阿僧祇：印度数目之一，指无量数或极大数之意。

[16] 提撕：提醒，警觉。

[17] 精神委惫：精神极度委靡疲乏。

[18] 龁龁（hé）：勤奋不懈貌。

[19] 日炽区夏：在华夏之地日益严重。

[20] 出舆入辇：指动必乘车。

[21] 蹷痿：脚疲软不能行走。

[22] 皓齿蛾眉：指美色。

[23] 语出枚乘《七发》。

[24] 舆台：泛指操贱役者、奴仆等。

[25] 墨楮：墨和纸。

[26] 伊尹：商朝初年著名政治家、思想家，曾辅佐成汤建商灭夏。

[27] 语出《论语·雍也》。

[28] 甲第连云：形容富豪显贵的住宅非常之多。

[29] 语出周敦颐《通书·颜子》，文字略有不同。

[30] 欷歔：叹息。

[31] 古里鲁巴夏 Grillparzer：即格里尔帕策（1791—1872），奥地利剧作家，主要作品有《太祖母》《国王奥托卡的盛衰》《梦幻人生》等。

[32] 语出《孟子·公孙丑下》。

[33] 语出《孟子·尽心下》。

[34] 语出《孟子·告子上》，文字略有不同。

读《康德人心能力论》书后

萧公弼（四川工业专修学校正科一年生）

自希腊哲学，遭演以还，唯物论与唯心论时相争持攻击。主张唯心派者，谓人之精神有三能力，胆力情欲，属于感性，惟理性则属于心灵。心灵者，生于人生之前世界，是为不朽之物，而万境万物，皆由心造（按：佛氏亦主此说）。于是有唯心无物论之产出，柏拉图即此派人物也。主张唯物派者，谓天地万物，尽由原子与虚空界摩荡鼓舞，聚散吸拒而成立。其来无自，其起无限，人之身体精神，亦由细微圆滑之原子而成。于是有唯物无心之反动，德谟颉来图实此派代表也。而调和折衷此两派者，乃有心物同体之说法，辞较圆满矣。然则《康德人心能力论》，特唯心派之言。究意力能否制情却病，实为吾人应当讨论之问题也。试就吾人日常经验者言之，大惊则神失，大惧则魄丧，大愧则汗溢，大怒则发指。盗金者目无市人，射虎者石竟没镞[1]，遭回禄者力能负重，受追袭者身克跃渊。本性与人同，犯害与人异，此无他，受外界之激刺，感他物之压迫，从心理上之变迁，化而为生理上之作用也。是心为主动，身为被动，心实出令，而身为受令者，从可知矣。故宋儒曰："心为太极，所以统摄万事，宰制百物，而不役于外者也。"子列子[①]曰："心蔽吉凶，灵鬼摄之（此鬼字勿拘世俗所谓之鬼解）。心蔽男女，淫鬼摄之。心蔽幽忧，沉鬼摄之。心蔽放逐，狂鬼摄之。心蔽盟诅，奇鬼摄之。"[2]因果感应之道然也。是从学理经验之考察，康德所谓"躬行仁义，扩充智慧，养气神气，制其情欲，使形体附丽于心神，勿使心神役累于形体，则可以却病，可以保生，可得真乐"之言，洵不诬也。虽然，犹有未尽。夫古之真人，载营魄，葆淳朴，其心寂，其容頯[3]，凄然似秋，暖然如春，能阴能阳，能柔能刚，能暑能冷，能玄能黄。上不见天，下不见地，内不见我，外不见人，入水不溺，入火不焚，运其心神，可以御气乘风，翱翔八极，周游四海，交通鬼神，语言禽兽，无知也，无能也，而无不知也，无不能也。阅者疑斯言乎？则今日催眠术能悬立空中，握箸[4]生火，摄人灵魂，变人情性。诸种技能，试语之于乡村野老，百年前人，则鲜不以怪诞不经，欺世骇俗之语也。今竟何如邪？是吾人囿于躯壳，弗识虚灵界，犹蜉蝣不知朝暮，蟪蛄不知春秋类也。故哲学家有恒言曰："宇宙之原理，必超物质界而为形而上者，决不存于吾所见闻之世界，使苟存之，则为世界之一部，不得为太极之原理。"是则将来催眠术尽其技能，哲学家浚其智慧，闭物质界之眼，而开心灵界之眼，以赞天育地，通神达物，固意中事，则人心能力，讵止制病乐性也哉！故曰："至诚之道，可以前知，尽人性以尽物性，尽物性以参化育也。"然则吾辈今日之讲体育，究卫生者，当先凝敛其精神，涵镕其性质。盖志，气之帅也；气，体之充也。志一则动气，气一则动志，以直养而无害，则充塞于天地之间矣。而彼拘拘于饮食精研，服室斡旋，夫岂得哉？以故伊壁鸠鲁[5]之倡快乐学派也，分快乐为二，即心意与身体之快乐是也。谓身体快乐，瞬即消灭，心意上之快乐，则记忆其过去，希望其未来，以至无穷者也。然则吾人于心意之快乐，可不加之意乎？原夫有所恃而乐者，乐人也，不可恃也；无所待而乐者，乐天也，求在我者也。故子舆氏曰："体有贵贱，有小大。无以小害大，无以贱害贵。学问之道无他，求其放心而已。"[6]又曰："乐善不倦，天爵也。公卿大夫，人爵也。古之人，修其天爵，而人爵从之。今之人，修其天爵，以要人爵。既得人爵，而弃其天爵，则惑之甚者矣。"[7]愿吾徒读康氏之论者，勤修天爵，漠视人爵，则淡泊明志，宁静致远，箪瓢陋巷，褐衣粝食[8]，乐亦在其中矣。夫仅保生制病云尔哉！

（《学生》，1915 年第 6 期）

【校】

①"子列子"，应为"关尹子"。

【注释】

[1] 镞：箭头。

[2] 语出《关尹子·五鉴》。

[3] 頯（kuí）：质朴。

[4] 箸：竹子。

[5] 伊壁鸠鲁（Epicurus，前341—前270）：古希腊哲学家，伊壁鸠鲁学派的创始人，他的学说的主要宗旨就是要达到不受干扰的宁静状态，并要学会快乐。

[6] 语出《孟子·告子上》。

[7] 语出《孟子·告子上》。

[8] 褐衣粝食：褐衣，粗布衣服；粝食，促恶的饭食。

广告诗之审美者：寄刘少少先生与白女士（有序）

萧公弼

才子佳人，古难其选，合则双美，离则两伤，此《国风》之所以赞叹于"窈窕淑女，君子好逑"者也。余著《美学》，尤反复于此，谓社会应设婚姻介绍所，俾男女配偶，务得其宜。乃书未脱稿，适有刘君少少与白女士之事，不禁浮一大白，拍案叫快曰："有是哉！是余之所欲也。"敢距跃三百，曲踊三百，为刘君与白女士寿曰："达哉刘君！慧哉女士！洵可谓才子佳人信有之，是亦《寸心》杂志中之一种佳话也。"虽然，余亦少年失偶者，然性严峻，其视尘俗女子，蔑如也。是以至今犹有抚衾之感[1]，他日亦当学步邯郸，不知虢姑仙子，尚有其人否邪。爰依白女士原韵，口占七绝二首，书成，不觉仰天狂笑，质之刘君与白女士，想亦为我哑然也。

画眉咏絮事悠悠，今看鸳鸯舞白头。文字姻缘须记取，好凭健笔挽神州。
龙泉恩怨未分明，谁管无家问死生。羡煞凤凰曲奏处，青衫红袖两多情。

（《寸心》，1917 年第 6 期）

【注释】

[1] 抚衾（qīn）之感：形容对逝去配偶的念念不忘之情。

研究哲学之要点

萧公弼（四川工业专修学校学生）

方今部令规定，凡中学校以上师范学校等，均设哲学一科。此诚予吾人精神上以良好之供给也。顾吾国哲学，发达最早，包牺氏[1]仰观俯察，近身远物，河出图，洛出书，而天文地理，鬼神禽兽哲学，业已萌芽。包牺氏没，神农氏作，斫木为耜，揉木为耒，日中为市，致民聚货，而社会人类哲学复明。神农氏没，黄帝尧舜氏兴，制作战具，扩拓疆宇，设官分职，选贤与能，而战争哲学（日本亦有战争哲学）、政治哲学，无不完备。循逮于周，以文武之圣，周召之才，栉风沐雨[2]，握发吐哺[3]，于是垂拱而天下治，郁郁乎文哉！洎周室衰微，官失其守，群出绪余，竞以艺鸣，鱼鳞杂袭，蜂起云涌，若老庄、墨翟、孙吴、公孙龙、杨朱、申韩辈，何可胜数。惟孔孟集其大成，可谓极一时之盛矣。自是厥后，暴君污吏，横肆专制，言奇者见诛，行殊者被祸，后虽程朱陆王继起，然不足大观。而言论思想，著作出版，均不得自由，以演成今日微弱萎靡不振之中国。此余披览诗书六艺、诸子百家，未尝不废书长叹者也。西人承吾之敝，形上形下，同时并进。德意志尤以哲学大鸣于世，凡有中学程度者，男女学生，莫不富于哲理观察、哲学思想。回顾我国，竟何如邪？《传》有之云"礼失而求诸野"[4]，信矣。弼虽置身工业，酷嗜哲学，愚骏不敏，深自愒愧，敢贡刍言，商榷同志。

哲学者，本于希腊语之"费罗索费"，而其定义解释，各各不同。柏拉图曰"哲学者，修养真正智识之事也"，谓"由理性而知觉事物之真实长存方面"，是即感觉世界以外之真实世界也。希拉罗曰："哲学者，实能引导人以就德去不德者也。若无哲学，安有人世？"海尔巴脱曰："哲学者，阐明概念而雕琢之之学也。"安比古洛斯则谓："哲学者，幸福之合理的探求也。"其观察评判，语虽不同，而形式定义，则可谓哲学者为原始要终之知识。所以求太极无极之原理，使人类脱唯物与机械论之羁縻[5]，而得精神自由，为宇宙全体根本进步发动之幸福学问也。简言之，则哲学为太极之科学，解决神秘主义者也。故吾人欲研究此学,则在闭现象而探本相,去客观而辟主观,即穷究本本存存而发明原理之原理也。则**爱真理**是为研究哲学第一要点。

哲学异夫科学,科学为分业的进行,哲学为全体的探讨,科学为原理公例之考索,哲学为神秘本相之追求。此其大别也。故科学大家谟尔支曰:"科学的原理,为纯然客观之原理。哲学的原理,乃主观而兼客观者也。"则研究哲学,诚万难于科学。而修养大智慧力,任机运以通化,乘寂照以御物,实为应具之本能。然养智慧则有内籀外籀[6]二法。外籀则经历事故,探讨物情,读书积理,即佛氏之渐教,孔子所谓学也。内籀则敛神养气,返观内照,直至本心,默求静悟,即佛氏之顿教,孔子所谓思也。故费罗索费之义,即爱智之谓。师涅加曰:"哲学者,爱智与热心探求乎德之谓也。"新柏拉图则以顿悟直觉之神秘的智识为哲学。《尔雅》云:"哲,智也。"扬子《方言》亦曰:"哲,知也。"惟孔子以哲人自命,其歌曰:"泰山其颓乎!梁木其坏乎!哲人其萎乎!"[7]则吾以孔子集哲学大成,非无证也。又孔子尝以学不厌教不倦自任,子贡曰"学不厌,智也。教不倦,仁也",适合爱智之义。故**浚智慧**是为研究哲学第二要点。

人自受身以来,则有恶因漏果,缠绕厥躬。眼耳口鼻手足,色声香味触法,常起颠倒妄想,恚嗔贪痴。苦者计乐,乐者计苦,无我计我,我计无我,不净计净,净计不净,无常计常,常计无常,有心倒想倒见倒三倒见,复加以爵禄眩于前,艳色饵于后,刑罚施于左,声名驰其右,则一切相,一切苦,一切系缚,一切贪痴,悉纷至沓来,纠结不解。于阴入界而生诸漏,于此漏中无明业深,而欲发见真理,体认真如,难矣。故欲灭除烦恼,求真解脱,获智慧果,则当无人相,无我相,无众生相,无寿者相,不取法,不取非法,非有为法,亦非无为法,不住色生心,亦不住声香味触法生心,应无所住而生其心。是**破法相**为研究哲学第三要点。

《易》曰:"形而上者谓之道,形而下者谓之器。"哲学者,形而上之学问。故研究此学者,多属聪明智士。但宇宙现象之原理,决不存在于表面。若力之现象,机械动作,不可识见,而生死神秘诸理,尤难寻求。故学者探赜索隐,钩深致远,每觉天地皆泡影,身世为梦幻,遂往而不返,而为悲观厌世主义。刍狗圣贤,浊溷风尘,思遁迹山林,遗弃形骸,或狂放不羁,傲世玩俗,如庄扬阮嵇之流,余未尝不惜其才之轶伦超群也。故躬亲哲学者,当致广大而尽精微,极高明而道中庸,领悟真空妙有之玄奥,不偏不倚,中天而立,最病玩空执拗,悬想寂灭,自戕天才,无补于世。此**赅实用**是为研究哲学第四要点。

太史公[8]曰:"儒者博而寡要,劳而无功。"[9]诚不刊论也。我辈研究学问,每欲博览旁通,万事皆悉,然其弊也。博而不约,东西驰骛,伥伥无所适,茫茫无所归。如堕十里雾中，神夺气丧，庄子所谓"终身役役而不知所归"[10]者是也。推原其故，皆胸无择别，学无定向，故不能提要钩元[11]，擒贼擒王，徒为书蠹[12]而已。孔佛耶者，深于哲学人也。孔倡仁义，佛尚慈悲，耶主博爱，则知古人为学垂教，皆抱一定宗旨，持不移方针，断不徒侈渊博。故曰："文理密察，足以有别，发强刚毅，足以有执。"[13]曰："天地之道，为物不二，文王之德，纯一不已。"曰："吾有知乎哉，无知也。"况归纳演绎，实为哲学之二大方法，则**定标准**是为研究哲学第五要点。

凡一切学问之研求，皆所以济世利人也，故曰"君子学道则爱人，小人学道则役使"[14]也。而哲学一科，世人每目为无实利幸福，此谬说也。不知人生有精神之生活，有肉体之生活。饮食男女，肉体生活也；仁义礼智，精神生活也。彼嗜好美术，沉潜学理者，方置死生利达于度外，讵能谓为无用而克移其性情哉？谟尔支曰："科学之分业，诚出于不得已。然各专门家，亦当留意于自己所修以外之学问全体，而知其与自己之研究，其关系若何？夫所谓学问全体，岂能离哲学乎？"斯言也，真明科学与哲学之关系，而足调和其间也。然哲学最终要义，于诸法当修平等心，于诸物当生同一子想。大慈大悲，大喜大舍，亲亲而仁民，仁民而爱物，己立立人，己达达人，认众生悉有佛性，我皆令入无余涅槃[15]而灭度之，不妄生差别，横起我见，则法性圆融，有若虚空。不然如赫胥黎、达尔文辈，其阐发哲理，未尝不深。然离于仁爱远虑，则学说诸多流弊，物竞优胜之争，至今犹烈。夫何取于智者。故**尚仁爱**是为研究哲学之第六要义。

（《学生》，1915 年第 4 期）

【注释】

[1] 包牺氏：即伏羲氏。

[2] 栉风沐雨：形容人经常在外面不顾风雨地辛苦奔波。

[3] 握发吐哺：比喻为国家礼贤下士，殷切求才。

[4] 语出《汉书·艺文志》。

[5] 羁縶：马络头和马缰绳。

[6] 内籀外籀："归纳""演绎"的旧译。

[7] 语出《礼记·檀弓上》。

[8] 太史公：指司马迁。

[9] 语出《史记·太史公自序》。

［10］语出《庄子·齐物论》，文字有改动。

［11］提要钩元：探取精微，摘出纲要。

［12］书蠹（dù）："书虫"的俗称。

［13］语出《礼记·中庸》。

［14］语出《论语·阳货》。

［15］无余涅槃：《智度论》三十一曰："涅槃是第一法无上法。是有二种：一有余涅槃，二无余涅槃。爱等诸烦恼断，是名有余涅槃。圣人今世所受五众尽，更不复受，是名无余涅槃。"

与陈重远[1]君书

萧公弼（四川工业专门学校电科一年级生）

自欧风东渐，群谭维新，驽骀[2]不才，负笈远游，风雨飘摇，穷深研几，逃杨出墨，向往孔氏。惜木铎[3]无灵，金声沉响，道丧学绝，斯文若缕。怅甚！孟夏之月，获读足下[4]《孔教论》，微言大义，继业洙泗，望风引领，欢慰无状。夫吾国自包牺画卦，文籍即生，黄帝麈兵，版图愈广，尧明俊德，于变时雍，舜以濬哲[5]，万方率俾[6]，禹平水土，稷播百谷，契敷五教，垂典百工，皋陶明刑，益掌山川，夔司礼乐，龙作纳言，文化之盛，炳然可观。当此之时，政尚共和，国为民主，作君作师，政教无分。禹启传子，家有天下，帝制自为，兹其滥觞，诚政体一大变机也。降及周末，世衰道微，贤圣不作，孔子惧而作《春秋》，删《诗》《书》，定礼乐，明一代大法，维万世纲纪。而父子亲，君臣义，夫妇别，长幼序，朋友信，尽人性以尽物性，尽物性以参化育，至于无声无臭而后已焉。故曰："仲尼祖述尧舜，宪章文武，上律天时，下袭水土"[7]，"自生民以来，未有盛于孔子者也"[8]。于是教统遂归于儒矣。自兹以还，微言绝传，道本乖驰，大同流派，寥若晨星，秦肆淫威，汉袭糟粕，晋尚空谈，宋专性理，支离蹈虚，斯文扫地，而暴君污吏，复事假盗，色仁行违，欺钳天下。今人睹其积弊，鲜求其真。遂不惜鏻轹[9]国性，铲锄国魂，薄其所厚，乞灵殊族，竟有六经可废之说，家庭革命之谈。正孟子所谓"邪说诬民，充塞仁义，率禽兽而食人"[10]者也。历观欧美政治，莫不以道德为标准，法律为范围，裁判于良知，自由于伦理。故精神物质，同时并进。吾国不知准今师古，采外酌中，弃固有之精华，袭他人之皮毛。形貌虽肖，羊质虎鞟，卒之国度纷扰，士气嚣张，暴慢狂惑，廉耻沦丧，实自毙也。夫人心正而风俗敦，风俗敦而政事理。故曰："为政在人。"[11]今吾国不患国之不治，而患人心之死，死于势位，死于权利，死于功名，死于斗狠。虽起伊周华庐于今日，亦不能为治矣。然则若何？莫如尊孔。孔子之道，如日月经天，江河行地，布帛菽粟，人伦日用，推小康以致大同，由民国以演天国，主盟世界，登彼极乐，其功讵可量哉？质诸高明，以为如何。噫！列列环球，何人骨鲠，茫茫沧海，几许知音。姚江而后，众流失归，息邪说，拒诐行，为天地立心，为万物立命，为先圣继绝学，为万世开太平，此其时矣。风雨如晦，鸡鸣不已，任重道远，愿赐策诲，辞弗周意，敬颂履祺。

(《学生》，1915 年第 4 期)

【注释】

[1] 陈重远：陈焕章（1880—1933），字重远，广东高要人，清末民初思想家、社会活动家、孔教徒，著有《孔门理财学》《孔教论》等。
[2] 驽骀：劣马，比喻愚钝的人。
[3] 木铎：铎的一种，古代用以警众的响器。
[4] 足下：旧时交际用语，下称上或同辈相称的敬辞，可译为"您"。
[5] 浚哲：深邃的智慧。
[6] 率俾：顺从。
[7] 语出《礼记·中庸》。
[8] 语出《孟子·公孙丑上》。
[9] 辚轹：车轮碾轧。
[10] 语出《孟子·滕文公下》，文字有改动。
[11] 语出《礼记·中庸》。

《易》为中国之灵魂学

萧公弼（四川工业专修学校预科学生）

星月皎洁，万籁无声，青灯兀坐[1]，杜关敛神，良知莹澈，烛照群伦，自观本心，有一物焉。放弥六合[2]，卷退于密，迎不见首，从不见尾，视不见，听不闻，宰制万有，收摄乾坤，寂然不动，感遂通灵。恍恍惚惚，杳杳冥冥，能阴能阳，能柔能刚，能浮能沉，能玄能黄。无知也，无能也，而无不知也，无不能也。此非世界之所谓灵魂者乎？欧西哲学宗教家之言灵魂者众矣，辄讥吾国无灵魂学。复以孔子不言，为彻下而弗彻上。噫！是言也。岂真知我国之哲学也哉？抑岂识《易》为吾国之灵魂学者乎？请试征之。《易》曰："易之为书也，广大悉备，有天道焉，有地道焉，有人道焉。"[3]又曰："易与天地准，故能弥纶天地之道。仰以观于天文，俯以察于地理，是故知幽明之故，原始反终。"[4]故知生死之说，精气为物，游魂为变，是故知鬼神之情状，此岂非言灵魂最确明证乎？虽然，灵魂果何物欤？据西人考验谓灵魂即心灵，即大主观也。充塞宇宙无限之空间，占领宇宙无限之时间，自动自活，永久不灭之物也。吾人躯壳手足，顽然物质客观也；心力生命，神经组织主观也。凡物客观则惟物质，主观则惟心灵。物质发为现象，心灵蕴为本相，考察现象为科学之主点，推测本相为哲学之主点。此二者分道扬镳之殊也。复有心理学家勿阿尼氏，研究灵魂之结果，曰："灵魂者，栖息于人物细胞中，其色紫脓，质不透明，必肉体约重千分之一，不待饮食而生存，且具良知，能修养正义，世界中住有三万年之人间灵魂，由是经过三万年以上，此等灵魂，能出世界而移住宇宙间之各世界中。"而日人于试空气时，考得如 Helum Arghtan Kryhton Selenium 之类，经天文家深察之，确定其质甚坚，其在元素，则超飞天界，迹踪净土，其在人体，则醉心侠义，脱尘俗之烦溷[5]，达独行之志意。近时天文家以此为具高尚之性质、纯洁之元素，将来吸集星云于空间，而建设新天体，尊称此类元素，为建设新天体之先驱云。此等意义，在《易》发明犹早，其曰："易有太极，是生两仪，两仪生四象，四象生八卦。"夫所谓太极者，万化之统宗，万有之全一，宇宙之总体,最初之细胞,西人所谓一元论是也。太极之中,涵有两性原素,是为两仪。《易》言阴阳乾坤,健顺刚柔,实以显两性之不同。与今科学上研究磁性两极各异,义甚切合,即西人所谓内涵二元论是也。两性既异,游泳太空,于是异性相爱者,生联合之关系,同性相憎者,生违反之关系,爱憎之性不同,吸抗之力以显,参伍错综,盈虚消息,而世界种种,因以构成。故曰:"一阴一阳之谓道,乾元资始,坤元资生,天地氤氲,万物化醇,男女构精,万物化生。"宋儒衍其义曰:"太极动而生阳,静而生阴,一动一静,互为其根,二气交感,化生万物,万物生生而变化无穷焉。"凡此皆所以发明万殊一本,一本万殊也。老子曰:"道生一,一生二,二生三,三生万物。"列子曰:"易变而为一,一变而为七,七变而为九,九者,究也,乃复变为一,悉斯道也。"故凡各个之形,即太极一体之形,各个之质,即太极一体之质。分观之各分子皆独立,合察之则万物仍不失统一之象。譬若水火然,万水可合一水,万火可合一火。故曰:"一物一太极,万物一太极。"此《中庸》尽其性以尽物性,尽物性以参化育。张子"天地之塞吾其体,天地之帅吾其性,民吾同胞,物吾与也",诸说所由兴也。呜呼! 读《易》太极阴阳之妙,而世界思想,大同观念,有不油然生者,非夫也。然异性相引,引之沉者为重浊,重浊者物质所由成也。同性相斥,斥之浮者为清轻,清轻者心灵所由孕也。冲和气者为人,此人之所以藏灵魂而载躯壳者也。故曰:"太虚不能无气,气不能不聚为万物,万物不能不散为太虚。"[6]庄子曰"万物皆入于机,皆出于机"[7],此之谓也。虽然,物质有朽腐,而灵魂无永灭。《易》于剥卦继之以复,损卦继之以益,明死于此者生于彼,毁于彼者成于此。所谓方死(灵魂实无死,如草木之果实,然虽树枝枯萎,而核之生机犹存。)方生,长生长化,故曰"生生之谓易"[8]。此岂非言灵魂永生之证乎? 由斯以谈,则精神入其门,骨肉反其根,我尚何存,而死生得失之数,可漠然矣。又灵魂有感觉持正改进向上之性,而《易》曰:"乾以易知,坤以简能。"[9]知即良知,能即良能,良知良能,此灵魂所以不可思议也。且乾动专静直,坤静翕动避,其形质凝聚,气体发散,将来集合大灵团,以造三千大千世界,讵可限量哉! 至客观主观之分,《易》曰:"形而上者谓之道,形而下者谓之器。"[10]横渠曰:"太虚无形,气之本体,其聚其散,变化之客形尔。"[11]是其说已为陈义,无足论矣。夫《易》以道神化,不过阴阳消息而已。阳为魂,阴为魄,谓《易》为灵魂学,夫奚不可也。且吾国不第《易》言灵魂,诸子亦多及之,尤以老子为精,列子为详,其言曰:"谷神不死,是为玄牝,玄牝之门,是为天地根。"子列子①曰:"五行之运,因精有魂,因魂有神,因神有意,因意有魄,因魄有精,五者回环不已。"[12]所以我之真心流转造化,几亿万岁,未有穷极。曰"升魂为贵,降魄为贱;灵魂为贤,厉魂为愚;明魂为神,幽魄为鬼"[13],"既能浑天地以为魂,斯能浑天地以为魄。凡造化所妙皆吾魂,造化所有皆吾魄,则无一物可投我者"[14]。如斯之论,连篇累牍,孰谓我国无灵魂学哉?第以兹学奥妙玄微,非聪明睿知,其孰能与于此,而诞治之,则将流牛鬼蛇神,阻害进化。此我孔子所以不语怪力乱神,而有"未知生,焉知死,未事人,焉事鬼"之说也。今欧洲科学大明,而兹隐微之学,藉以显著,未始非幸,但学者眩异惊奇,数典忘祖。吁!可慨也夫。

(《学生》,1915 年第 2 期)

【校】

① "子列子",应为"关尹子"。

【注释】

[1] 青灯兀坐:孤寂茫然地端坐。
[2] 六合:上下和四方谓六合,借以指天地或宇宙。
[3] 语出《周易·系辞下》,文字略有不同。
[4] 语出《周易·系辞上》。
[5] 烦溷(hùn):混杂。
[6] 语出张载《正蒙·太和》,文字略有不同。
[7] 语出《庄子·至乐》,文字略有不同。
[8] 语出《周易·系辞上》。
[9] 语出《周易·系辞上》。
[10] 语出《周易·系辞上》。
[11] 语出张载《正蒙·太和》。
[12] 语出《关尹子·四符》。
[13] 语出《关尹子·四符》,文字略有不同。
[14] 语出《关尹子·四符》,文字略有不同。

释 我

萧公弼（四川工业专修学校正科电科一年级生）

天畴造邪，地畴产邪，飞潜动植，何其逊[1]邪？万类纷纭，胡独有雄长之人邪？万人济济，胡独有个体之我邪？孰主张是，孰分判是，意者其有机缄邪？其有不得已之情者邪？《说文》云："我者，施身之谓也。"我，我也。（在人自称为我，在我亦称为我。）我之界说，其有定乎，其无定乎？其俱是乎，其俱非乎？且我之未生，我何处乎？我之既死，复何往乎？吾不得而知也。请解观吾身，从头至足，有骨干、筋肉、神经、皮肤，诸重要机关，复有心肝脾肺、胆胃肾肠、发毛齿爪、肪脉脑膜、脓血粪尿、目泪唾液，因缘假合，不净垢秽，焚之肮脏，沉之臭浊。专念观时，谁是有我，我为谁属，住在何处？骨是我邪，离骨是乎？肉是我邪，离肉是乎？神经、皮肤、心肝诸类，同是我邪？离神经、皮肤、心肝诸类亦是我乎？均是我邪？何是之多，均非我耶。我名何起，且我身者，喜怒哀乐，俯仰屈伸，此中无主，谁使之然。或识是我，复观此识，次第生灭，犹如流水，亦复非我。或息是我，复观此息，出入莫绝，直是风性，亦复非我。然则孰为我耶，孰不为我耶？佛曰："众生有四颠倒法，苦者计乐，乐者计苦，无常计常，常计无常，无我计我，我计无我，不净计净，净计不净。"是名颠倒，味此则贪嗔恚痴，形貌恣态诸欲，可以断矣。

今吾人试乘飞艇临昆仑山顶，步喜马拉亚高峰，倚剑远眺，则莽莽五洲，青烟数点而已，茫茫两洋，银线几缕而已。而人如鲵[2]，马如蚁，父母若蝼蚁，妻女若蚯蚓，田里成堉埃①，村舍为杯勺。我之一身，比于天地，不犹太苍稊米，马体毫末乎？竞争驰逐，谲诈险刻，果何为乎？日居月诸，推行无穷，我之生命，不满百年，蜉蝣朝暮，蟪蛄春秋，歌馆崇台，鼎箫[3]绮绣，果何乐乎？精神入门，骨肉返根，垆墓悲风，牛羊棘荆，良田沃产，娇妻爱妾，果何有乎？使太阳无光，晦暗阴翳，我之形体，复能识乎？使我眼球不圆而方，我之形体，能无变乎？物理学家谓："凡物于空气中每立方寸受压力一四点七磅。"今使气压减少，我之为我，又不知若何雄伟也。据医学家考得人身七年一大变易，则我身自童稚以至斑白,已变若干次。今日之我,非复故我矣。我之为我,复能恃乎?如是静观默察,辗转推求,我身固幻也。而幻之中又占其幻焉。出舆入辇,蹶委[4]之机,洞房清宫,寒热之媒,皓齿娥眉,伐性之斧,甘脆肥浓,腐肠之药,来何欢抃[5],去何控揣[6]乎?况夫午夏炎威,蚊蠓以我为牺牲,服裘垢敝,虮蚁以我为腴甘[7],独涉险邃,虎豹以我为膏粱,沉潜湖海,鱼鳖以我为嘉肴。由斯以谭,浮生若梦,为寿几何,胡荣胡辱,胡得胡失。故孔云:"毋故,毋我。"[8]佛曰:"破除我相。"此古之真人,所以其心寂,其容沫,齐生死,等荣辱,同得失,忘形骸,友麋鹿,弄鸥鹤,翱翔冥寞之乡,逍遥无为之业者耶。今之富骄贫悲者,其抑知蜂蚁之为物乎?夫蜂之有王,蚁之有主,不犹人之有总统君主乎?其营巢钻穴,分功任劳,不犹人之有国家社会乎?使人号于蜂蚁之侧,曰:"我,总统也。我,君主也。"则蜂蚁必罔然莫识矣。然在蜂蚁之尊大,岂复知尚有人耶?而人又贱小之矣。盖自大视细者不见,自细视大者不明,一物一世界,自然之理也。然则孰贵而孰贱耶?矧我身者,有无量数之细胞,复有无量数之尸虫。是昂藏七尺者,实细胞之寄宿舍,尸虫之运动场。贪夫殉财,烈士②殉名,夸者死权,众庶每生,熙熙攘攘,终身疲蔽,溺丧而不知归。哀哉!

然则我之为我,其泛泛若不系之舟乎,抑荡荡若无羁之马乎?是又不然,横尽天地,至广大也。吾人能以分余之眼观之,竖尽古今,至繁赜也。吾人能以寸许之脑思之,且我身者,七年一易,而我智识思想,声音笑貌,绝不灭变。那刹间宇宙我出,万化我生,其幽微奥妙,讵吾主宰而能然耶?主宰维何?弗可见闻。孔曰"性命",佛曰"真如",耶曰"灵魂",道曰"谷神",均其写真也。故吾人形貌灭而性命不灭,虚幻亡而真如不亡,体魄死而灵魂不死,躯壳丧而谷神常存。此圣贤俊哲所兢持,亦吾人所确信者。裴晋公曰:"我有真身,圆满空寂是也,我有真心,广大灵知是也。舍而不认,而认此身。妄念随死随生,与禽兽比肩受苦。为丈夫者,岂不羞哉!"则守空蹈虚者,是谓往而不反,迷生执有者,是谓物而不化。其形虽殊,其实一也。欲救斯弊,莫若悲智双修,禹思天下有饥者,由己饥之,稷思天下有溺者,由己溺之,此悲也。伯夷目不视恶色,耳不听恶声,与恶人立,如衣朝冠,坐于涂炭,此智也。孔子己立立人,己达达人,释迦自觉觉人,耶言忏悔己过,视敌如友,皆悲智双修之道。故悲智双修,诚真空妙有之道。(空而不空,不空而空,是为真空。有复归无,无还入有,是为妙有。)学者悟此,则鸢飞鱼跃,俯仰皆乐,否则不可以言达天知道矣。故吾人不负形骸则已,苟负形骸,则当近取诸身,修养真我,远取诸物,救济众生。须知天地之塞吾其体,天地之帅吾其性,凡疲癃[9]残疾,茕独[10]鳏寡，皆吾兄弟之颠连而无告者也。我亲爱之男女同胞乎，脱名缰利锁之羁绊，离禄罾[11]势网之井险，以登进世界之和平，铸造万众之幸福，是完我天责尽我职务。《诗》曰"夙兴夜寐，毋忝尔所生"[12]，此之谓也。不然，寂灭空虚，孰如佛氏，佛何以有舍身济众之愿乎？实事求是，孰若孔子，孔何以有既然不动之体乎？是在善悟者，且犬夜鸡晨，蚕丝蜂酿，微物尤利于世，可以人而不如禽兽乎？呜呼！人心惟危，道心唯微，惟精惟一，允执厥中，同胞观我，可以兴矣。

（《学生》，1915 年第 3 期）

【校】
① "埍埃"，疑应为"涓埃"。
② "士"，底本原作"土"，误，今改之。

【注释】
[1] 遝（tà）：拥挤杂乱。
[2] 鲠：鱼骨。
[3] 鼎鼐（nài）：比喻朝政。
[4] 蹶委：即"痿蹶"，指手足萎弱无力，动作行走不便的病症。
[5] 欢抃：喜极而鼓掌。
[6] 控揣：控制。
[7] 腴甘：甘旨的食物。
[8] 语出《论语·子罕》。
[9] 疲癃：曲腰高背之疾，泛指年老多病或年老多病之人。
[10] 茕（qióng）独：孤苦伶仃。
[11] 罾（zēng）：鱼网。
[12] 语出《诗经·小雅·小宛》，文字略有不同。

鬼学哲理

萧公弼

（仆[1]近览中外报章，颇传鬼学，阐明事迹。心窃喜之以为苟因果有征，□□不谬，则劝善警贪，□顽立懦，恶浊□会。或藉改良，爰不揣□，未仓惶属稿[2]，冀引起国人敬业之心，讲学之趣，若以嗜怪迷信斥之则□矣。著者识。）

甚矣哉！欧人之好学深思也。非仅好学之，且笃嗜焉。以求阐明新理，别标异帜，不剿前人旧说，竭智玄奥探求，于是学艺器械，层出不穷，国致富强，厥有由来。孟子曰"无恒产，而有恒心者"[3]，吾欲欧人见之矣。回顾吾华，自春秋战国，学术昌炽，诸子百家，竞以艺鸣，极一时盛矣。逮自秦汉，崇儒黜异，言论出版，鲜克自由。宋明讲学，具体而微，沉沦迄今，士气不振，学风凌夷，江河日下，殊堪浩叹[4]。孔子曰："德之不修，学之不讲，是吾忧也。"[5]士夫学者，可毋凛诸。夫鬼神之说，自十九世纪，唯物论倡，以机力解释宇宙，冀拔脱宗教信仰，而神权为之破裂矣。第康德不云乎，观察宇宙，繁复优美，终有神奇不可思议之一境。而物理学、哲学，即以探讨神奇之理为天〔职〕①，谷种学科元本本之解决，解基于此是。英人汤穆森[6]Thomson之言曰："人类苟无好奇嗜异之心，则学术机械，闭而不启，故好奇心理，实为人类玉烛，不可熄灭者也。"卓哉斯语！不我欺也。然则神鬼学者，即不可思议之一种神奇代名词也。故曰："神也者，妙万物而为言者也。"[7]又曰："鬼神之为德，其盛矣乎！"[8]视之而弗见，听之而弗闻，体物而不可遗，则武断为无，诚乖事实，笃信为有，似属蹈虚。近欧洲哲学家，以嗜奇之思，特事探讨，而殚精竭虑，专门研究是学者，三百余会所之设。其初步结果，能钩人灵魂，会晤谈话，架置照厢②，摄取鬼相。（鬼相，欧洲已有印成相片者，其形阴翳不明，有变相者。）印证生前秘密，指发幽微事迹。（欧人有生前埋藏珍物于地者，他人不知死后其子孙思之，由女巫媒介会谈，语及前情俾掘之，果得于某处不爽[9]。）种种功能，妙不可言。而神鬼之权，又将恢复矣。（最近吾川双流有尸化事，成都有殷知事，事均最奇者，事载本志四卷杂录栏。)

虽然，世界各国，伊古以还，有大智慧力，能通幽明，知死生，其言足使人崇信者，当推孔佛耶，三圣耶，固有灵魂天国地狱之谈。佛亦倡因果轮回天人饿鬼诸论，孔子虽不语怪力乱神，有"未知生，焉知死"，"未事人，焉事鬼"[10]之说。然洋洋乎如在其上，如在其左右，以及原始反终。故知生死之说，精气为物，游魂为变。是故知鬼神之情状诸论，固未否认，鬼之不存在也。且皇古之事，圣人以神道设教，鬼神之事，发轫最早。在男曰觋，在女曰巫，人鬼之媒介物也。故古者天子祭天地，诸侯祭山川，大夫祭社稷，士祭祖庙，庶人祭中溜[11]。有虞氏禘[12]黄帝而郊[13]喾[14]，祖颛顼[15]而宗尧。夏后氏禘黄帝而郊鲧，祖颛顼而宗禹。殷人禘喾而郊冥，祖契[16]而宗汤。周人禘喾而郊稷[17]，祖文王而宗武王。玄酒在堂，醴盏[18]在户，粢醍[19]在堂，澄酒[20]在下，陈其牺牲，备其鼎俎[21]，列其琴瑟管磬钟鼓，修其祝嘏[22]。凡此诸务，皆所以事鬼神也。然则鬼神巫史之事，国无中外，其来旧矣。而其玄秘蕴蓄至今者，特以其视不见，听不闻，来无首，去无尻[23]，吾人徒恃五官不易觉察故也。最异者，吾国在数千年前，即有鬼学专家，则墨子是也。盖墨家者流，出于清庙之守，宗祀严父，是以右鬼。今特引之，以见吾华无学蔑有，所以兴起吾侪爱过之心，思古之趣，知灵魂不灭，鬼神有在。庶几崇尚道德，寅畏高明，奉职国家，劬劳[24]社会，尤归笃实，不事诈谞，一举三善，此之谓也。若以目为迂远怪诞，则失叙述意矣。

子墨子之言曰："今之王公大夫，欲兴天下之利，除天下之害，当若鬼神之有，将不可不明也。《大雅》：'文王在上，于昭于天。'此《周书》之鬼也。《商书》：'山川鬼神，莫敢不宁。'此《商书》之鬼也。《禹誓》赏于祖而僇于社。"[25]尝若以鬼神能赏贤而罚恶也，且举众所闻见数事以为证，而明鬼之存在。如杜伯射周宣王于镐，庄子仪击简公于祖，《宋春秋》著袾子[26]之殪观楚辜，《齐春秋》载盟羊之触中里徼。事纪《墨子》，兹不赘述。至若《左氏》载伯有之至，申生之期，齐襄之见彭生，师旷之论石鸣，有足异者。他如稗官野史，其言信而有征者，尤不可胜数。则吾国之言鬼，与欧人之研究，固可互相资证者也。仆亦间尝有所思矣，以为《易》言"一阴一阳之谓道"[27]，则世界组成不过精神物质二部而已。精神者，清而上浮，此灵魂之所孕，即物之本相也。物质者，重浊而凝此形骸之所蕴，即物之现象也。参和气者为人，此人之所以参天两地雄长万物者也。故曰："人者，天地之德，阴阳之交，鬼神之会，五行秀气，有生之最灵者也。勃然而出，澪然而入，其来无迹，其去无崖，已化而生，复化而死，不过气质之流转也。"[28]故曰："方生方死，方死方生，毁于彼者,成于此,亏于此者,盈于彼,惟达者知通为一。故委心任化,无所系忿于其间也。"[29]是以《黄帝书》曰:"道终乎本无始,进乎本不久。有生则复于不生,有形则复于无形。不生者,非本不生者也;无形者,非本无形者也。生者,理之必终者也。终者不得不终,亦如生者之不得不生。而欲恒其生,尽其终,惑于数也。"[30]达哉斯论!则鬼者,二气之良能,无象界之心体,即精神现象之本体,心神生活之本原,而人死之变态也。故曰:"精神者,天之分;骨骸者,地之分。属天清而散,属地浊而聚。精神离形,各归其真,故谓之鬼。鬼,归也,归其真宅。"[31]是有形者,气质之凝,无形者,气质之散,其实一也。则生之与死,盈虚消息,往反之间耳,吾安知营营贪生之非。惑乎!吾安知岌岌求死之非物而不化乎。

欧洲当中世时,赫孟德创磁气作用说,马克弗创生气充满说,商德涅创各物皆有发射周围之气诸说。学者穷究其理,遂入神秘,皆与鬼学有绝大关系。昔者宰我亦尝问鬼神之事于孔子矣。孔子曰:"气也者,神之盛也。魄也者,鬼之盛也。合鬼与神,教之至也。"[32]又曰:"众生必死,死必归土,此之谓鬼。骨肉蔽于下,阴为野土,其气发扬于上为昭明,焄蒿悽怆,此百物之精神之著也。"[33]则是宇宙者,太极之大主观也。太极动而生阳,为心灵之主观,静而生阴,为物质之客观。其生也,大主观之灵,付于小主观。其死也,小主观之灵,归于大主观。即生为灵之聚,死为灵之归,不增不减,不盈不竭,永久之生活也。故曰:"谷神不死,是谓玄牝之门,是谓天地根。"[34]则万物方死方生,自消自息,充塞宇宙无限之空间,占领宇宙无限之时间,无非此灵魂真我之活跃耳。故曰:"生之所生者,死矣。而生生者未常终,形之所形者,实矣。而形形者,未常有,声声所声闻矣。而声声者,未常发色之所色者彰矣。而色色者,未尝显吾人徒以五官臆断有无。"[35]夫岂得哉!且宇宙间,无形之物,多于有形,细微之物繁于巨大,物质真相,不可得察,万有原动,不能窥测。物之稀松透光者,亦不易察觉,则吾人乌可逞私尚气,武断一切乎?且上天下地,至广大也,吾人能以寸许之脑思之,往古来今,至繁赜也,吾人能以勺馀之心宰之。更试思之,吾人屈伸俯仰,喜怒哀乐,此中无主,谁使之然。推求其故,不能不归本于灵魂。盖吾人情意志之活动,皆灵魂之作用也。此佛尚真如,老主谷神,英思想家恳甫里机之灵魂不灭论,为世拱璧[36]者也。

矧勿阿尼氏,并得灵魂结果,谓其栖息于人类细胞中,其色紫脓,质不透明,比肉体重约千分之一。世界住有三万年之人间灵魂,则是灵魂者,绝非纯系虚构无稽之谈矣。然吾人既认灵魂之存在,同时,不能不认鬼之存在,盖二而一者也。而人死后灵魂之归宿,释氏列子论之甚详。佛氏之言曰:"众生之死，迷恋，贪逐，精神散漫，凭□草木，化生飞潜，所谓流转生死是也。惟世尊之寿，无量无尽，寿终之后，可升诸天。"列子③则谓："鬼云为魂，鬼白为魄，升魂为贵，降魄为贱，明魂为神，幽魄为鬼；其形其居，其识其好，皆以五行契之。"[37]则人死之后，或以阴为身，或以幽为身，或以风为身，或以气为身，或以老畜为身，或以败器为身。有以仁升者，则为木星佐。有以义升者，为金星佐。有以礼升者，为火星佐。有以智升者，为水星佐。有以信升者，为土星佐。若然，则圣人心体朗澈，气凝神固，充实光辉，其灵魂必有异于常人者。噫！此殆吾国所以一圣死可化为十百贤人。勿阿尼氏谓："世有三万年之灵魂者欤！"然以欧人试验结果，谓灵魂之为物，可导以善而不可胁以恶。盖□其人魂之至也。劝以善则唯而听命，嗾[38]以为恶则表示一种反抗性。若然，则孟子性善之说，为不诬矣。然此皆心灵界之谈，非肉体之所能决。吾人非天眼通，固不易判断。盖鬼与世界之生存，皆哲学久而未解之凭案。惟灵魂不灭，固世界所承认者也。则开启密藏，揭晓黑幕，而解决鬼之有无，尚需时日，谫陋[39]如仆。夫复何言，然而刺刺不休者，姑藉以启发国人好学思虑，以追步欧人，阐明国学耳。

虽然，大丈夫处世，怀仁执义，光明磊落，仰不愧于天，俯不怍人，天地之塞吾其体，天地之帅吾其性。凡造化所妙皆吾魂，凡造化所有皆吾魄，静与阴同德，动与阳同波，守真保朴，应运随代。则鬼之有无，吾何容心于其间哉。不然，彼昏暮挟金，腼颜依阿，白昼怀刺，奔谒钻营，轨扰法律，颠倒是非，则世而魍魉[40]也，人而魑魅[41]也。奚必枫林黑塞，啸梁立堂，始谓之鬼哉！吾观于今世，吾益黯然神伤矣。

（《世界观》，1915 年第 3 期）

【校】

① "职"，底本模糊不清，今据《鬼学·自序》补。

② "照厢"，疑为"照相"。

③ "列子"，应为"关尹子"。

【注释】

[1] 仆："我"的谦称。

[2] 属稿：起草文稿。

[3] 语出《孟子·梁惠王上》。

［4］殊堪浩叹：特别令人叹息。

［5］语出《论语·述而》，文字略有不同。

［6］汤穆森（Thomson）：英国学者，苏格兰大学生物学教授，著有《宇宙进化论》。

［7］语出《周易·说卦传》。

［8］语出《礼记·中庸》。

［9］不爽：没有差错。

［10］语出《论语·先进》，文字略有不同。

［11］中溜：后土之神，古代五祀所祭对象之一，《礼记·郊特牲》曰："家主中溜而国主社。"孔颖达《疏》曰："中溜谓土神。"

［12］禘：《尔雅·释天》曰："禘，大祭也。"

［13］郊：《字汇·邑部》曰："郊，祭名。冬至祀天南郊，夏至祀地北郊，故谓祀天地为郊。"

［14］喾（kù）：相传为黄帝的曾孙，上古时期部落联盟首领，五帝之一。

［15］颛顼（zhuān xū）：相传为黄帝之孙，十岁时辅佐少昊，二十岁即帝位，五帝之一。

［16］契（xiè）：五帝之一，也是商朝开国君主商汤的先祖。

［17］稷：后稷，尧舜时期掌管农业之官，周朝始祖。

［18］醴盏：甜酒和白酒。

［19］粢醍（zī tí）：以黍稷酿造的酒。

［20］澄酒：一种清酒。

［21］鼎俎：烹煮切割的器具。

［22］祝嘏：郑玄《礼记·礼运注》曰："祝，祝为主人飨神辞也；嘏，祝为尸致福于主人之辞也。"

［23］尻（kāo）：臀部，屁股。

［24］劬（qú）劳：辛勤，劳苦。

［25］语出《墨子·明鬼下》。

［26］袾子：祝史。

［27］语出《周易·系辞上》。

［28］杂糅《礼记·礼运》与《庄子·知北游》。

［29］语出《庄子·齐物论》，文字有所改动。

［30］语出《列子·天瑞》。

［31］语出《列子·天瑞》。

［32］语出《礼记·祭义》。

［33］语出《礼记·祭义》。

［34］语出《老子》六章。

［35］语出《列子·天瑞》。

［36］拱璧：泛指珍贵的物品。

［37］语出《文始真经·四符》，文字略有不同。

［38］嗾（sǒu）：教唆。

［39］谫陋：浅薄。

［40］魍魉（wǎng liǎng）：鬼怪。

［41］魑魅（chī mèi）：传说中山林间害人的精怪。

鬼 学

萧公弼

自 序

《易》曰："一阴一阳之谓道。"皇古之时，圣人以神道设教，而天下服鬼神之事，发轫最早，在男曰觋，在女曰巫，人鬼之介也。故古者，天子祭天地，诸侯祭山川，大夫祭社稷，士祭祖庙，庶人祭中溜。有虞氏禘黄帝而郊喾，祖颛顼而宗尧。夏后氏禘黄帝而郊鲧，祖颛顼而宗禹。殷人禘喾而郊冥，祖契而宗汤。周人禘喾而郊稷，祖文王而宗武王。玄酒在堂，醴盏在户，粢醍在堂，澄酒在下，陈其牺牲，备其鼎俎，列其琴瑟管磬钟鼓，修其祝嘏。凡此诸务，皆所以事鬼神也。然则鬼神巫史之事，国无中外，其来旧矣。自十九世纪以还，欧洲唯物论兴，以机力解释宇宙，冀拔脱宗教信仰，而神鬼之权，为之破裂矣。虽然，康德不云乎，观察宇宙繁复优美，终有神奇不可思议之一境。而物理学、哲学，即以探讨神奇之理为天职。各种学科元元本本之解决，皆其基于是。英人汤穆森Thomson[1]之言曰："人类苟无好奇嗜异之心，则学术机械，闭而不启，故好奇心理，实为人类之玉烛，不可熄灭者也。"卓哉斯语！不我欺也。然则鬼学者，即宇宙间不可思议之一种神奇代名词也。故曰："鬼神之为德，其盛矣乎！视之而弗见，听之而弗闻，体物而不可遗。"昔者宰我亦尝问鬼神之道于孔子矣。孔子曰"气也者，神之盛也。魄也者，鬼之盛也。合鬼与神，教之至也"，意深远矣。吾华自春秋战国，学术炽昌，诸子百家，竞以异鸣，颇极一时之盛。洎[1]乎秦汉，崇同黜异，言论出版，鲜克自由。宋明讲学，具体而微，沉沦迄今，士气不振，学风凌夷。坠先辈之绝学，失前人之遗绪，江河日下，良可慨也。近欧洲哲学家，以嗜奇之心，日求阐明新理，别标异识，不翦前人旧说，竭智探求玄奥。于是学艺机械，日新月异，而专门研究鬼学者，如神智会、灵魂现象研究会、交灵术会之设，不下百余所。其最初结果，能摄人灵魂，会晤谈话，架置相机，影取鬼相，印证生前秘密，指发幽微事迹，种种功能，妙不可言。而鬼神之权，又将恢复，可谓奇矣。余性简默，雅好哲学，深忧今世道德坠落，社会敝败，恒思殚智竭虑，发明新学说有以济之。乃国家多故，人事纷扰，岁月栖迟，有志未逮，恨也。如何？民国丙辰[2]夏，北游京师。友人黄君知其好也，远赠以《心灵万能论》一书。受而读之，皆言灵魂鬼神之事。读讫，不禁废书而叹曰："斯学苟明，其殆有功于世道人心者乎！其殆有功于世道人心者乎！"余小子敢不述焉。乃以三余之暇[3]，译而述之。复以鬼神之道，其理幽深，其事隐微，苟非智者，洵不易解。于是旁采他说，益以已见，非敢骛博，意取显明。全书都为四编，约数百万言。一悬论，所以辟世俗之妄惑，释宇宙之玄秘。二本论，明鬼神之原理，证灵魂之不灭。三交灵术，叙人鬼之交通，述幽灵之奇迹。终以结论，而略言其功能（内附幽灵摄影，以实所说。）焉。噫！鬼神之道，死生之说，圣如孔子，尚犹不语。抑余小子，敢与于斯，第以方今上无道揆[4]，下无法守，风俗浇薄，人心险刻，权力竞争，祸患相乘。顾瞻前途，疢如疾首，则余于斯篇。盖欲使人知灵魂不灭，鬼神有在，庶几崇尚道德，寅畏高明，奉职国家，勋劳社会，允归诚笃，不事诈谓，是其志也。若以迂远怪诞目之，则失译述意矣。海内君子，幸以教之，时在丙辰冬。公弼序于都门[5]。

第一编 悬 论

第一章 砭 俗

一元之中，有不可思议之诸天，诸天之中，有无量数之世界，一世界中，有无量数之众生。故横尽虚空，空间至广大也，竖尽永劫，时间至悠久也。人类者，介居于宇宙之间，以比形于天地，不犹太仓稊米，马体毫末乎？以较寿于日月，不犹蜉蝣朝暮，蟪蛄春秋乎？夫以最微渺之躯壳，最短促之岁月，恃其六职[6]，挟其五官，乃执其偏见曰，若者为有，若者为无，若者为是，若者为非，则安知所谓是者之或非邪，所谓无者之或有邪？以是而判断万物，几何不蹈于儿童呓语，痴人说梦乎？甚矣哉！习俗惑人之深，而世界和光同尘[7]之众也。夫今日者，非物质文明发达之时代乎？所谓神鬼灵魂之事，学者早已辞而辟之，深恶而痛绝之矣。设有人焉，于稠人广众之中，刺刺不休，力辩其有。吾意众必嗤之以鼻，掩口而笑，不诋为妄诞，即訾[8]为愚惑。甚则苛以诱乱风俗之名，惩以败坏人心之罪。呜呼！圣哲不生，解人难逢，此卞氏之所以抱朴而泣血者也。

虽然，今日者，固吾人言论自由之时代也。吾欲于鬼神之道，有所论列，吾故不惧夫路得（改革新教者，聊借以为喻。）之侮于其众。达伍奇 Rer. John Olex Dwie（系大宗教家，事详后。）之逐于其国，盖有哲者先我而言，非创闻也。第《自信》斯篇若出，必引世之惊疑，或以嗜奇怪诞之目加我矣。虽然，庸何伤，彼哥白尼发明地球绕日之说，其初岂不遭世之排斥乎？今之空中战争，在数十年前，非以为小说家之理想乎？呜呼！明者睹于未然，愚者溺于所闻，理固然也。且神鬼灵魂之说，发源最早。试检各国历史，所纪怪异诸说，何可胜数。不过其道幽深，翳而不彰。今者复明，又足以耸动浅见者之视听而已。

故余于未述斯篇前，特先申一言以告阅者，曰："人生也有涯，而知也无涯。空间至广大，时间至悠久。凡事理之来，皆当平心静气，涤虑沉思，不挟私见，不尚意气，研究而讨论之。有所疑惑，应质高明，或待来哲。知之为知之，不知为不知。然后能见道入理，穷神知化。"程子所谓"大纲提掇来，细细理会去"，此不独学者应持之态度，即处事接物，为政施治，亦宜如是也。不然，若徒饰智逞辩，恃才矜能，挟耳目之闻见，随时俗之是非，武断一切曰，某有也，某无也，若妄也，若真也。此则所谓"瞽者无以与乎文章之观，聋者无以与乎钟鼓之声"[9]，自以为是，而不知其为夏虫井蛙也。原夫人之所知，不若其所不知，其生之时，不若未生之时。以其至小求穷至大之域，复不虚怀谦衷，宜其规规然，求之以察，索之以辩，以管窥天，以蠡测海，终身溺丧而不知归者也。

则余欲明斯学，达者纵不惊异，而浅者流，亦必斥之曰："此思想过旧迂腐之人也，此好奇语怪，狂诞之伧也。"虽然，抑知吾之马齿[10]，始弱冠[11]又七，固由小学而中学而专门卒业，俨然新人物也。然则余何为而信此幽深渺溟之学，此则所谓一切现象之原理，不仅存于其表面，必有超乎物之质、物之有而自为形而上者（见《哲学要领》[12]）。且此形而上宇宙大本之心光，时摇曳接合于吾人之心灵（谓灵魂之觉于心灵者），发见事实于社会（为鬼神事迹发见于社会者）。吾人由感觉界之觉察，及经验界之事实，终知真理有在，不得不穷究之耳。故神秘家之恒言曰：

认识者，如光明然，忽焉而泄于哲学者之脑海，彼虽不知其由来，而固已了了见之，彼若有真理之豫感[13]，不期而达其深求之目的者。彼其于人间与真理大始间无量之道里，不行一步，而测得之。彼不惟于哲学对象，见有我相而已，彼直破其主观性之界限，而与客观合为一，与太极无对之世界合为一。科学美术及哲学之原始及作用，终当由是而解决之。是实大异于人生现象者也。

卓哉斯言！晓人不当如是邪？今日神鬼灵魂问题，虽未圆满解决。如英国杂志所谓设置显幽两界交通局 Bureau of Intercommunication②，及幽灵与人之无线电话交换局之妙。然其大体原理，业已粗明，亦犹发明蒸汽机关者之已有原动机，理想航空者已备轻气球。神鬼与吾人类接近之期，当不远矣。故神秘哲学者麦克鲁里古 Maeterlink 曰：

吾人之灵魂，藉耳目之媒介，与幽灵互相交通之时代，行将至矣。盖先驱之事实，报告于吾人者甚多。实今日灵魂者，骎骎[14]将扩大其领域，尺地寸天，无所不在，而成一个灵的时代也。

噫！人鬼交际之时机，已将渐至。阅者尚讥为迷信，指谓怪谈辄举而非笑之者，此正心之蔽而识之陋也。故老子曰："上士闻道，勤而行之；中士闻道，若存若亡；下士闻道，大笑之。虽然，不笑不足以为道。"[15]此余于斯篇，所以终欲论列者也。但亦甚愿阅者之平心静气，涤虑沈思，以脱俗谛而入道谛，庶于斯篇其有一得之助欤？

（未完）

（《寸心》，1917 年第 1 期）

【校】

① "Thomson"，底本原作 "Thomon"，误，今改之。
② "Intercommunication"，底本原作 "intercommunicoton"，误，今改之。

【注释】

[1] 洎（jì）：到，及。
[2] 民国丙辰：公元 1916 年。
[3] 三余之暇：一切闲余时间。
[4] 道揆：准则，法度。
[5] 都门：京都城门。
[6] 六职：《周礼·天官·小宰》曰："以官府之六职，辨邦治：一曰治

职,以平邦国,以均万民,以节财用。二曰教职,以安邦国,以宁万民,以怀宾客。三曰礼职,以和邦国,以谐万民,以事鬼神。四曰政职,以服邦国,以正万民,以聚百物。五曰刑职,以诘邦国,以纠万民,以除盗贼。六曰事职,以富邦国,以养万民,以生百物。"

[7] 和光同尘:指不露锋芒、与世无争的平和处世方法。

[8] 訾:诋毁。

[9] 语出《庄子·逍遥游》。

[10] 马齿:谦辞,指自己的年龄。

[11] 弱冠:《礼记·曲礼》曰:"二十曰弱,冠。"

[12]《哲学要领》:此书为德国学者科培尔在日本文科大学讲课内容,日本学者下田次郎笔述,蔡元培译,由商务印书馆于清光绪二十九年(1903)出版。

[13] 豫感:即预感。

[14] 駸駸(qīn):形容马跑得很快的样子。

[15] 语出《老子》四十一章。

鬼学（续）[①]

萧公弼

第二章 超 物

天其运乎，地其处乎，日月其争于无所乎？孰主张是，孰纲维是，孰居无事而推行是。意者其有机缄[1]而不得已邪，意者其运动而不能自止邪。噫！此非《庄子·天运篇》之妙思欤！夫天之运行而不息，地之块然[2]而长存，固非人智所能明其究竟。然吾人类者，亦其生也不知所来，其死也不知所往，既随大化以生，复随大化以死。此其中岂亦有机缄而不得已者邪？抑生死流转而不能自止邪？《易》曰："天地之大德曰生。"[3]然则生生不已者，此天地之所以纲维众生邪。何其不仁，刍狗万物之甚也。斯宾塞尔天演界说曰："翕以合质，辟以出力。"然则人类自元始星云氤氲摩荡以来，以至地球之末日，其中相生相杀，争存竞立，皆为质力之所推移乎，未可知也。善哉效愚氏[4]（氏遂于哲理余昧其生平，今尤为恨，然本篇多引其说。）之论，其于此点与余有同一之怀疑。其言曰：

质力以何因缘而相结合，以何因缘而得发展，以何因缘而卒解散？人也者，固备具质力二要素，而为质力之代表者也。然其旋生旋灭，亦仆亦起，颠倒蹴躏于大块无情之中，狂奔尽气而后已。既负质力以自卫，卒用质力以自菹。终消灭于广漠不知所之之野，以永辞夫人间世者，亦悬诸自然而不求所以解决。悲夫！吾人翻有历史以来之书，其运谢于自然中者，不知终始，泯泯亿代。遂无一人出解其问题，以至尘封于今日，诚不能不为之三叹而泪下也。

噫！是何悲天悯人，言之沉痛若是邪！慨吾人自禀气受形，呱呱坠地以来，以至于死。其间为赏罚所进退，爵禄所诱劝，功名所激励，事业所奖掖[5]。当其兴高采烈，鼓勇而前也，俨若孔佛不足侔，华拿[6]不足匹，意气洋洋，甚自得也。洎至皎月当空，万籁无声，或晨光熹微，晓鸡初唱。试静坐以思，则觉功名富贵，其来不可圉，其去不可止，皆物之傥来寄者也。为欲成名乎，则姓名符号耳，留之何用。为欲立功乎，则功勋幻梦耳，于我何加。兴念及此，则万念俱灰，感激而悲矣。顿觉我之生平历史，皆有所谓莫之为而为，莫之致而致，皆造化小儿[7]，有以玩弄我耳。

虽然，此特就中人以上，稍其具慧根者而言也。若夫中材之人，则淫于富贵，眩于声色，食欲有刍豢[8]，衣欲有文绣，行欲有舆马，又欲余财蓄积之富，勾心斗角，略无停晷[9]。地位愈尊，欲望愈奢。虽至老死，曾不稍悟。至于下等社会，顿根众生，则奔走衣食，经营居住，系念妻室，顾累子弟，更日夜遑遑，终岁劳苦，惟日不足矣，而其究竟终归一死。谚语所谓："无常到来万事皆空。"而生前劳心焦思之所谋，殚智极虑之所为，究与我何关，皆莫能明。惟墟墓悲风，坵垅白杨，一缕残魂，随风荡漾，与草木同其腐朽而已。是则所谓"芸芸以生，昧昧以死"，终身由之而不知其道者是也。夫人而由不知道，势必伥无所归，茫无所依，或暴厉恣睢，肆无忌惮，或泚颜希合，与世浮沉，是则荀子②所谓"淫僻之行者也"。呜呼！夫人至淫僻其行，纷驰逐物，而不自闻自见，反本穷源，岂尚知有精神之乐乎？抑尚识有灵魂不灭者乎？是皆所谓"物于物而不能物物也，化于化而不能化化也"。人而物物化化，则生为醉生，死为梦死，而天地之性人为贵之价值失矣。匪特失之，抑又苦甚。盖沉溺日深，贪饕[10]愈甚，求之而不得，或得之不满所欲，则烦恼苦痛，缘以俱生。而佛所说生、老、病、死、苦、爱别离（所爱别离或死）、怨憎会（即所怨所憎会聚沓来，孟子所谓行拂乱其所为。）、求不得（即所求不遂）之八苦，几虽幸免，奈何今世之人，日竞权利，绝不一遐思之也欤。噫！此则庄子所谓"终身役役，溺丧而不知归"[11]者也。呜呼！此生死问题所以千百世之后，竟无一人出而解决者也。

夫神鬼问题，幽深玄冥。所谓存存之本[12]，太极之原理也。其为道也，恒处于微密之境，迥非常人耳目所易闻见，所谓神秘状态者也。德国哲学家科培尔曰：

> 宇宙一切现象之原理，决不存于表面。如力之现象，其机械学动作之原理，不可见也。宇宙之原理，决不存于吾所见闻之世界。使其存焉，则

为此世界之一部，不得为太极之原理。

夫然则鬼神之道，若欲有所理会彻悟，非寄心尘表，合志元漠，不累于俗，不饰于物，不苟于人，不忮[13]于众，固不易深领其趣者也。故神秘主义家哈脱门之言曰："神秘状态者，其本体极安全也。"何则？去一切附丽之物，例其内容不过人与太极无二质之见而已。是见也，忽起于吾人之心光，而实宇宙大本与则人心灵，确然同一之所致也。噫！非聪明睿智，天才特异之人，讵能识得此体哉？盖神秘家本其心光理性之彻悟，决非常人皮相肤测，以人为之方法，所能论证者也。故吾人欲穷神鬼之究竟，终不得不由现象世界，而退于微密之境，闭物质界之眼，而开心灵界之眼。质言之，则欲理会秘密之意义者，不得不死于可觉可见之世界也。何谓死于可觉可见之世界？即超物是也。夫超物者，不以物喜，不以己悲，得不为喜，失不为忧。夫然后乃能判天地之美，烛万化之理，明于本数，系于末度，解脱尘缚，与神冥契。故孔子曰："夫大人者，与天地合其德，与日月合其明，与四时合其序，与鬼神合其吉凶，先天而天弗违，后天而奉天时。天且弗违，而况于人乎？况于鬼神乎？"[14]斯言也，是能入世出世，法执双融，此孔子所以为圣之时者也。而佛氏亦曰："烦恼尽处，即为涅槃境界。"新柏拉图派亦曰："解脱为万德之源。"谓解脱物之系传，即与神合一。盖解脱即超物也。

夫吾人若不求解脱超物，则外夺于声色货利，内攻于贪嗔痴，些须灵明，尽缚于血肉之躯。欲望思虑愈多，则精神向外纷驰愈甚，精神向外纷驰愈甚，则质力之变化愈屡[15]，而清明在躬之灵，益扰而乱，而鬼神之道，益难明矣。故曰："养心莫善于寡欲。"[16]而养魂尤莫善于寡欲。故吾人欲明鬼神，曷先超物，欲超物，曷辨惑。

（未完）

（《寸心》，1917 年第 2 期）

【校】

① "续"，底本原缺，今据萧氏发表著述之体例补。

② "荀子"，疑应为"庄子"。

【注释】

[1] 机缄：气运的变化。

［2］块然：独处貌。

［3］语出《周易·系辞下》。

［4］效愚氏：我国近代学者，"效愚"应为笔名，著有《哲理新发明》《灵魂界》等。

［5］奖拔：奖励提拔。

［6］华拿：华盛顿与拿破仑。

［7］造化小儿：对命运的一种风趣说法。

［8］刍豢（huàn）：牛羊猪狗等牲畜，泛指肉类食品。

［9］停晷（guǐ）：时间驻留。

［10］贪饕：贪得无厌。

［11］语出《庄子·齐物论》，文字略有不同。

［12］存存之本：存在的存在、第一存在。

［13］忮（zhì）：违逆。

［14］语出《周易·乾卦·文言》。

［15］羼（chàn）：掺杂。

［16］语出《孟子·尽心下》。

鬼学（二续）

萧公弼

第三章　辨　惑

物莫大于日轮，而痴人拟于盘盂[1]，物莫微于蚊睫[2]，而蟭蟟[3]据为屋舍。视觉有定乎哉？食莫臭于粪汁，而蜣螂[4]甘之，飨莫大于太牢[5]，而鲁鸟悲之。味觉有定乎哉？推而至于雷霆震天，蝇蚋[6]弗闻，日月丽天，鸱鸺[7]莫见。故曰"自细视大者不尽，自大视细者不明"[8]，则物之大小精粗，有无虚实，恶有定分者哉。而昧者不察，以为物之可见闻者，皆真也，实也，其不可见闻者，皆妄也，虚也。而不知有形者，物之粗也，无形者，物之精也。夫有形者，生于无形（见《列子》），数之所不能分，目之所不能穷者，正不知其几何也。盖物有内的方面与外的方面。立于外的方面者，不能洞其内情，故于其本相俱以想象力摩拟之，而物之本相，终不得见也。必移其内而察其就里，乃知前日假定之象，有不足恃，而真理始出焉。今夫吾人非恃眼以见乎，不知形入眼帘而绘其影，感于脑而觉为见。此那刹间，真影已逝，所见者非真影也，乃眼帘所绘之影耳。虽影有纤毫悉具之精，而尽不能逼就夫真形也。吾人非恃耳以闻乎，不知声入耳鼓而传之响，感于脑而觉为闻也，那刹间，真响已逝，所闻者非真声，乃耳鼓所传之声耳。响虽有巨细维肖之妙，而终不能遂认为真声也。推之香味触法，亦复如是。故《楞严经》佛语阿难云：

　　如汝所明，舌味为缘，生于舌识。此识为复，因舌所生，以舌为界？因味所生，以味为界？若舌性苦，谁来尝舌？舌不自尝，孰为知觉？舌性非苦，味自不生，云何立界？（破舌生）若因味生，识自为味，同于舌根，应不自尝。云何识知，是味非味？（破味生）又一切味，非一物生。味既多生，识应多体。识体若一，体必味生，咸淡甘辛，和合俱生。诸变异相，同为一味，应无分别。分别既无，则不名识。云何复名，舌味识界？不应虚空，生汝心识。（破空生）舌味和合，即于是中，元无自性，云何界生？（破共生）是故当知，舌味为缘，生舌识界，三处都无。则舌与味，及舌界三，本非因缘，非自然性。（结妄归真）云云，可谓第一义谛，发人深省矣。

何人不察之甚，凡非器官界所得察见者，皆断为无，指以为非。于是鬼神之道，遂暗而不彰，而人心益肆矣。岂知吾人所认为真执为有者，皆为假象邪？故曰："无真非幻，无幻非真。"物之可见者，现象也，其不见者，本相也。

故康德曰："人心于物之本体，断无有接而知之之能。"赫胥黎[9]亦曰："意物之际，常隔一层，则物之本体，不可知也，明矣。"本体既不可知，则所知者，为假象耳。夫物之假象，非能与心相接也。与物相接，仅恃六根[10]。若根为尘根，则识非真识，此感觉所由不可恃也。感觉不可恃，则知非真知，情由知生，即非真情，意由情起，即非真意，行为意役，即非真行。培根[11]亦曰："常人妄思，以为五官所感触之外物，一与其物原形相吻合，不知其所吻合者，吾之精神耳，非物之本质也。"此种妄想，为人性所本有，百般误谬，由此生焉。故佛曰"一切有为法，如梦幻泡影"[12]，以此故也。

由斯以谭，则物之本相，与人之感觉，实无秋毫之相及。而世人皆以物之现象得接触者，与己之感觉相照。遂认幻作真，顾影为形，而曰本相在是，吾之考察不谬，何其舛[13]欤？故曰："戴绿眼镜者，所视物一切皆绿。戴黄眼镜者，所视物一切皆黄。"然则物果绿邪？果黄邪？岂有定哉？佛不云乎，譬彼病目，见空中花，空实无花，由目病故，由一推万。空间一切之现象，靡不然矣。钝根众生，几何不为病目之意识，造一切非想非非想，颠倒于繁重复缛之中，而不得出也。悲夫！世间万有，皆任人感觉而命之，感觉愈杂，命令愈误。故蛮人拜火为神，拜蛇为祖，而文明人，亦有地居中不动，日星环绕之说。迨及今日，天体学明，日系居中，八星环绕。更推而进之，日系更率八星及诸星而绕于昴星[14]，其说精矣。然亦不过就现象接触吾感觉言之，而究于本相无与也。使日星一切灭尽其光线，则其本相之运诸空间者，有非远镜之所能穷，而离奇光怪之情，并为言论拟议之所不能及。则其吸摄抵拒，一切付之于寞寞漠漠。默念此景，即质诸天文家，亦应哑然而失笑也。故曰："世有不可思议者，物之本相其一也。"（以上采哲新学发明）奈何今世之人，偏执着妄计，武断一切，不亦心之蔽而惑之甚者邪。

抑今世界学者，非认万物组成要素，仅有七十余元素乎？乃自X光线发明后，偶触一物，忽而百，忽而千，甚至解成一万以上之极微电子。例如水素一原子，内藏七百个之极微单体，酸素一原子，内藏一万一千二百个之极微单体，则宇宙万有之秘奥，讵吾人所能尽测哉？试质于当日所谓七十余元素者，彼亦当惊骇而自笑矣。夫后之视今，亦犹今之视昔。浅见者流，谓今日之无神鬼灵魂者，他日人人鬼交通之时至，其惊骇自失之状，又不知如何也。故以感觉而命万有者，鲜不失也。

是以当纪元五世纪，格拉吉来图及诸原子论，ATAMISTS谓吾人之觉官，不能见物之真性。原子论之巨子德摩颉利图[15]亦曰："吾人所谓物之性质者，不过不可见之原子。与吾人之觉官相触之方法而已，其本质在吾人知觉之外，不能知其为何状也。"而新柏拉图之倡唯心论者亦曰："吾人之知物也，不真不明，徒见为混杂若暧昧而已。"诸说皆有至理，吾人不可不深长思之，以去其惑也。

虽然，吾亦非谓世界及物，尽皆虚幻也。盖物既有其现象，亦必有其本相。故特喜尔曰："理想界之神，必不欺余，必不置吾于幻象之世界中。"卓哉斯言！原我感觉之所不及，而物之本相未尝不在，固无待我之感觉而始发生也。况我未生以前，物之本相已具，我既死以后，物之本相未亏。物不听人为转移，则人亦安能谓物唯心造乎？故曰："宇宙之总机制，不增减于个人也。"又曰："物虽不赖于人之感觉以认其存在，然物亦不能离感觉而呈其现象。"呜呼！今之唯心论与唯物论之争执，终不当以是而调和之也邪。故余对于物之主张，实为"超绝之实在论"也。超绝实在论者，既认觉官所察为妄，而同时亦认物之实体存在者也。至于恃器官以抹杀无形界，而武断为幻，斥为迷信者，是余所极端反对，以为心之蔽而志之惑也。大雅君子，或不河汉斯言[16]，然则神灵问题，不当横议，盖可知矣。

第四章　释　我

孔子曰："天地之性，人为贵。"[17]贵者，贵其真我所在，有以参赞天地也。佛曰："众生须无人相，无我相。"无之者斥其幻我，以其业识烦恼，悉所从出也。二者同名异实，吾人不可不察也。夫灵魂者，永久之我，真我也；躯壳者，暂时之我，幻我也。故神秘家之言曰："死体之中，有不可破之生命。"佛告波斯匿王亦曰："变者受灭，彼不变者，元无生灭，云何于中，受汝生死。"善哉言乎！鬼学者，即所以阐明死体中之生命，亦即研究不变之原质者也。使人无灵魂，则真我不足贵，斯学可不述矣。然则吾人既远观诸物，知其为妄矣，可不近取诸身，以自内省乎，则所谓我者，实通灵之元，而蔽物之根也。故佛语阿难云："善作恶，惟汝六根，更无他物。"善哉言乎！释我尚矣。

原夫人不知真我，将竞争角逐，计较染着，纵耳目之欲，穷声色之好，饕餮贪婪，无有已时。而灵魂真我，虽至老死，莫由觉察，是真所谓醉生梦死，其去禽兽也几希。夫我者何，对人而言，施身之谓也。（《说文》云："我者，施身之谓也。"）然人我也，我我也。（在人自称为我，在我亦称为我。）我之界说，其有定乎？其无定乎？其俱是乎？其俱非乎？且我之未生，我何处乎？我之既死，复何往乎？吾不得而知也。请解观吾身，从头至足，有骨干筋肉，神经皮肤，诸重要机关，复有脾腑胆胃，肾肠毫毛，齿爪肪脉，脑膜脓血，粪尿目泪唾液，因缘假合，不净垢秽，焚之肮脏，沉之臭浊。专念观时，谁是有我，我为谁属，住在何处。骨是我邪，离骨是乎？肉是我邪，离肉是乎？神经皮肤心肝诸类，同是我邪，离神经皮肤心肝诸类，亦是我乎？均是我邪，何我之多？均非我邪，我名何起？且我身者，喜怒哀乐，俯仰屈伸，此中无主，谁使之然。或识是我，复观此识，次第生灭，犹如流水，亦复非我。或息是我，复观此息，出入莫绝，直是风性，亦复非我。然则孰为我邪，孰不为我邪？佛曰："众生有四颠倒法，苦者计乐，乐者计苦，无常计常，常计无常。无我计我，我计无我，不净计净，净计不净。"是名颠倒，味此，则我之为义，可深思矣。

不宁唯是，据医学家言，谓人生七年一大变易，则我身自童稚以至斑白，已变若干次。今日之我，非复故矣。我之为我，复能恃乎？且使太阳无光，晦暗阴翳，我之形体，复能识乎？使我眼球，不圆而方，我之形体，能无变乎？又物理学家，谓凡物于空气中，每方寸受压力一四点七磅。今使气压减少，我之为我，又不知若何雄伟也。矧我身者，有无量数细胞，复有无量数之尸虫，是我一身。实细胞之寄宿舍，尸虫之运动场，则我之为我，岂有定体之可指乎？吾人悟此，则知非特外物为幻，虽我身亦幻也。故舜与烝[18]曰："汝身非汝有，是天地之委形也。生非汝有，是天地之委和也。性命非汝有，是天地之委顺也。孙子非汝有，是天地之委蜕也。"[19]然则吾于天地，果孰为我耶，孰不为我耶？千百世之后得其解者，是旦暮遇之也。

若夫幻妄之中，有其真实，则灵魂是也。故曰："吾人有理性之我，有物质之我。"理性之我，为灵魂之我，永久不灭者也。物质之我为躯壳，与世变迁者也。认物质之我，而不察理性之我，此失其性者也。失其性必不足以超物，不超物必不足以穷神知化。故裴晋[20]曰："我有真身，圆满空寂是也。我有真心，广大灵知是也。"舍而不认，而认此身，妄念随生随死，与禽兽比肩受苦，为丈夫者，岂不羞哉？此心灵体察所以以识我为要务者也。

彼生物学家，不违此理，谓生命真我之存在，原于化学的、机械的、物质的作用，以生命之妙用，在炭气与养淡轻气化合成物。而具酸化力与弹拨力之消融反动，生生之理，即以是繁殖。至机械的、物质的者，则谓元始生物，厥惟细胞，变易应化，及生存竞争，形质遗传诸例，乃底于今日之美备。一倡百诺，举世皆靡，可谓盛矣。抑知生物学者，终非究竟统括智识也。夫炭气养气，以何因缘，而得调剂，以何因缘，而得混合。吾人试鼓电气之热入四元素于一团，虽千变百化，终不能得天然之元形质而造其生命。此又何说乎？且吾人生命之根元，以主观而见有真我，得观成觉，实心理所谓意识者也。而此意识之究竟，又因何物质而得不可思议之灵妙乎？然则生命也，真我也，非化学作用之结果。化学的作用，乃生命之结果。虽起达尔文、斯宾塞氏于今日，亦不易吾言矣。故吾人不知真我者，不足以知灵魂也。不知灵魂，则芸芸以生，昧昧以死，与禽兽奚择哉？此君子所以修身立命，遁世无闷者也。

（未完）

（《寸心》，1917 年第 3 期）

【注释】

[1] 盘盂：古人盛物用的圆盘和方盂。

[2] 蚊睫：蚊虫的眼睫毛，比喻极小的处所。

[3] 蟭蟟：蝉的一种。

[4] 蜣螂：俗成"屎壳郎"。

[5] 太牢：古代祭祀天地时，以牛、羊、猪三牲具备为太牢。

[6] 蝇蚋（ruì）：苍蝇和蚊子。

[7] 鸱鸺（chī xiū）：猫头鹰。

[8] 语出《庄子·秋水》。

[9] 赫胥黎（Thomas Henry Huxley，1825—1895）：英国博物学家、教育家，达尔文进化论杰出的代表，代表作品有《人类在自然界的位置》《脊椎动物解剖学手册》《进化论和伦理学》等。

[10] 六根：眼、耳、鼻、舌、身、意。

[11] 培根（Francis Bacon，1561—1626）：英国文艺复兴时期哲学家，实验科学的创始人，是近代归纳法的创始人，主要著作有《新工具》《论科学的增进》等。

[12] 语出《金刚经》。

[13] 舛（chuǎn）：错误。

[14] 昴星：二十八星宿之一。

[15] 德摩頡利图：即古希腊哲学家德谟克利特（前460—前370）。

[16] 河汉斯言：比喻言论夸张荒诞。

[17] 语出《孝经·圣治》。

[18] 烝：读作"丞"，辅佐之观。

[19] 语出《列子·天瑞》，文字略有不同。

[20] 裴晋：即裴休（791—864），字公美，河内济源（今河南济源）人，唐朝中晚期名相、书法家。

鬼学（三续）

萧公弼

第五章 窒 欲

天人本一致，讵可言合哉？显幽无二理，讵可言通哉。故曰："天地之塞，吾其体，天地之帅，吾其性。民吾同胞，物吾与也。"[1]愚者自离自塞，故有合天人通显幽之谬说，诚不仁之甚者也。夫仁者天地之根，万物之元也。仁则六通四辟，其运无乎不在，大小精粗，体物而不可遗。奚语合通哉？夫合者，与离对待而立之辞也，通者与塞相反而命之义也。本一致，何言合？本无二，何言通？曰合曰通者，常人蔽于物欲，习于私见。而"灵感性"Mediumship Spiritual Sensitivity，有以蔽塞而失其妙用也。盖人类之灵感性，苟葆而不失。其为性也，至大至刚，以直养而无害，则塞于天地之间。所谓宇宙由我生，万化由我出，知往察来，无物不通者也。当一千八百五十四年时，德人那依海温巴和 Reichenbach 曾著一书，即名《灵感性》，发明此灵感性有二不可思议之妙用，一曰"灵能"，二曰"灵力"。于是神灵问题，遂震动一世。阅者以是为谰言[2]乎？则当知颉持唯物论者。在佛门谓之"权教"，所谓顿根之小乘家，执有为法以为究竟之理者也。

且即就物质而论，其非俗眼所能察见者，亦甚重也。自昔非称物质为碍性或不可入性乎（Underchdringhchkeit Impenetrability）。然此界说，仍为俗谛，非真谛也。彼充满空间者，非以脱乎？Ether（译言精气）以脱之为物也。无论如何之密度，如何之广大，奚能通过，潜藏于内，则所谓碍性不投入性，果安在哉？

不宁唯是，当催眠术与唯心论再盛之时，复有 X 光线 Xstrahlen, Xrays, Roentgenroys 之发明，能破碍性的不透明物。除金石外，凡百物体，悉能洞见无遗，如八立其界，则能照其肺腑，物位其中间，则能历历指点，可谓奇矣。然人智进步，犹未已也。尔后十余年，法国大学教授克野里 Curie 者，亦光线发明家也，于千八百九十八年，偶发见一新元素，即那底伍姆 Rodium 是也。此元素发见后，世界物质观，俄然一变。此光线亦与 X 光线类似，惟其放射力，较 X 光线，几大万倍。凡木质及金属，皆能透过而失其形体。且其第三光线，直逼灵域，较第一光线，通过固体之力，大一万六千倍，其效可谓惊人矣。然那底伍姆，俨然物质也。依其本体之放射力，犹能贯金石，透木革，发如是之奇妙，而况人之灵感性乎？若然，则唯物论所定之碍性，又安在哉？由是观之，物质之本体，其精微奥妙，已非想象所能拟议，则人之灵感性，又讵可浅测妄论者哉？

原天生万物，人为最灵，人之所以灵者，以其有灵感性也。此灵感性之秘扃，佛名之曰"如来藏"[3]。所谓如来藏中，性识明知，觉明真实，妙觉湛然，遍周法界，一切世间，诸所有物，皆即菩提妙明元心。心精遍周，含裹十方者也。盖人能善养此灵感性，运其念力，使情、意、志三者之集中，凝而不散，一而不杂，则乘虚照以御物，感万灵而通化，无坚不摧，无微不入。庄子所谓贯金石，入水火，大泽焚而不热，河汉冱[4]而不寒，乘云气骑日月而游乎四海之外，皆非不可能之事也。近日伍廷芳[5]博士，喜素食主义，其讲演通神学，谓魂游遐迩，寿且百余，洵非漫言也。吾人所不能而通灵察化者，皆物欲之私，有以蔽其灵明耳。于是声色货利夺其外，贪嗔恚痴攻其内，而灵感性遂生两大障碍，曰"不仁"，曰"不诚"。惟其不仁也，则人相、我相、众生相，缘以分立，而通之议塞矣。惟其不诚也，则常乐我净，妙觉元明之体失，而感之用坠矣。呜呼！此众生之所以熙来攘往，流转生命而不觉悟者也。良可悲矣。

英人边沁[6] Jeremy Bentham① 以为窒欲说之目的，往往使人去乐就苦，且出于好名与畏惧之心。此特沉溺俗谛之语也。不知人类有肉体之乐，必假物以为乐，则求之不得，苦恼以生；理性之乐，则无求于外，其乐在我而已。彼孔子疏食，颜子陋巷，在边氏处之，必以为苦，其如孔颜之怡然。何故梁任公[7]为之评曰："凡高等之乐，其量必大。下等之乐，其量必小。故夫乐之最下等者，声色货利是也。"然声色之乐，每当酒阑灯炧[8]，雨散云收，其凄况更甚于平时。货利之乐，往往心计经营，患得患失，其烦恼亦过于贫子，可谓知言矣。故曰："有所恃而乐者，乐人也。无所恃而乐者，乐天也。"彼边氏曷足以语此哉！

故人不窒欲，则身受其害。一曰染着，执彼幻境，自役其心，心囿于物，拘若累囚，譬如春蚕，作茧自缚。一曰烦恼，众念纷纭，憧憧往来，生灭起伏，无时或休,心物相萦,如轮转毂。凡此二端,皆由物欲。故欲解尘缚,首在离染。染着既离,烦恼不生,寂然朗照,心体斯明。故佛之教众生也,当谆谆于贪杀淫妄。所谓三业不断,各各有私,因各各私,众私同分,非无定处,自妄发生,生妄无因,无可寻究。故知去仁不诚,实为间塞显幽之绝大障碍。故曰:"唯天下至诚,唯能经纶天下之大经,立天下之大本,知天地之化育,夫焉有所倚!肫肫其仁,渊渊其渊,浩浩其天。苟不固聪明睿智,达天德者,其孰能知之。"[9]故人欲察觉灵魂之妙用,应惩忿窒欲,守仁存诚,庶灵感性湛然有照,察往知来。故曰:"至诚之道,可以前知其道微矣。"

第六章 通 一

一者何?太极无偶之原理,亦即宇宙之大主观也。质言之,即宇宙原始之统一性也。夫万叶扶疏,萌于一本,万流浩漫,始于一源。宇宙万有,虽广大繁复,然亦必有其全一之体,譬之各星球之环绕也。而太阳系为之统系,画师之绘众物也,必由点引伸,而线而面。吾人四肢五官,虽各异能,亦必有其指挥全体之神经统系。故吾人无论研究精神与物质科学,应当知有宇宙全一之体在,然后能究元察化,枢机在握,左右逢源,头头是道。对于世界观与人生观,而有统全括之概念,庄子所谓"通其一,万事毕"[10]者是也。伊古以还,大宗教家与大哲学家,未有不穷宇宙全一之理,而可与言穷神知化者也。故孔子曰:"参乎!吾道一以贯之"[11],老子曰"道生一,一生二,二生三,三生万物"[12],佛则以万事万物皆归真如。凡此诸说,皆欲使人知一本万殊之妙,勿徒纷纭以自扰也。故曰:"天得一以清,地得一以宁,神得一以灵,谷得一以盈,万物得一以生。"[13]儒家之言曰"无极而太极,太极动而生阳,静而生阴,一动一静,互为其根,分阴分阳,两仪立而万化生焉"[14],道家之言曰"谷神不死,是谓玄牝,玄牝之门,是谓天地根"[15],是皆所以阐明宇宙之统一性也。而达尔文种源论,亦揭橥[16]此义,谓现今庶物之樊然淆列者②,其先必有所承袭而来。若深究其本质,必有彼此相同之迹象,可以寻得者,其最始必同本于一元。而现今之生物界,不过循过去数十万年自然淘汰之大例,由简纯以趋于复杂而已。而爱来亚学派[17]之祖师绥那芬氏[18]亦曰:"世界之总体,与神为一,则亦无偶无穷无变者也。"而此现象之世界,若是其多殊,若是其变化,是非本体,而吾人知觉之所构也。其后巴末尼德[19]继之,则曰:"本体之存存者,无始无终,不可分,不可动也,惟人之理性能显之。"故理性合理之知识,真体之本原也。至于觉官，则了不关于本体，其群集，其变动，徒足显宇宙之因果而已。诸说皆所以明万殊一本之妙也。西人则谓之一元论 Monism。此论在纪元前五六世纪，希腊即已盛倡，所谓野劣瓦学派[20]是也。此派之鼻祖，为 Xenophenes[21]，常于其诗歌中，称神之精神，与人类似，谓之拟人论。Anthropomorphic Heism 为导吾人认识宇宙之实有，唯在纯粹之思唯。而此真实者，为统一的常住的（此与孔佛所说皆同），实有之中心于各方面，等有权衡，如丸球然。此即氏对于宇宙统一性抽象感觉之表示也。其后哲学者斯皮落洒[22] Spinoza③（犹太人），尝以神者，唯一之本质。凡物质与精神之实在，皆由神之论理的归结所导出者也。故氏恒明神与世界 God and World 全同一体 Denus Sivenotura。此唯一实体，其概念中，含思惟与延长之二属性。故宇宙之万殊，无论人与个物，皆此唯一实体之样式，即不外一本显现之形式也。质言之，即唯一实体之存在，其属性有量数之显现之形式也。故人类之表象秩序，与庶物之秩序，本同一源泉，即万殊自唯一永恒不可分割之实体放出（Discharge）者也。故曰："世界活动者，由原始统一的发达而演进之者也。"

凡此诸说，谓之实体一元论 Monism of Substance④。同时复有活动一元论 Monism of Becoming，亦起于希腊，与野劣瓦派，持论稍异，以"生成"与"变化"为世界活动之原理，谓无论何物，一切流动，犹如水流。而此变化中，有一种宇宙理性若循一定法则，以支配庶物然。其后康德著《天体一般自然史及理论》，则谓无机世界，恒从机械的法则而进化。如太阳之成自瓦斯体之星云，即其一例。而法之天文学者与数学者，以同一方法，彻底论究，皆同此调。世遂称之为康德说。斯论虽与前说微有不同，然皆承认宇宙有其一元之主观也。盖吾人以肉眼之观察，觉万物种类，纷然尨杂[23]。苟妙心眼于肉眼之外，而为主观之观察，终不能不认宇宙有其一之体。原物自外观之，万物皆异，各有独立不同之势。若自内观之，则物无一独立，皆属于宇宙之总体，由宇宙支配而成，是宇宙为一大总体也。而人之总机枢，是为心灵。求此心灵之所自，揆诸真理，是为宇宙全一大心灵之一支部。宇宙为大造化力，人生为小造化力。故曰："一物一太极，万物一太极也。"而里伯尼士之原子说，亦谓："元子者，存于精神界，而其动则由于知觉，各元子决不能自为一世界，截然与他元子暌离，而不受其影响。"善哉斯言！亦万殊一本之见也。吾人所以不悟宇宙之全一者，良由用心偏私，不即异而观所同，去其杂而袖所一，于是能为其分析，而不能为其会通，审于支流，而暗于全局，是以蔽也。故吾人近观诸身，知己有躯壳，而不知有心灵，谬也。知己有心灵，而不知宇宙有大心灵，亦谬也。原吾人惟以客观观之，故宇宙之心灵不能形于观，而觉宇宙无心灵，不知此疑无心灵之心灵,又自何而来。人之心灵,原于宇宙,岂总体之宇宙无心灵,支体之人,乃有心灵乎?故必认宇宙具有大心灵,乃得汇通宇宙大主观,而有民胞物与之襟怀,乃能为博施济众之义举。盖灵感性之之通万有,皆心灵与心灵本有相通之自能自力者也。

此非臆说也。证以今之生物学,亦相符合。夫人之初祖,为最下等微生物,此现今学者所承认也。人而曰生,不知未生以前,经湿化卵胎诸种娩脱,乃至于人。而此湿化卵胎,与人本同一元,故曰"全一",故曰"生命一体"。善哉劾愚氏之言也!曰:"今日诸科学家,曰吾分科也,吾专门也。"然彼所以利于分科专门也,将以得汇通总体之智识也。然无太极之卓观,终不能得造化之联属,而悟此总体之真理,奚用此支解割裂之知识为也。故老子曰:"天下有始,以为天下母。既得其母,以知其子,既知其子,复守其母,终身不殆。"[24]噫嘻!学者达此,可不求通一乎?故人苟悟宇宙全一之理,则处事无人我之分,接物有博爱之诚,参赞化育,其德全矣。故孔曰"一贯",老曰"抱一",孟子曰"万物皆备于我",皆示人万殊一本之妙也。吾人苟不达太极无偶之原理,必将终身役役,溺丧而不知所归,况于鬼神之道乎?故程子曰:"至于用力之久,而一旦豁然贯通焉,则众物之表里精粗无不到,而吾心之全体大用无不明矣。"[25]噫!此悟宇宙全一之体,其孰能与于斯。

(未完)

(《寸心》,1917年第4期)

【校】

① "Bentham",底本原作"Pentham",误,今改之。
② "列",应为"乱",按:《庄子·齐物论》有"樊然淆乱"之语。
③ "Spinoza",底本原作"Spenya",误,今改之。
④ "Substance",底本原作"Substoneə",误,今改之。

【注释】

[1] 语出张载《西铭》。
[2] 谰言:虚妄不实之言。
[3] 如来藏:众生成佛的可能性,即佛性。
[4] 冱(hù):冻结。
[5] 伍廷芳(1842—1922):本名叙,字文爵,又名伍才,号秩庸,后改名

廷芳,汉族,广东新会西墩人,清末民初杰出的外交家、法学家,曾留学英国,入伦敦大学学院攻读法学,获博士学位,成为中国近代第一个法学博士。

[6] 边沁(Jeremy Bentham,1748—1832):英国的法理学家、功利主义哲学家和社会改革者,著有《道德与立法原理导论》《政府片论》等。

[7] 梁任公:梁启超。

[8] 酒阑灯炧:酒筵将尽,灯烛将熄,形容酒宴快散场的景象。

[9] 语出《礼记·中庸》。

[10] 语出《庄子·天地》,文字略有不同。

[11] 语出《论语·里仁》。

[12] 语出《老子》四十二章。

[13] 语出《老子》三十九章。

[14] 语出周敦颐《太极图说》。

[15] 语出《老子》六章。

[16] 揭橥(zhū):揭示。

[17] 爱来亚学派:即爱利亚学派(Eleatic School),古希腊哲学流派。

[18] 绥那芬氏:即克塞诺芬尼(Xenophanes,前565—前473),古希腊诗人、哲学家,爱利亚学派的先驱。

[19] 巴末尼德:即巴门尼德(Parmenides),古希腊哲学家,代表作为《论自然》。

[20] 野劣瓦学派:即爱利亚学派(Eleatic School)。

[21] Xenophenes:克塞诺芬尼(前565—前473)。

[22] 斯皮落洒:即斯宾诺莎(Baruch de Spinoza,1632—1677),犹太裔荷兰籍哲学家,近代西方哲学三大理性主义者之一,代表作有《神学政治论》《伦理学》《知性改进论》等。

[23] 厖(méng)杂:混杂。

[24] 语出《老子》五十二章。

[25] 语出朱熹《大学章句》。

鬼学（四续）

萧公弼

第七章 察 变

赫克尔[1]Haechel①者，继〔达〕②尔文后，本进化论而创一元哲学论之巨擘也。其证实宇宙公理曰："人类之文明发达史，不过数千年，以与地球生物史比较，短不可言。地球之发达史，与行星成立史比较，亦短不可言。地球为太阳分出之一小体，与无尽境之世界比较，复小不可言。而每一人在有机世界内，不过微小之一元素。"善哉斯言！吾人今日所居之地球，不过旋绕太阳诸行星之一。虚空界诸行星如地球者，吾不知其几千百万也。太阳系者，此世界体之一耳。虚空界他世界如太阳系者，吾又不知其几千百万也。人类者，亦此星球之一微粒耳。虚空界他星球如吾人类者，亦不知凡几也。故释典以一〔千〕小千世界为中千③世界，一千中千世界为大千世界。然则今日吾人所栖息生存竞争角逐者，不过小千世界之一滴，以比于中千大千世界，直虫沙涓埃[2]耳。此非欺世浮夸之语。盖绵绵宇宙，为永远无尽期无止境者，其广大悠久，有非吾人意料所能及者。（见赫克尔《宇宙公例》第一）

故柏拉图曰"吾人今日所发明宇宙之原理，不过丛沙之一粒"，可谓知言矣！夫太阳者，非人类学者所认为最大之星体欤。乃后由天文家推测，尚有希料司星，大于太阳者三千倍。然亦安知虚空界不更有大于希料司星者乎？吾未敢必也。故曰："物量无穷，时无止，分无常，人乌能以其至小而穷至大之域哉！"则今列强雄峙，国疆拘围，不能廓然而大公，粹然而大中，渊然而大通，经纶天下之大经，立天下之大本。秩然循其分，率其理，以相生相养，协和共晋，乃自私自利，自戕自贼，争地以战，杀人盈野，争城以战，杀人盈城，此之谓率土地而食人肉，罪不容于死。各国尚犹腼颜[3]以人道正义争鸣于世。自吾观之，蛮蠁之斗蜗角，蝼蚁之争鲵背，直毫无价值之战争，徒留人类历史之污点而已，乌足以语人道哉！

或曰："若然，则宇宙之广大悠久，固不可以想象而形状也；宇宙之繁复优美，固不可以言语而譬喻也。"然则子于万有，悉以一元统之，不亦谬乎？余曰："唯唯，否否，不然。客是未知'宇宙太极之原理'也。"夫太极者，宇宙之拓都[4]也；小极者，各个之幺匿[5]也。故各个之形，即太极一体之形，各个之意，即太极一体之意，碎拓都可为幺匿，即集幺匿可成拓都，宇宙全体之势量，固不因大小成毁，而有增减消息也。故斯宾塞尔曰："天演者，翕以合质，辟以出质力，由纯一而为错综，由浑而之画，质力相含相剂，以为变者也。"而近世科学家，立动力平均之说，谓宇宙之动力，终久平均，于总体无偏倚，无益损，乃至无间断，而为永久自动自活之机械，可谓知言矣！然则宇宙何以即能如是之繁复优美邪！曰："盖'参伍错综，变而已矣'。"学者须学治其玄，而会观其变，夫而后可语于天地之化也。故曰："无极而太极，太极动而生阳，静而生阴。一动一静，互为其根，分阴分阳，两仪立而万化生焉。"科学家亦曰："世界创生以前，为朦胧瓦斯气体，而荡漾于宇宙间。久之分子由荡漾而摩擦，由摩擦而生热，因热而澎涨，由澎涨而化合，因化合而成质点，集点成线，集线成面成体。万有遂由是演进焉。"是知万有虽众，固本诸一体之变化也。一体虽大，固恒与万有相连属者也。是以西人之说宇宙为因果律，曰："有原因斯有结果，有结果又即转为原因，赴于时间至无穷，譬如链然。最初一环，环而又环，其最后环，复与初环相连，环环不已，莫别前后。绕环而观，是皆连属，侧环而观，见一部分，易生差别。"故碍于迹象者，无有是处，知是则一元与多元之争执，惟物与惟心之诘难，皆无所用其辩矣。何则？多元为一元之变，惟心为惟物之体，其实一也。万物之繁复异观者，皆因参伍错综之变化然也。故桂特[6]goeth④曰："体质无精神，或精神无体质，均不得存在及有作用。"则人而鬼，鬼而人，固一气之变。夫何疑哉！故子列子曰："道终乎本无始，进乎本不久。有生则复于不生，有形则复于无形。不生者，非本不生者也；无形者，非本无形者也。"[7]由斯以谭，则有形与无形，精神与物质，皆往复聚散，循环无端，亦如寒暑之往来，日月之代明，特天地之错综变化而已。故曰"易变而为一，一变而为七，七变而为九。九者究也，乃复变为一"[8]，是言天地变化，往复无穷也。薛令同一哲学 Identitatsphilosphie 亦阐明此义曰：

> 一元论之形式，统一切有形界无形界。若远果，若近因，皆会同于大始之原理者也。是故观念与实体一也，精神与物质一也。其本于大始之原

理，而发展为无形界有形界之二者。此如低之有表面里面，为进于实体之二法式而已。

噫！今之执有形界而不认无形界，迷躯壳而不察灵魂，皆不知宇宙自然之潜变默化。是所谓肉眼之观察，而非法眼之观察者也。故鹖熊[9]曰："运转亡已，天地密移，畴觉之哉？故物损于彼者盈于此，成于此者亏于彼。损盈成亏，随世随死。往来相接，间不可省，畴觉之哉？"[10] 旨哉言乎！吾人悟此，始可与言鬼神之道矣。

第八章 同 化

天地虽大，其道一也。万物虽众，其化均也。故曰："有太易，有太初，有太始，有太素。太易者，未见气也；太初者，气之始也；太始者，形之始也；太素者，质之始也。"[11] 然则宇宙万有，由瓦斯体进而为有机物与无机物，其禀气形质与太空，物无不同也。及其解散而归气形质于宇内，物莫能异也。故曰："二气五行，化生万物。五殊二实，二本则一。是万为一，一实万分。万一各正，小大有定。"[12] 老子曰："无名天地之始，有名万物之母。常无欲，以观其妙；常有欲，以观其徼。此两者，同出而异名，同谓之元。元之又元，众妙之门。"[13] 是言万有以归纳法而观其妙，则物无不同出于元也；以演绎法而观其徼，则物始异其名耳，其实一也。若然，则胎生、卵生、湿生、化生，若有色，若无色，若有想，若无想，若非有想，若非无想，无不同具此气形质也。同具此气形质，即与我同为一体也，及我之死，则精神者天之分，骨骸者地之分。属天清而上，属地浊而下，其气形质仍与胎湿卵化有色无色诸众生同流宇内者也。夫"生则同体，死则同归"，则盈天下无非我，即盈天下无有我，我与众生，果何差别，此之谓"同化"。是则芸芸众生，托形麾定，倏然为人，倏然化物，原质日有更易，久久不穷，新陈相代，其潜移默夺，如鸟堕羽，羽尽而鸟不知，如蝉蜕甲，甲尽而蝉不觉。一那刹间，原质万变，属彼属此，转瞬顿殊。嗟彼凡夫，执身为我，妄相计较，何其惑欤？惟智者知其然也。故能量包天地而为大，泽及万物世而不为多，诚以天地万物，与我一体，固不自满假者也。夫万物一体之说，不俟远征诸物，即验于己身，亦知其然。达哉！韦裔君之言曰："地水火风，递造万物，四大相合，非己独私，与物相共。"故未有身前，万物一体，既已有身，万物一源。我字之名，不以身限，自我视身，身为小我，自我视物，物为大我，其实一也。是故君子亲亲而仁民，仁民而爱物，冥然与太虚同体，漠然与万化同流，顺物自然，而不自私者，由斯道也。

今世万物一体之说，暗而不彰。故于恒沙世界之地球间，画分领域，强名之曰"国家"，复于同是圆颅方趾之俦，区分色泽，强名之曰"种族"，又于其间建设机关，判列等级，强名之曰"政府"，是皆所谓狭隘主义者也。其初则始于自私自利，其究则归于自败自蔀。今日欧祸之烈，转战千里，伏尸亿万，老弱沟壑，少壮流离者，即食其报也。可不哀哉！故群生不明一元同化之道，则"万有不通，物我互塞"。持狭隘主义，而自立于单独个人之地位，观念浅薄，苟安旦夕。自况以白驹过隙，自例以草上微霜，局于所见，囿于所知，俯仰左右，悲不自胜，以为人生不过如是如是而已。于是横据现在之一身，宝爱数十寒暑，私自安排，妄相计较。其性则贪生恶死，其行则利己损人，而人类万恶之祸，弥演弥烈矣。乌知一身者，现在者，皆假定之现象，即一身，即非一身，即现在，即非现在。彼以现在在一身观人生者，但具消极力而未具积极力。所以堕于个人之地位，而不达万化之元者也。

虽然，万物一体之说，非仅恃空谈也。即证诸生物学，亦相吻合。彼生物学家，非谓宇宙构成之初，由星气星云，摩荡鼓舞，澎涨凝结，至成地球，遂渐冷却，而生水素。此水经久，即生最小之微生物，复进而为无核虫，再进而为有核虫之细胞，后经生理进化，而变各种动物，最后得脊椎动物。又经若干年，由最下之爬虫类及双栖类，变得哺乳动物，哺乳动物发达至完全者，乃为人类，且断定太初距今为一亿年。太初生命，唯一细胞，若然，则吾人回想当太初唯一细胞之时，此细胞之生生，非以产子而繁殖，即以分体而繁殖。分体者，以一细胞分之为二，以至于亿万，不可胜计。产子者，父生子，子生孙，孙又生孙，以至玄孙，不可历数。是细胞之繁衍，非相兄弟，即相父子，否即自身也。由一而二，由二而四，由四而八，以至算术所不能计，皆自身也，皆非自身也。则"万物一体，万化同元"，岂臆说哉！（按：《易》以乾坤而演六十四卦，以阐明天地之道，亦即此理。）

不宁唯是，且今脊椎动物爬虫类及双栖类，哺乳动物猿猴类，非吾人昔日之化身欤？吾人今日不爱惜物命，妄事杀戮，即暴殄天物，贱贼己身也。且不认万物一体，即数典忘祖，而叛其先也。人虽欲自尊，其如进化公例何？呜呼！今世学者，不明万物一体之道，吾见优胜劣败弱肉强食之说，将披猖寰宇，人道主义，必寝息于天下。所谓"大同和平"，将永无实现之期，而国界种界宗教界男女界界争，正不知伊于胡底[14]，则鬼神之道虽明，亦不足以警凶顽良可惧也。

或曰："子言诚是也。"然斯篇非欲明神鬼之道乎？顾不傥言正义，明以告世，乃旁稽博引，浮泛其辞，说数万言，犹滔滔不休，不亦言之戾而辞之遁乎？余曰："然敬闻命矣，顾客未识余心也。"夫道之不明于天下也久矣。况神鬼之事，死生之说，圣如孔子，尚犹罕言，贤如季路，未闻妙谛，其道幽深，概可见矣，谫陋如余，夫复何言？然吾人欲探赜索隐，穷究其理，非探天人之奥，贯古今之说，稽万化之宗，辨百物之情，超然远俗，潇洒出尘，法眼烛照，慧心独运，岂能明其究竟者哉？则悬论所述，不过粗陈梗概，略发端绪。欲使阅者去其相习之锢蔽[15]，获得统括之概念，庶几振发自奋，任重致远，则赘言骈义，岂得已哉？痛乎！庄生之言曰："古之人其备乎！配神明，醇天地，育万物，利施天下，泽及百性，明于本数，系于末度，六通四辟，小大精粗，其运无乎不在。天下大乱，贤圣不明，道德不一，天下多得一察焉以自好。譬如耳目鼻口，皆有所明，不能相通。是故内圣外王之道，暗而不明，郁而不发，天下之人各为其所欲焉以自为方。悲夫！百家往而不反，必不合矣。后世之学者，不幸不见天地之纯，古人之大体，道术将为天下裂。"[16]呜呼！今何时乎！今何时乎！余述斯篇已，读庄生之论，不禁感慨系之矣。噫！

《鬼学·第一编》终

（《寸心》，1917年第6期）

【校】

① "Haeckel"，底本原作"Haechel"，误，今改之。

② "达"，底本脱，今补之。

③ "千"，底本脱，今据文意补之。

④ "桂特 Goethe 曰体"，底本原作"桂特曰 goeth 体"，今改之。

【注释】

[1] 赫克尔（1834—1919）：德国动物学家、进化论者、达尔文主义的支持者，著有《生物体普通形态学》等。

[2] 虫沙涓埃：比喻十分微小。

[3] 腼颜：厚颜。

[4] 拓都：英语 total 之译音，意为总体、团体。

[5] 幺匿：英语 unit 之音译，意为个体、个人。

［6］桂特：即歌德（Johann Wolfgang von Goethe，1749—1832），德国思想家、文学家，著有《少年维特的烦恼》《浮士德》等。

［7］语出《列子·天瑞》。

［8］语出《列子·天瑞》，文字略有不同。

［9］鬻（yù）熊：又称鬻熊子、鬻子，楚国的先祖，楚国开国君主熊绎之曾祖父。

［10］语出《列子·天瑞》。

［11］语出《列子·天瑞》。

［12］语出周敦颐《通书·理性命》。

［13］语出《老子》一章。

［14］伊于胡底：不知将落到什么地步为止，比喻后果不堪设想。

［15］锢蔽：禁锢闭塞。

［16］语出《庄子·天下》，文字略有不同。

科学国学并重论

萧公弼

科学者，唯物界之学也。国学者，唯心派之学也。发扬国性，振奋心志，国学之长也。故览帝王之宏规，诵圣哲之嘉言，睹卿相之谋猷[1]，缅英雄之慷慨，以及流连美人名士，涉猎草木鸟兽，未尝不神飞色舞，目悦心愉，令人向往崇拜，思欲翱翔追逐其间也。而覈核群伦，推察物理，则科学之长也。故探赜索隐，惊宇宙之奇妙，钩深致远[2]，知物竞之奥秘，又未尝不浮白拍案[3]，距跃曲踊也。斯二者，皆于人生社会尤密切关系，所谓不相悖害者也。是以《大学》始教曰："致知在格物，物格而后知至，而家齐，而国治，而天下平。"盖殊途同归，体用一贯，固不宜有所偏倚者也。

溯自欧风东播，群趋维新，六艺[4]置阁，诗书覆瓿[5]，衡门荆扉[6]，清风辍响，武城白鹿，弦歌声绝。有从事旧学者，不指为迂拙[7]，即目为腐败，道丧学驰，于兹烈矣。圣言蔑视，嘉模罔循，致养成今日多数气习嚣张，行为悖谬，思想卑劣，识量狭隘，破灭道德，逾闲法律之学子。良栋摧崩，干城[8]莫寄，国家前途，何堪设想？其甚者至数典忘祖，颠倒张李，书简笺帖，讹别丁丁，笑柄丑谈，时不绝耳。启社会轻侮之心，贻腐儒讥评口实，洵偏重科学之弊也。抑知科学者探察物质，而遍法界尚有无形之心灵乎？科学者考究群物，判定原理，而虚空界尚有原理之原理乎？且宇宙间生生化化，形形色色，终有不可思议之一境，而非科学家所能明晰者乎？今试问科学家以天行运转，元点振动，则彼必答以通摄诸力。复以询通摄诸力，为何因缘，孰主张是，孰推行是，彼将默无以应，或藉以脱为解。然进咨以脱何因而有，其性如何，则皆瞠目挢舌而不能答。宇宙间如是问题，奚啻亿兆，彼科学家讵能一一明其然欤？夫卑湿寒隩，世以为伤卫生矣，龟鳖何以终身栖水；鲜脓甘脆，人以为养体矣，蜣螂何以性嗜粪溲；靡曼姣艳，俗以为美色矣，鸟见之何以高飞；丝竹管弦，俗以为好音矣，鱼闻之何以深藏。则科学家所断定公理原则，不过仅适人类现象当境之利用，固非普遍法界之道也。且吾人研究凡百事物之理，全恃感觉，感觉因官而存，亦缘官而变（内典[9]及康德学说言此甚详），则所得观念概念，判断推理，均未可确恃。康德所谓物之现象，而非物之本相者也。是以斯宾塞尔曰："宗教精义存于幽，幽故称神道。"则科学研究之事，所谓明也。是形而上者，又非科学家之所能洞悉也，审矣。况今催眠术发明，而事理复有出乎？公例之外者，则力学言摄力，而被催者能悬立两间。化学称物性，而被催者可击竹生火，兹又何说邪？机械的人无思想，制造之卵难孵化，世之执科学万能说者，哓喋[10]狂叫，刍狗一切，俨然有宇宙在握之概，何所见不广，亦愚可笑矣。庄子曰："人生也有涯，而识也无涯。以有涯求无涯，殆矣。"[11]则学者反求其本，其亦废然猛省乎？

国学者，经国济世之学，国性所存，国魂所托者也。小儒鄙夫之寻摘章句，推敲声韵，饤饾[12]辞藻，婆娑[13]训诂，此世之目为腐败糟粕，非吾之所谓国学也。吾所谓国学，乃吾国神圣华胄[14]，上下五千年，纵横数万里，圣贤英杰之心思脑力才智聪明所阐发垂训，天下之大经、古今之大本、天地之化育，以贻我后世子孙之宝藏金规者也。吾华文物声名，典章法度，所以开化最早，炳耀全球者，实食其赐也。不然，彼埃及、印度，何以至今仅为历史地理上之名词而已耶？夫如斯大业，何所征证，似非一二言能罄[15]。试道其略，则六经史册、诸子百家之言哲理政治、伦常风教，下逮山川河岳、草木鸟兽，皆有名论至理，奥义微言，煇赫垓埏[16]，与天地共垂不朽者也。吾人读之，足以高尚心思，奋发精神，增进智能，宏阔器量，皎洁言行，瑰玮气宇。愿欲追踪圣贤，继迹英雄，以旋乾转坤，救国匡时，胥于是乎赖[17]。则国学关系吾侪，岂浅鲜哉？盖科学者，扩张智能之学也；国学者，发展精神之学也。吾人有轩昂之精神，而后能获充分之智能；有远大之思想，而后有雄伟之事业。唯心唯物，主观客观，是不可不辨也。否则谈政治者不谙古法之沿革，究学业者昧融中外之理论，所得科学，不过东洋贩夫、欧化豚犬，本实先拨，羊质虎鞹[18]，伥伥无所适，茫茫无所归，欲悫[19]爱祖国，奋身学界，岂可得哉？昔者达尔文常从事于格物学矣，其告友人曰："余当格物倦时，偶卧林间，闻佳禽歌嘌之声，顾而乐甚。"温巴尔Von Baer常研精胚胎学矣，其下帷攻苦，目不窥园，忽览外境，辄怃然曰："余溺志于艰涩学理，而辜负佳丽风光，是余罪也。"推绎斯意，则国学下达工夫，即美术的文学是也。科学国学，对于吾人天机之愉快、审美之逸乐，孰为得哉？英士汤穆森Thomson有言曰："理论者智也，情感与行仁勇也。欲养浩然之气者，则三者不可偏废轻重轩轾于其间。"呜呼！惟物之论胜，惟心之道衰，将见天下成为机械之世界，而人类绝无精神之作用矣。悲夫！

（《学生》，1915年第4期）

【注释】

[1] 谋猷（yóu）：计谋，谋略。

[2] 钩深致远：比喻探讨深奥的道理。

[3] 浮白拍案：浮白，放开胸怀，畅快饮酒；拍案，拍击桌面，表示非常惊异、赞叹或愤慨等。

[4] 六艺：儒家所谓的礼、乐、射、御、书、数六种技能。

[5] 覆瓿：指著述没有价值，只足以盖酒瓮。

[6] 衡门荆扉：衡门，指简陋的屋舍；荆扉，柴门。

[7] 迂拙：拘泥守旧。

[8] 干城：指能御敌而尽保卫责任的人。

[9] 内典：佛经。

[10] 哓（xiāo）喋：形容多嘴、唠叨。

[11] 语出《庄子·养生主》，文字略有不同。

[12] 饾饤：堆砌辞藻。

[13] 婆娑：盘桓，逗留。

[14] 华胄（zhòu）：中华民族的子孙后代。

[15] 罄：《尔雅·释诂》曰："罄，尽也。"

[16] 焯赫垓埏：显赫玄远。

[17] 胥于是乎赖：全都要依靠它。

[18] 羊质虎鞟（kuò）：形容外强内容、虚有其表。

[19] 愙（què）：恭谨。

修养宜重王学说

萧公弻（四川工业专修学校预科学生）

《易》曰"君子以终日乾乾，夕惕若，厉无咎"[1]，子夏曰"日知其所亡，月无忘其所能"[2]，修养之功尚矣。顾吾儒修养事业，本自一也，故曰："身修而后家齐，家齐而后国治，国治而后天下平"[3]，"穷则独善其身，达则兼善天下"[4]。自仲尼没而微言绝，七十子丧而大义乖，嗣其飨者，支离背本，汉儒趋事功，宋儒重性理，于圣人之道，皆未能一贯也。然则，吾人今日从事修养之学，其祖汉儒乎，抑祖宋儒乎？余谓两者皆病也。无已，其我姚江王阳明先生致良知及知行合一之说为最适切乎？盖方今人事繁赜，科学纠纷，吾辈欲万卷书史，搜求义理，或冥空探讨，默悟至道，皆为难能之事。惟先生致良知之说，默不假坐，心不待澄，不习不虑，出之自有天则，直指本心，言下见悟，使人反观，便得把柄，亦犹佛学之有六祖[5]也。而致字即行字，以救空空穷理之弊，其谓知之真切笃实处即是行，行之明觉精察处即是知。若行而不能明觉精察，便是冥行，便是学而不思则罔，所以必说个知。知而不能真切笃实，便是妄想，便是思而不学则殆，所以必说个行。原来只是一个工夫，言尤深切著明，与佛家教观，康德学说，了无有异。所谓简易工夫终久大，是也。我辈刊落声华[6]，著实体悟，自有赤日当空，万象毕照之境，纵良知有时或放，而实体未尝不在也。否则，抛却自家无尽藏，沿门托钵效贫儿，真为先生之所哀也已矣。

（《学生》，1915年第2期）

【注释】

[1] 语出《周易·乾卦》。

[2] 语出《论语·子张》。

[3] 语出《礼记·大学》。

[4] 语出《孟子·尽心上》。

[5] 六祖：指慧能。

[6] 刊落声华：删除声誉、荣耀之事。

修养谭

萧公弼（四川工业专修学校学生）

昔赫胥黎《天演论》阐明万物公例，曰"储能"，曰"效实"。旨哉斯言！洵极深而研几也。举凡世界胎湿卵化，色想形质，殆莫能逃厥范围。而世界进步，人物竞存，亦胥于是赖。故《易》曰："尺蠖[1]之屈，以求伸也。龙蛇之蛰，以存身也。"[2]夫蠖不屈则不能跃越登进，奏功堁壤；龙不蛰则不能奋薄天矫[3]，感会风云。是其屈实以预伸，其蛰实以预奋也。然则，吾人今日之修养，所以储能也，异日之事业，所以效实也。储能弥多，则其收效弥大，收效愈薄，则其储能必寡。执果以验因，审因以卜果，于观人察物之术，若悬秦镜[4]也。今试执学者而问曰："孔子何如仁也？"则莫不悚然肃敬曰："圣人也。"然求其所以为圣人之故，则自老安少怀，饭蔬饮水①之修养来也。复执比丘而询曰："释迦何如人也？"则莫不蹶然震惊曰："大佛也。"求其所以为佛之故，则自悲天悯人，日餐树宿（释典载佛日中一餐，树下一宿。）之修养来也。故不有动心忍性，气养浩然，则无名教畸玮之孟子；不有淡泊明志，宁静致远，则无功业彪炳之孔明。若夫帷幄湛靖[5]，战阵勇义，敝跻万乘，长揖归田，华盛顿何如是之从容乎？通天达地，晓事辨物，探赜索隐，钩深致远，康德何如是之淹博[6]乎？夙夜兴思，厥有由矣。今人之欲为圣贤英雄豪杰者，不求其实而唯名是务。语以学问，则曰"安事诗书"，期以职业，则曰"胡谋生产"。时而杯酒淋漓，议论纵横，左顾右盼，慷慨悲歌，几若伊吕不足侔，卫霍不足匹，趾高气扬，伟人自命，欺人自欺，恬不知耻。一经摧折，则心灰色死，嗒焉若丧。否则，怨天尤人，玩世慢俗。若彼苍深负其才者，噫！此狂妄之夫也。或则伈倪趋步，捉影摸形，矫诬饰行，盗寇声誉，及至临事，仓皇无策，改节变操，贻笑当世。此所谓东施效颦而忘己之丑也。抑岂知英雄豪杰，固自有真邪？孔子曰："下学而上达。"[7]子舆氏曰："富贵不能淫，淫贱不能移，威武不能屈，此之谓大丈夫。"[8]此其间岂无工夫欤？故不储能而冀效实，犹缘木求鱼，岂可得乎？回忆吾昔分人生为三期：期缀数语，以自警惕，以道融耶佛孔，学究天地人，为幼学期；继千圣之伟业，开万国之太平，为壮行期；三椽茅屋，数卷残书，怡情诗酒，笑傲湖山，为退老期。言之匪艰，行之为艰，风尘荏苒，依然故我，握管操觚，感愧并兴，莫能自已。《易》曰："丽泽兑，君子以朋友讲习。"[9]夫德不修，学不讲，孔氏引以为忧。一息尚存，此志岂容稍懈？处今日唯一宗旨，其进德修业乎？愿与天下同志，亹勉[10]储能，庶几效实。

(《学生》，1915 年第 4 期)

【校】

①"蔬"，当为"疏"。按：《论语·述而》载："子曰：'饭疏食饮水，曲肱而枕之，乐亦在其中矣。'"

【注释】

[1] 尺蠖（huò）：尺蛾的幼虫。
[2] 语出《周易·系辞下》。
[3] 夭矫：形容姿态的伸展屈曲而有气势。
[4] 秦镜：传说秦宫有方镜，广四尺，高五尺九寸，能照见人的五藏六腑，鉴别人心邪正，后用以指明镜，能分辨是非善恶。
[5] 帷幄湛靖：指沉着冷静，精于谋略。
[6] 淹博：即渊博。
[7] 语出《论语·宪问》。
[8] 语出《孟子·滕文公下》，文字略有不同。
[9] 语出《周易·兑卦·象传》。
[10] 亹（mǐn）勉：勉励。

神通力之研究

萧公弼

庄子曰:"吾生也有涯,而知也无涯。计人之所知,不若其所不知。"[1]柏拉图曰:"吾人今日所发明之真理原则,譬犹丛沙之数粒。"至哉言乎!其于学问之道,皆能虚怀闵中,不自满假者也。欧洲自科学炽昌,唯物论兴,关于一切形而上之探讨,咸辞而辟之,不目为迷信,即訾为怪诞,以为横尽虚空,坚尽永劫之宇宙问题,惟吾物质科学,可以解决之。蚊蚤负山,商蚷驰河,不自知其不胜任也。自近世美国福来而达窥息灵魂,英国汤思顿阐明鬼学,吾国伍廷芳博士,隐栖沪滨,亦常述其神游之迹,并以鬼之影片示人。而世之学者,始息狂喙[2],于形上之学,渐顾念之。无平不陂,无往不复,亦势理之自然者也。抑岂知宇宙有其究竟,万物有其本相?吾人耳目之接触,皆器官界之客观也,智慧之彻悟,乃精神界之主观也。故夫知喜一得,学囿一隅,皆识之陋心之蔽也。善乎哲学者达父之言曰:"夫求物质文明之发达,为人类谋幸福耳。"所谓幸福者,究其归宿之点,不过使吾人生活得安全之幸福而已。而此生活幸福,实限于肉体一部分,与精神无关。今日欧洲列强,非物质文明极盛时代乎?两年以来,尸骸山积,究之肉体一部分之安全快乐,亦不可得,而反受其灾。况夫广漠无限之宇宙,欲以区区物质文明认为究竟,非大惑耶!夫宇宙问题,未能解决,则未知"人何以有生,及何以能生"。夫如是,则彼恶能定其"生后之目的"。人生之目的既未能定,而妄定各种主义学说,以自诳人者,必有私见挟于其中,乃社会盲从而附会之,亦可哀矣。噫嘻!是言也!洵可矫学者沾沾自喜之弊而祛其惑矣。

余性恬淡,雅好哲学。近感于欧战剧烈,祸乱相寻,而学者复驰骛纷纭,怅无所归,恃其六根之营作,挟其科学之万能,唯日精杀人之器、殄物之具,而不求达万物之本相。至善之轨域,则干戈相乘,厥无底止。所谓人类之幸福、精神之娱乐,宁有望乎?则阐微显幽,探赜索隐,视于无形,听于无声,闭物质界之眼,开心灵界之眼,由现象世界退于微密之境,发明一种精深广大之学,使人心有所依归，人类趋于至善，是今世学者之责也。虽然，是岂易言哉！

惟近日阅报，载日人武内天真氏，能运其"神通力"，以左右事物，其透视念动念写念缚等妙技，恒应用以医精神病，及肺炎痨瘵[3]等症。且坐而令案上之时计笔筒，自行倾倒，不禁偶然喜，以为宇宙之神秘，又发现一种矣。继是以往，神鬼之道，或大昌明，而人类寅畏高明，改过趋善，其庶几乎！爰不揣持昧，述神通力之研究，以就正有道焉。

（一）神通力之解释

神通力者，神秘之状态，即不可思议之境界，可以意致，而不可言论也。（庄子可以言论者，神之粗也，可以意致者，物之精也。）其体吾不得而言，孔强名之曰诚，老氏字之曰道，佛曰真如。神通力者，特其应用者也。盖宇宙有其大心灵，人身有其小心灵，由人身之心灵，通宇宙之心灵，此"神通力所以由动念而有一自力自能之妙用"也。宋儒曰："一物一太极，万物一太极。"神通力者，其太极相互之感应欤！虽然，神通力之名，不自今始，昔者印度婆罗门诸教，尝应用之，至佛氏而大显。《楞严经》言，佛与阿难大众说法，谓："清净人，修三摩地，父母肉身，不须天眼，自然观见十方世界，睹闻佛法，得大神通，游十方界，得无艰险。"《大般涅槃经》亦载佛以神通力降伏巨狮，遥疗病者，其效与日人武内天真所述无异。至虚空藏菩萨谓于自心现大圆境，内放十种微妙宝光，流灌十方，尽虚空际，诸幢王刹来内涉入我身，身同虚空，不相妨碍。此说较武氏谓以纯然念力，吸取物品，或坐而使案上之时针笔筒，自行倾倒者，尤为微妙。惟孔子不语怪力乱神，盖以人道为标准，不眩奇以骇俗。然谓至诚之道可以前知，而儒者亦恒言至诚之道，可以通金石，化豚鱼，皆与神通力隐相符合者也。至道家练气养魂，吐纳飞升，入水不溺，入火不焚，察往知来，神游八极，是皆神通力之妙用者也。至耶氏[4]用种种之神通，以利世济民，稽诸《新旧约》记述，尤指不胜屈。是则神通力者，久已实现宇内，绝非欺世骇①俗之语。惜世人执德不弘，信道不笃，故忽而为有，忽而为无尔。

（二）神通力之普遍

神通力者，心灵之作用，而为吾人类所固有者也。故科学家之言曰："地球之成立也，由太空瓦斯体发热之星云，互相摩擦鼓荡，爱憎吸拒，遂为太阳系，翕辟循环，变动无端，逐渐冷却，而生离心力与向心力。离之至者为清疏，清疏者，心灵所以孕，即'精神的生命'也。向之至者味浓重，浓重者物质所由成，即'有机的生命'也。人类者，气体最轻，精液次之，血肉浓重，实具心灵物质之二元。"是神通力者，实普遍于人类，所谓宇宙总机制之势量，不增不减于个人者也。有惊为奇异，目为怪诞者，皆自暴自弃者也。昔者希腊学者，亦言人之死也，不过暂眠，不过其动力之衰微，而生命不涸。而神秘主义家最简之格言亦曰："死体之内，有不可破之生命。"（见《哲学要领》）所谓"生者灵之寄，死者灵之归，永久之活"也，此永久之活维何？其神通力寂然不动之体欤！佛名之曰："如来藏。"所谓如来藏中，性识明知，觉明真识，妙觉湛然，遍周法界，一切世间诸所有物，皆即菩提妙明元心，心精遍圆，含裹十方，不生不灭，不增不减，此神通力之体也。一为无量，无量为一，小中现大，大中现小，此神通力之用也。（按：佛为大法王，富神通力，故多引其说。）孔子曰"放之则弥六合，卷之则退藏于密"[2]，悉此义也。是知神通力者，为人类普遍固有之力，所谓"万物皆备于我""众生皆有佛性"者是也。则武氏谓神通力，能吸取物件，倾倒时计[5]，固不足奇。盖科学家尚能利用光电毁物击人于百里外（近科学家发明爱夫光线云然），岂有此神通力，反不若邪！至武氏谓力虽神通，固不能左右命运，寿命已尽之人，虽经疗治，亦难痊可。此又佛氏所谓无明孽深，惟有自作自受耳。噫！奈之何人不修身以立命哉！

（三）神通力之修养

夫神通力既为人所固有，何世应用之者甚鲜，且知之者亦不易觏[6]，是则不能不滋人疑惑。虽然，是亦有说也。夫神通力既非电气之流动体，又非光学之物质力，且其妙用，复不同催眠术之浅易。则其为力，似"超越物质界而为心灵界"，故能八达四通，了无障碍，知现在既往未来以左右一切也。若然，则彼迷于现象，绁于尘缘，沉惑富贵，溺志酒色之辈，又乌足以语是。此神通力所以暗翳而不章者也。故武内天真，自述其妙技，乃十年修练念力所得。噫！斯言也！岂欺我哉？余尝诵善用神通力者释氏之论矣，曰："一切世间山河大地，生死涅槃，皆即狂劳，颠倒华相。唯摄心为戒，因戒生定，因定发慧，则身心圆妙，明遍法界。"是神通力者，断非不修，养所能致也。盖神通力之所凭恃者为"念力"（武氏自述）。念力之灵妙，在"情意志三者之集中"（催眠术亦应用此理，但此为自然，彼为强制耳。），凝而不散，一而不杂，则乘寂照以御物，感万物而通化，而神妙之变化见矣。故《中庸》曰："诚则形，形则著，著则明，明则动，动则变，变则化。唯天下至诚为能化。"而道家者流，敛形以养气，养气以凝神，使其体内，所受动植物粗秽之质，潜移默转，成为纯气。所谓"恍兮惚兮，其中有物"[7]，故有玉液金液，金精玉骨之说，得以长生宇内，乘风而行。庄子所谓"贯金石，入水火，大泽焚而不热，河汉冱而不寒，乘云气，骑日月，而游乎四海之外"，皆非不可能之事也。近日伍廷芳先生，喜素食主义，其讲演通神学，谓魂游天津，寿且二百，皆与此述，有所注明。而孟子尤善养此力，所谓"我善养吾浩然之气，其为气也，至大至刚，以直养而无害，则塞于天地之间"[8]是也。原夫常人声色货利夺其外，贪嗔恚痴攻其内，些须灵明，尽缚束于肉体之内。欲望思虑愈多，则精神向外纷驰愈甚，精神向外纷驰愈甚，则质力之变化愈屡。而清明在躬之灵，益扰而乱，欲求神通力之应用，是戴盆而望天，测海以窥蠡也，其可得乎！此新柏拉图派以"解脱为万德之源"，谓脱物之系缚，即与神合一，良有以也。故吾人欲实察神通力而应用之，非解脱尘缚，"转识成慧，至大圆境智之境"，其道无由也。

噫嘻！神之存在与否，实今哲学界聚讼未解之悬案。（但今欧洲学者，研究之结果，已入承认时代。）而神通力者，尤非力学家所能梦见，其问题可谓重矣。以余愚駴，竟为之解，所谓蜉蝣撼树，不量至矣。究其真象若何，惜余尘缘犹累，未能躬探，不克为亲切之说明。然右之所列，亦实具一部分理论也。第鄙意以今世界之纷争，人心之浇薄，欲挽救傲季，砥柱狂澜，得神权灵能之恢复，使人类践道履德，劝善惩恶，其为世界之幸福，不其伟欤！则武内天真神通力之阐明，亦开天人之奥妙，辟精神之灵能，是大有功于人类也。则前者倡而后者和，引起学者之世界观与人生观，亦吾人思想言论之自由也。故题曰"研究"，示商榷之意云尔。邦人君子，幸垂教焉。

（《寸心》，1917 年第 3 期）

【校】

① "駴"，疑应为"骇"。

② "孔子"，应为"程子"。按：朱熹《中庸章句》引子程子曰："放之则弥六合，卷之则退藏于密。"

【注释】

[1] 语出《庄子·养生主》与《庄子·秋水》。
[2] 始息狂喙：引起各种议论。
[3] 瘵瘵（zhài）：肺结核。
[4] 耶氏：指基督教。
[5] 时计：钟表。
[6] 觏（gòu）：遇见。
[7] 语出《老子》二十一章。
[8] 语出《孟子·公孙丑上》，文字略有不同。

宣言语：本报标举之三大目的

萧公弼

天地畴名乎？万物畴产乎？地球年龄若干岁乎？原质最初之形象为何如乎？其组合变化何若是之优美神奇乎？夐然[1]仰望，穆然深思，宇宙间洵有不可思议之境界，存姑悬揣[2]之则。气质凝散，动静翕辟[3]，一元之中有无量数之诸天，诸天之中有无量数之世界，诸世界中有无量数之人物。吾侪[4]今日所命之世界，所居之星球，比于诸天，特太苍[5]微粒，马体毫末[6]耳。盖太阳距地约九十三兆[7]英里，而最远之恒星，其距太阳，尚有日地距度一兆倍。人目力能察之星，不逾八千，以远镜窥之，奚啻[8]百兆。纳太阳系之轨度于天河，其位置仅占一隅。而他之太阳系星球，密布虚空界，吾不知其有若干亿兆京[9]垓也。吾人居此太苍微粒、马体毫末之星球，又仅如蝼蚁[10]巢穴、浮游[11]寿命者耳。乃弗，划锄国疆，消融种族，同一宗教，平〔等〕①男女，珠盘玉敦[12]，礼乐衣冠，讲信修让，共辑雍睦[13]。徒角逐于此蕞尔坏壤[14]，酬嬉于此暂聚躯壳，人疆我界，妄生差别。寝至于今，世风愈漓，战术弥工，生命益贱，痛苦频增，愁云惨雾，匝地[15]蔽日，此诸天百千万分之一之星球，诚可为不幸矣。而此星球所布列之国，又有十分之一，所谓中华者。国则式微，强邻压迫，民则愚骏[16]，盘逸[17]醉梦，犹不幸中之大不幸也。夫具出世法观之，则乾坤泡影，山河梦幻，宇宙虽广大，曾何足以芥蒂[18]吾心。而具入世法观之，则物与民胞[19]，同函佛性[20]，人之痛苦，非我之痛苦乎？于时禀孔子"己立立人，己达达人"[21]之言，援"《春秋》先其国而后诸夏"[22]之例，此本社所以有《世界观》之创刊也。此《世界观》所以意在**促进国是而平天下**者也。盖大同观念，骤虽普及，社会主义，复多纰缪，二者胥[23]不适于我国现状。无已卑之毋甚高论[24]，惟使吾人先据世界智能**外观内省，急其直追**，庶几进一国之富强，即增世界之价值，增世界之价值，实登极乐之基础。本报职志，其在斯欤！顾纲领不张，群力焉赴，同人不揣梼蒙，爰标三目。

一曰**提倡社会道德**。夫我国自清末叶，共和成立以还，世风浇薄，礼义废弛，妄谈自由，肆称平等，争权攘位，骫法扰律，缘夤[25]比附，廉耻道丧，官吏贪污，匪贼公行，人情险刻，鬼蜮丛生。所谓道德，日落千丈，民不安业，国无宁岁，有治法无治人，欧美用之而强，吾国踬之而败。溯源其故，虽由采择不精，用之乖方，而人心偷堕，实为一大原因也。而异说鼓沸，处士横议，家庭革命，则视夫子如陌路，男女公共，则等夫妻若传舍[26]，骄奢淫逸，荒谬狂悖，我国今日社会状况，诚有不堪问者矣。而一般士夫，咸谋活动政治生涯，社会事业，遂无人过问。恶劣分子，日渐增多，国家求治如彼，人民纷轧如此。南辕北辙，国宁可得而治耶。法人卢骚[27]曰："共和国家，当以道德为基础。"斯宾塞[28]曰："瞰国强弱，视其民品优劣为断。"知赭露曰："国家者藉人类之至高德义以创建。"而西人之游历吾国者，每以我为无公共之道德、坚毅之团结为言，则远鉴国家建设之要素，近察社会腐僿[29]之现象，我国民必知有所从事矣。《礼》云"物之感人无穷，而人之好恶无节"[30]，是国家存立不有**社会道德维系其间则人随物化纵欲灭理**。父子争而天伦之性薄，夫妇争而婚姻之道苦，以至兄兄弟弟，长长幼幼，互相纷争不已，有悖逆诈伪之心，淫佚作乱之事，强胁弱，众暴寡，智作愚，勇虐怯，疾病不养，鳏寡孤独[31]，不得其所大乱之道也。此本报深思远虑，潜观黯察，首以提倡社会道德为急务者也。

二曰**灌输世界知识**。今科学炽昌，机械发达，凡百事业，恒由学理，艺术工巧，益趋精奇，则欲立国大地，生存社会，常循优胜劣败、适者生存之一大原则。秉国者，苟昧于世界趋势，百国政局，则施治方针，必多乖谬，交涉列强，动遭覆败，受敌欺侮，削地亡国，朝鲜、印度、波兰、埃及其殷鉴也。究学者徒，抱残宝②阙，迂拘[32]自守，而不融汇东西，贯穿今古，则虽下帷攻苦[33]，终等井蛙，空谈玄妙，适成呓语[34]。盖玄想不敌实验，小知不及大知，势所必然也。若夫富国强兵，与外人竞争于工商之场，驰骋于海陆之际，非高掌远跖[35]，洞观彼我，吸长补短，舍旧图新，则国家富源何由日辟，人民生计胡由日裕乎。此本报所必主张灌输世界知识者也。

〔三曰**指导普通实业**。〕〔……〕值识者一笑也。虽然，吾侪讵能因噎废食，自阻进步乎，则缓治本急治标。本社于实业一端，窃取增进常识改良，固有以求适用于平民生计，社会日用，实不获己之策也。若语于高深远大之工作制造，则非专门家之硕尽，政府资本家之奖办不为功，又何求此择焉不精、语焉不详之数篇杂志乎。此本社所以指导普通实业之理由也。

夫立国之道，不外精神物质二种。精神者，无形之原素。物质者，乃有形之实体也。本报目的，德智者，属于精神方面者也，实业者，属于物质方面者也，其竟实欲贯此精神物质而一之者也。简言之，即主张**民德民智民生三主义**

者也。夫天下兴亡，匹夫有责，我国民其果爱国家乎，抑果爱世界乎？则当**奋其精神，鼓其志气**，刚毅勇猛，沉靖坚强。或运思于妙道，或输脑于形器，或竞争于工商，或踔历于农市。各尽厥职，咸展厥能，国无旷土，野无游民，则将来科学昌明，人无乏食之患，机械繁炽，众沐乐利之休，飞艇奏功，诸星量能互通，生物学明，人禽或克其语。则中外通，上下通，男女通，物我通。由此世界而彼世界，而小千，而中千，而大千世界，天地之塞吾其体，天地之帅吾其性，**宇宙无穷而吾心之灵亦无穷**，止于至善，无声无臭，而后已焉。则道义修明，法律美备，干戈弗用，礼乐时兴，百后趋跄，共效涂山之会[36]，万邦雍乐，齐臻唐虞[37]之休。轶百代，超万世，九垓[38]畅，八埏[39]位，和气横溢，武节焱[40]逝，怀生沾濡[41]，秉灵阎滓，卑迩欢虞，遐阔率俾。甘露降，醴泉[42]滋，玄符[43]曜，黄瑞[44]涌，凤凰栖息于庭院，龟麟优游乎园池，饥虎可履，虺蛇可执，含哺而熙，击壤而歌，疫疠[45]不流，民得考终[46]，万物玄同，相忘于道。所谓大同世、乌托邦，殆是谓乎？邦人、诸友，其有乐于斯欤！是本报职所企望者也。

(《世界观》，1915 年第 1 期)

【校】

①等：底本模糊不清，今据文意补。

②宝：疑为守。

【注释】

[1] 夐（xiòng）然：辽远貌，久远貌。

[2] 悬揣：猜测。

[3] 翕（xī）辟：开合，起闭。

[4] 吾侪（chái）：我们这些人。

[5] 太苍：上苍、苍天。

[6] 毫末：毛发的末端，比喻极其细微。

[7] 兆：古代数字单位，万亿为兆。

[8] 奚啻（chì）：何止，岂但。

[9] 亿兆京：万万为亿，万亿为兆，万兆为京。

[10] 蝼蚁：指蝼蛄和蚂蚁，比喻力量弱小、无足轻重的动物或人。

[11] 浮游：即"蜉蝣"，寿命只有数小时的小虫。

［12］珠盘玉敦：古代子、诸侯订立盟约时所用的礼器。

［13］雍睦：团结，和谐。

［14］蕞（zuì）尔堁（kè）壤：形容微不足道。

［15］匝地：遍地。

［16］愚騃（ái）：痴呆不知事理。

［17］盘逸：纵情享乐。

［18］芥蒂：比喻心里的不满或不快。

［19］物与民胞：张载《西铭》曰："民吾同胞，物吾与也。"

［20］佛性：成佛的潜能。

［21］语出《论语·雍也》。

［22］《春秋》先正其国而后诸夏：《春秋公羊传·成公十五年》载："《春秋》内其国而外诸夏，内诸夏而外夷狄。"

［23］胥：全，都。

［24］无已卑之毋甚高论：《汉书·张冯汲郑传》载："文帝曰：'卑之，毋甚高论，令今可行也。'"

［25］缘夤（yín）：攀附上升。

［26］传舍：古时供行人休息住宿的处所。

［27］卢骚：让－雅克·卢梭（Jean-Jacques Rousseau，1712—1778），法国哲学家、教育家、文学家，思想启蒙运动代表人物，著有《论人类不平等的起源和基础》《社会契约论》《爱弥儿》《忏悔录》等。

［28］斯宾塞：赫伯特·斯宾塞（Herbert Spencer，1820—1903），英国哲学家、社会学家，社会达尔文主义之父，代表作有《社会静力学》《社会静态论》《人口理论》等。

［29］腐儜：腐朽粗鄙。

［30］语出《礼记·乐记》。

［31］鳏（guān）寡孤独：泛指没有劳动力而又没有亲属供养、无依无靠的人。

［32］迂拘：迂阔保守而不知顺应潮流。

［33］下帷攻苦：指闭门苦读。

［34］呓语：比喻荒谬糊涂的话。

［35］高掌远跖：亦作"高掌远蹠"，比喻规模巨大、气魄雄伟的经营，语出张衡《西京赋》。

［36］涂山之会：《春秋左传·哀公七年》载"禹合诸侯于涂山，执玉帛者

万国",此"涂山之会"为夏朝正是建立的标志,也是中国历史上第一次开国大典。

[37] 唐虞:唐尧和虞舜。

[38] 九垓:中央至八极之地。

[39] 八埏:八方边远之地。

[40] 猋(biāo):迅速。

[41] 怀生沾濡:怀生,安于生计。沾濡,指恩泽普及。

[42] 醴泉:甘甜的泉水。

[43] 玄符:《文选·扬雄〈剧秦美新〉》曰:"玄符灵契,黄瑞涌出。"李善《注》曰:"玄符,天符也。"

[44] 黄瑞:《文选·扬雄〈剧秦美新〉》曰:"玄符灵契,黄瑞涌出。"李善《注》曰:"黄瑞,谓王莽承黄虞之后,黄气之瑞也。"

[45] 疫疠(yì lì):瘟疫。

[46] 考终:善终。

欧战后新文明之蠡测

萧公弼

呜呼！自十九世纪后半期，非欧洲人所艳称之达尔文时代乎？"物竞天择，优胜劣败"诸说风靡全球，斯宾塞之徒，助而和之。于是波驰电击，云潏[1]云翻，物竞之烈，心战之苦，其不至率土地而食人肉者几希。今日欧洲之大战争，实食达氏之果也。论者溯厥原因，或极端于奥塞肇衅[2]，或详述于列强国情。然余一位学说者，乃所以左右世界，驱役人心之利器，固在此不在彼也。自达氏之说兴，欧洲人士，莫不急急皇皇，日不暇给，求所以战胜自然界，冀免天演人为之淘汰。而列强间亦持其**民族主义国家政策**，尔诈我虞，阴相嫉视，攘夺他人利权土地，以扩张己之势力范围。阿尔萨劳兰，斯尔斯□之入于德，脱兰田挪·脱利斯德之入于奥，芬兰之入于俄，印度之亡于英，朝鲜之并于日，皆达氏学说，有以鼓舞活跃于其间，或为现今之战因，或为将来之隐祸。其兼弱攻昧，取乱侮亡，战机藏伏待发，故不止今之一举也。故谓达氏为振盲发聋，使人振作有为之功臣可，谓为苦恶人类，扰乱和平之魔首亦无不可也。不知**爱与智此天地所以相维于不敝也，美与善人类最高之生活也，协力主义一日不存于国家社会交互间则乾坤或几乎息矣**。虽然今之推论欧洲战争，中外各杂志报章，载之详矣。仆不事赘述，而为无兴味之谈，以消磨吾人黄金宝贵之时间，敢蠡测[3]战争后之新文明，以卜他日进退，而为学识之考鉴焉。夫欧战近虽剧烈，终必有解决之一日。第结局后，获兹实地经练，律令教训，则将来时事之潮流，凡属形上形下，必有所变更而为二十一世纪星球，放大异彩，理所必至者也。然此潮流之趋势，抑战败国，忍辱含垢，秣马厉兵[4]，大张武备，为他日复仇之预。战胜国恃其铁腕，虎视鹰扬，益厚国防，俟统一之时机。如骰哈提氏以**生存竞争为信条，谓武力即善**，以驱此世界于**铁血主义之潮流**乎。此一问题也。或各国感此次战争痛苦，力竭财尽，元气凋丧，深自痛悔，互相揖让，会于海牙[5]，议万国之法律，谋民族之乐利。如托尔斯泰[6]辈以**协力生存为依据**，谓协助为**人类社会之必要**以巩固世界，于**永久和平**乎？此亦一问题也。夫所谓文明者,以演绎法言之,则政治也、教育也、军事也、实业也。战争结果,皆将有改良进步,增益跃越之价值。以归纳法言之,则文明者,不外精神物质二端而已。则将来鞭策此文明之原动力乎,抑归协力乎,或偏精神乎,抑专物质乎?仆以为,所谓新文明者,必并育而不相害,并行而不相悖,且有牢笼世界,鼓舞人心之能力,始克当此新文明之名词而无愧。然则所谓新文明者何邪?以数字略形容之,则**秩序进化的世界主义**者也。盖识时务者为俊杰,居今日环海交通时代,而昧世界大势,社会心理,不可以图治也。则一国家之存在,不能无国与国之关系,犹之一私人之存在,不能无人与人之关系。是以具有国家资格者,断不能闭关自守,谢绝他国而不与相周旋交涉。因交涉故,则国与国相互间有权力义务之关系,而国际法以生。然则,今日国际间权力义务之争点多矣,一有龃龉[7],辄诉武力,则人民之痛苦无穷,亦国力之所弗堪。而海牙会所设公判院,系德意的组织,而非权力的组织。仲裁裁判之宣告,不能强争执者至服从。若争执者不服从其宣告时,则无权力决其宣告当否,以期履行,则国际法仍归无效,而术穷矣。为人道计,国力计,势不能无制裁之道,为之持平处理,扶弱抑强,则世界必有大同政府之组合,断无疑也。《礼》云"圣人能以天下为一家,中国为一人"[8],非意之也,必和其情,辟于其义,明于其利,达于其患,然后能为之。则避乐就苦,幸灾乐祸,实非人情。矧[9]今日战术进步,战器精良,一战争之起,蹂躏生命,糜费财产,不知几何。而交通阻滞,制造歇业,劳动家与企业家,所受损失尤较密切。就英一国而论,此八个月间,所用战费,已达三万零七百万磅。假定战事,终于九月,则战费总数当为七万八千六百万磅。若战事再延一年,当达十一万三千三百万磅之巨。是一日军输所需,抵中小国一年岁入有余。噫!是岂人民之所甘乐哉!亦迫于劳耳,他日一旦悔悟,宁肯以此金钱,供残虐之用者乎?不观比利时社会党巨子范特佛尔脱氏之大演说乎?曰:"吾党遭此打击,斯平时隐伏不自知之缺点。至是悉暴露无道,合亿兆之同志,谋补救而策进行,则此后之大有为,安知不植基于今日哉?"其轩昂奋发为何如也?国家者,以人民为主体者也。将来世界以劳动生计,社会影响,生命财产,诸种关系,**必趋和平,不轻战争**。国家民族主义,必扑灭于二十一世纪之新舞台,可预卜也。则武力主义不适民智演进世界大通之时,无俟详言矣。然则,何谓秩序进化的世界主义?曰:"今之倡和平者,约有两大派,一极端的,一国家的,即激烈派与温和派是也。"前者感人生之悲观,尚个体之意气,遂昧天演之进化,逆社会之情状,举凡世界一切法律制度,咸欲铲除破坏之。后者画域自守,义颇狭隘,图一部之勃兴,忽全局之计划,谋一国之乐利,失世界之联络。一则躐等[10]求进,不徇天则,一则固陋浅狭,过自束范，均未尽善也。惟此秩序进化之世界主义，**贯彻武力协力精神物质而一之**。此方面不破坏各国政府之存在，彼方面具世界协助联络之机关，不躐等，不躁进，循自然之天则，遵造化之天演，无偏无党，不蔓不支。所谓武力者，废各国之军备，设万邦之裁判，扶小弱，摧强权，猗欤休哉[11]！此新文明之实质也。孔子《春秋》①主张三世，由据乱而升平而太平，实此主义之变相也。（余有专著阐明此说，现未脱稿，后当质世兹不详。）此非仆个体之私议，曩美博士②葛劳勃君，拟组织国际强制执行裁判所，已发表此意见，通电各国元首，颇蒙首肯矣。而博士伊略脱亦曰："欧洲五十年前，亟亟军备，今已演空前之大战争，而食制度不良之恶果矣。此实文明前途之大教训。欲保存现代之文明，无论何国，必不当有精兵利器。（当万国未裁兵前，吾国仍宜以实行征兵制度为善。）而设万国最高裁判将各国军备变为瑞士之形式，各国中有破坏条约者，则以强有力之国际军讨之。"嗟嗟！欲此说之行，非秩序进化之世界主义新文明之实现。曷克臻是[12]？呜呼！新文明乎！新文明乎！余实跂予望之，馨香祷祝[13]之矣。虽然吾远观世界之潮流，近察我国之现状，吾不禁，一则以喜，一则以惧。

（《世界观》，1915 年第 1 期）

【校】

① "《春秋》"，底本作《秋春》，倒误，今乙正。

② "士"，底本作"土"，误，今改之。

【注释】

[1] 潏（yù）：涌出。

[2] 奥塞肇衅：奥塞，奥匈帝国与塞尔维亚。肇衅，挑起争端。

[3] 蠡（lí）测："以蠡测海"之略语，以瓠瓢测量海水，比喻见识短浅。

[4] 秣马厉兵：喂饱马匹，磨快兵器，准备作战。

[5] 海牙：荷兰海牙，国际法庭所在地。

[6] 托尔斯泰（1828—1910）：俄国批判现实主义作家、思想家、哲学家，代表作有《战争与和平》《安娜·卡列尼娜》《复活》等。

[7] 龃龉（jǔ yǔ）：上下牙齿对不齐，比喻意见不合，互相抵触。

[8] 语出《礼记·礼运》。

[9] 矧（shěn）：况且。

［10］躐（liè）等：不按次序。
［11］猗欤休哉：多么美好呀！
［12］曷克臻是：如何才能够做到呢？
［13］馨香祷祝：烧香祈祷。

大战争后之文明

萧公弼

呜呼！自十九世纪后半期，非欧人所艳称之达尔文时代乎？物竞天择，优胜劣败诸说，风靡全球。赫智尔之徒，助而和之。于是波驰电击，云谲风翻，物竞之烈，心战之苦，其不至率土地而食人肉者几希。今日欧洲之大战争，实食达氏之果。论者溯厥原因，或极端于奥塞肇衅，或详述于列强国情。然余亦谓学说者，乃所以左右世界，驱役人心之利器，固在此不在彼也。自达氏之说兴，欧洲人士，莫不急急皇皇，日不暇给，求所以战胜自然界，冀免天演人为之淘汰，亦云苦矣。而各国间亦持其国家主义，民族政策，尔诈我虞，阴相嫉视，攘夺他国土地利权，以扩拓己之主权经济，势力范围。阿尔萨劳兰斯尔斯韦之入于德，脱南田挪脱利斯得之入于奥，芬南[1]之入于俄，印度之亡于英，朝鲜之灭于日，皆为达氏学说有以鼓舞活跃于其间，或为现今之战因，或为将来之隐祸，兼弱攻昧，取乱侮亡，其战机固不止今之一举也。故谓达氏为振聩发聋，使人奋发有为之功臣，可谓为苦恶众生，扰乱和平之魔首，亦无不可也。不知爱与智，实天地所以相维于不敝也；美与善，人类最高尚之生活也。协力主义一日不存于国家社会交互间，则乾坤或几乎息矣。虽然，今之推论欧战事实，中外各杂志报章，载之详矣。仆不事赘述，而为无兴味之琐谈，以消磨吾人黄金宝贵之时间。请推想战争后之新文明，以卜他日进退，而为学识之考鉴焉。夫欧战近虽剧烈，终必有和平解决之一日。则结局后，获兹实地经练，训条律令，将来时事之潮流。凡属形上形下，必有所变更，而为廿一世纪星球放大异彩，此势所必至，理有固然者也。然此潮流之趋势，抑战败国忍辱含垢，牧马厉兵，大张武备，为他日复仇之预备。战胜国恃其铁腕，虎视鹰扬，厚国疆之防卫，俟统一之时机。如般哈提 Bernharda 氏以生存竞争为信条，谓武力即善，以驱此世界于铁血主义之潮流乎？此一问题也。抑各国感此次战争痛苦，力竭财尽，元气凋丧，深自痛悔，互相让步，会于海牙谋万国之幸福，奠民族于乂安[2]。如托尔斯泰辈以协力生存为依据，谓协助为社会人类之必要，以建设世界于永久和平乎？此亦一问题也。夫所谓文明者，以演绎法言之，则政治也、教育也、军事也、宗教也，战争结果，皆将有改良进步，增益跃越之必要。以归纳法言之，则所谓无文明，不外精神与物质二端而已。则将来鞭策此文明之原动，究趋武力乎，抑归协力乎，或偏精神乎，抑重物质乎？仆以为所谓新文明者，必并育而不相害，并行而不相悖，且有牢笼世界，鼓舞人心之能力，始有新文明之价值焉。是吾人对于未来世界之新文明，固莫不表其欢迎舞蹈之希望者也。顾斯新文明维何，以数字略形容之，则"秩序进化的世界主义者是也"。原夫避乐就苦，幸灾乐祸，是非人情。矧今日战术进步，战器精良，一战争一起，蹂躏生命，糜费财产，不知几何。而交通阻滞，制造歇业，劳动家与企业家所受损害，尤较密切。据某报之调查，死伤之数，每日平均约一万九千有奇，一日军输所需，抵中小国一年之岁入有余。噫！是岂人民之甘乐哉？特为势所迫耳。他日一旦觉悟，宁肯以此血汗绞脑金钱，而供杀人用乎？不观彼比利时社会党巨子范特弗尔脱氏之大演说乎？曰："吾党遭此打击，斯平时隐伏不自知之缺点，至是悉暴露无遗，合亿兆之同志，以谋补救而策进行，则此后之大有为。安知不植基于今日哉。"其轩昂奋发为何如也。国家者，以人民为主体者也。将来世界以劳动生计，社会影响，生命财产诸种关系，必趋和平，不尚战争，国家民族主义，必渐灭[3]于廿一世界之新舞台，可预卜也。故托尔斯泰一派思想家之论调曰："爱国之国家主义，不过为排外心复仇心之饰词，实为人类实现其理想之最大障害者也。"则武力主义，不适于民智演进之时，无俟详言矣。然则何为秩序进化之世界主义？夫全球之倡世界主义者，约有两派：一派极端的，此派谓政府为万恶之渊薮，法律为富豪之护符，一切皆宜破坏反对之，所谓纯粹社会主义是也；二国家的，此派赞成政府存在，尊崇法律，惟致力于其国之社会状况，急求改良进步，所谓国家社会主义是也。其实两者主张，均未尽善。何则？盖前者感人生之悲观，尚个体之意气，昧天演之进化，逆社会之情状；后者画域自守，义颇狭隘，不知今各国国度民品，参差傑傲，谲诈险巇，权谋是尚，苟无统一强劲之政府以对外，神圣轨则之法律以治内，则民心乖离，民力涣散，一遇强敌，祇为亡国之续，非徒无益，实兹害耳。矧今世界各国，尚无统系联合执行之机关，岂可骤语无政府无法律耶？此所谓悬空驰想，躐等求进，而不明社会人情者也。而国家派则图一部之勃兴，忽全局之计画，谋一国之乐利，失世界之联络。虽不无由一国进万国之意，然以国家为言，则力注一国，已如衡失平矣。惟此秩序进化之世界主义，贯彻武力协力精神物质而鼓铸[4]之。所谓武力者，除各国之军备，集兵戎于盟主，以讨专横者也。而其实质，一方面不破坏各国政府之存在，一方面具世界协助联络之机关，不蹦等，不躁进，循自然之天则，遵进化之天演，无偏无党，不蔓不支，扶世界之小国，摧列国之强权，猗欤休哉。此新文明之实质也。亦即孔子《春秋》主张三世，由据乱而升平而太平之制也。此非余个体之私议。美博士葛劳勃君已发表组织国际强制执行裁判所之意见于各国矣。而伊略脱博士亦曰："欧洲五十年前，亟亟于军备，今已演空前之大战争，而食制度不良之恶果矣。"此实文明前途之大教训。欲保存现代之文明，无论何国，必不当有精兵利器，而设万国最高裁判，将各国军备，变为瑞士之形式，各国中有破坏条约者，则以强有力之国际军共讨之。嗟嗟！欲此说之履行，则非秩序进化的世界主义之新文明实现，曷克臻此。呜呼！新文明乎！新文明乎！不禁跂予希望之。虽然，方今外患迭至，内忧隐伏，国势之危，殆如累卵[5]。诸君而欲享新文明幸福乎？请自捍卫国疆，保存国性始。

（《学生》，1916年第10期）

【注释】

［1］芬南：即芬兰（Finland）。

［2］乂安：太平，安定。

［3］澌灭：消亡，消灭。

［4］鼓铸：给人的思想、性格以有益的影响。

［5］殆如累卵：比喻形势非常危险，如同堆起来的蛋，随时都有塌下打碎的可能。

责任心与生活力

萧公弼（四川工业专修学校电科生）

夫三王[1]不同礼，五帝[2]各异法。《易》曰："通其变，使民不倦"[3]，"神而化之，使民宜之"[4]。此言识时务者为俊杰，政与学贵因时制宜也。嗟我中华，神明胄裔[5]，琐国执拗[6]，梏习弥深，强邻压迫，朝野惊悸，吞声忍辱，含垢包羞。吾侪学者，方事储能，官守言责，两无职神，仰天椎心[7]，有恨奚如。第耆硕耄老，幼少童骏，则作狂澜之砥柱，为社会之中坚。雪国耻，复国仇，天职攸归，责无旁贷，则方今处群雄鼎峙，强权盛张之时，以言修养，徒袭宋儒一二道学名词，琐碎语录，不惟厌人视听，抑且鲜适应用。盖国体与时代异耳，则因势利导，与时变通。而吾曹一方面鉴于大局倾危，对于国家当发强刚毅，共负责任；一方面基于生存竞争，对于个体应振作有为，独立生活。此吾人今日求学两大方针也。方针不定，如无舵之舟，泛滥大海，茫无适从，徒遭沉没而已。今有志之士，固竞言勤学负责，崇实谋生矣。但学为学，我为我，奋勉求学，于我奚益，于世何补？神州广漠，禹甸[8]辽阔，我于国家，不过么匿。所谓爱国，从何做起？所谓负责，有何规律？如斯发问，应者诚鲜，无他。今日盲动的求学者多，而有意志的求学者寡也。噫！凡人求学而无意志，则与不求学等，且增益苦恼，减人兴趣，甚至济奸进恶，诈愚欺世，甚矣哉！人徒知学之益人，而不知学之足以病国野。责任心与生活力之作，即所以尽其愚鲁，思有以进献于我同胞诸君者也。夫我国人不负责任，不事生产之积习，由来久矣。不然，美以一华盛顿而立国，意以三杰而兴邦，日本维新，不过伊藤博文、西乡隆盛数人，则中国今日虽属式微，苟有人焉。力负责任，未尝不可有为也。虽然，任重道远，徒言负责，何所遵循。以余思惟，有三律焉。

吾人试从心坟籍[9]，则见典章文物，政治学术，灿然大备。系目社会，则觉宫室衣服，起居饮食，庄严自在。噫嘻！此岂原人时代即如此邪？是必不然。则吾人今日所享精神上、物质上之幸福，不知经往古圣贤豪杰，哲人智士，几许心思脑力，才智技能，然后始有此锦绣河山，璀璨景象也。则使无轩辕[10]之制宫室，吾人今犹木处而颠，水处而疾也。则前人发明学术，备物致用，以遗来世，其恩我可谓至矣。则投桃报李，人之恒情，是吾侪对于先世学说技术，应尽保存守膺，发扬光大之责任，理固然也。若是者吾名之曰报恩律。

菲斯的《天职论》曰："吾侪欲知天职之所在，则首当确信者，我为我而生，我为我而存，我为我而勤勤。人类一切责任，更无所谓对世，惟对我责任而已。"此言意义深远，非杨氏为我学派，所可同日语也。盖自私之心，人所同具，个人能力，关系国家，尤为密切。矧方今生存竞争，益形剧烈，我为我而不尽责，匪第忝生，抑且坐困。此菲氏所谓"我为我而存而勤勤"也。且我躬无独立资格，自存本能，以立足社会，而言继绝先圣，开示后来，则狂豫放诞，无异说梦。今之孟浪[11]爱国，奔走风尘，百无一能，糊口四方者，正坐此病。故国家多一游民，即减少一分生产，少一人执艺，即滞塞一分财源，则菲氏所谓"更无对世"者。盖对己即对世，惟仅直接与间接之差耳。所谓社会、他人、自己，实一体三位，相倚而不离者也。若然，则我对我不可不负责任。如是者吾名之曰自卫律。

夫人之进化，所以异于禽兽者，则以人不独有利己心，复有利他心，不独计现在，且计将来。因此两种原因，故国家社会、精神物质，遂组合美备，雄长万类。动物则不然，饥则争食，饱则酣眠，他非所计。故演绎至今，进化独迟。是则利他心与计将来，实吾人类进化利器，万不可不保存此种良性也。且前人既不惜脑力精神，以遗惠于我后人。则我后人不得不有所建立，以遗我之后人。纵未必如愿相偿，然安可不种其因哉？如是前人种因，后人收果，层层递演，相衔靡绝，而世界将来，不可测矣。此吾辈对于后世，不可不负责任也。若是者吾名之曰种因律。

虽然，方今欧化东渐，生活增高，迂拘自守，卒归淘汰，则吾人仰不足以事父母，俯不足以畜妻子，甚且身不自保。以言济世，实非人情。则所谓生活力，即基于自卫律而特事注重者也。但生活之道众矣。凡商学农工，医艺美术，苟有一长，均可生活于社会，特患人不奋勉耳。虽然，是亦有道，兹语其略，有四性焉。

曰扩能性，曰勤勉性，曰恒久性，曰公益性。诸君观之，得毋以为老生常谈乎。然吾人树大业，成大功，未有不由此者也。夫所谓扩能性者，则以人之禀质，互相殊悬，性情嗜好亦各不同。则择职执术，当先明慎。庶习与性契，本能发展，不容有尊卑贵贱恶习存乎其间，而欣羡畔怨，二三其德，此扩能性之所以为贵也。

然业精于勤荒于嬉，行成于思毁于和。事业者，精神之代价，天下无难事，亦无易事，顾力行如何耳。则所谓百工技艺，事业文章，非刻苦勤勉，鲜克有成。佛曰："勇猛精进，诚吾人向上法门。"则勤勉性尚矣。

子舆氏曰："无恒产而有恒心者，唯士为能。"中国人不践此言久矣。故执德不弘，信道不笃，谈理则肤末谫陋[12]，制器则恶劣粗窳。盖无恒久性以精益求精也。语云："不恒其德，或承之羞。"[13]孔子曰："人而无恒，不可以作巫医。"[14]则恒久性使吾人成功之宝鉴也。

夫吾人今日欲活动于世界，则经济学与社会学，万不能漠然视之。知经济名言，损人终于自损，则必不为以邻为壑[15]之行。知社会学之定理，小己之不克独存，人生以相助为用，则险刻贪诈之心去。夫如是则言忠信，行笃敬，虽蛮貊之邦[16]行矣。他遑问哉？否则致社会道德颓丧，良知汩没[17]，非徒无成，抑为后患。此公益性亦为社会当务之急也。

若然，则报恩律为承先，属于过去，种因律为启后，属于未来，自卫律则维持现状者也。吾曹守斯三律四性，共负责任，则天下之能事毕矣。至于其极，尧舜犹有病诸，知之匪难，行之维艰，愿同胞试深长慎思，躬行实践，则我国幸甚。

（《学生》，1916 年第 2 期）

【注释】

[1] 三王：夏禹、商汤、周武王。

[2] 五帝：黄帝、颛顼、帝喾、唐尧、虞舜。

[3] 语出《周易·系辞上》。

[4] 语出《周易·系辞下》。

[5] 胄裔：子孙后代。

[6] 琐国执拗：闭关锁国，固执任性，不听从别人的意见。

[7] 椎心：捶打自己的胸口。

[8] 禹甸：夏禹时，分中国为九州，称为"禹甸"，后为中国之代称。

[9] 坟籍：古代圣贤所作的经史书籍。

[10] 轩辕：黄帝。

[11] 孟浪：鲁莽，轻率。

[12] 肤末谫陋：肤浅、浅薄的见解。

[13] 语出《论语·子路》。

[14] 语出《论语·子路》。

[15] 以邻为壑：比喻把困难或灾祸推给别人，而只图自己的利益。

[16] 蛮貊（mò）之邦：指四方未开化的民族。

[17] 汩（gǔ）没：埋没。

原恶社会

萧公弼

《易》称"有天有地然后为万物，有万物然后有男女"[1]，然则社会者，实肇于天地氤氲之后，男女化生之际，其来尚矣。盖天地者，万物之逆旅[2]，而男女者，又所以组成社会之原素也。在昔先民，狉獉野僿，被发文身，智识简陋，然形骸既赋，必资物为养，寒而思衣，饥而思食，风雨霜露，则思栋宇。此初民最简单之理想也。第当此之时，人类无爪牙以利搏噬[3]，无羽毛以避风雨，欲将衣食住三者简陋之生活，实为难能。且此际兽蹄鸟迹，交于四野，磨牙吮血，为患匪浅，势苟不敌，且为所噬。于是人类外欲经营生活，内欲保卫安宁，则单独孤立之个人，必不适于生存之竞争，而人与人相互之关系以生，于是社会之形式演成矣。原社会者，"人类交互作用活动之现象"也。惟社会单位，西欧则重个人，东亚则重家族，是所异也。然无论其主点谁属，而社会之意义，为"同类共生活之个人，而含社会之意之二人以上之协同生活"，殆不可移易者也。

自人类交互作用起，而社会形式构成后，于是由图腾时代，进而游牧时代，而渔猎时代，而国家组织，嬗递进演。洎及今日，士农工商，百物美备，已不知经前人若干之惨淡经营，若干之变化蝉脱也。若然，则社会事业者，为人类最早之科学，亦人类最饶兴味问题，有供吾人研究之真正价值者也。当中世纪时，国无论东西，所谓贤士大夫之经邦济国者流，于国度进步，文明发展，多属望于元首，运用于政途。至社会问题，则未为精密之思索、周详之考核。故发政施治，诸多不洽。洎近世纪，一般政客学者，探赜索隐，钩深虑远，乃悟国家者，社会之组合，社会者，人民之具体。遂翻然变计，以为无良好之人民，必不足以运用良好之政治，无良好之社会，亦不足产生良好之人民。于是欧洲学者，靡然飙举，群起研究"社会问题"。如亚利斯多德[4]、孟德斯鸠[5]、亚丹斯密司[6]、摩尔氏、杰金克斯、脱尔斯泰[7]、萨姆拿氏，均于社会问题，极深研几者也。于是考求"社会之原素原理，及构造之势力形式，则为社会学"。

欲废除私产制度，而归社会公有制，则为"社会主义"。至若理想政治之极轨，铲除国际之畛域，主张解除政府，新造社会者，即"无政府主义"是也。噫嘻！廿一世纪之舞台，社会主义活动之时也。盖欧洲各国，于宗教革命、种族革命、政治革命，皆已历次进演，今者渐次将演惊心动魄社会革命之活剧矣。（观各国同盟罢工表示威□，即可知矣。）我国民若犹酣嬉醉梦，于社会问题，漫不加察，则于世界潮流之趋势，国家根本之大计，必梏蒙隔膜，以言福国利民，匪特欺世，适滋乱耳。

凡上所论列，虽不关本题，然欲引起国民自觉心，使知社会问题，发达之早，及近世进行之烈，为吾人万不可不注意者，诚有不能避费辞[8]之诮也。虽然，社会之原理变迁，千头万绪，总非短简篇幅，所能详道。今试默察我国社会现状如何，则上焉者，角逐权位，竞争利禄，挟兵自重，负固自豪，树党援私，阴谋诡计，苟利私图，罔顾其他。其次则贪荣慕势，缘夤奔竞，阿世以取容，滑巧以谐俗，倒行逆施，寡廉鲜耻，举世訾议，无所忌惮，万夫唾骂，恬不知怍。其下则利计锱铢[9]，尔虞我诈，得较鸡虫，此争彼夺，斗靡浮夸，逾闲荡检。其甚者，则家庭革命，视父母如雠敌，男女公共，等夫妻若传舍。呜呼！世风之窳败[10]，人心之浇薄，至于今日尚可问耶，尚可问耶！虽然，国家不能舍人民而建设，人民不能离社会而独立。然则吾人欲生存于天壤，断不能使斯社会，长此终古，江河日下。盖社会若听其恶劣腐败，不思改良，国家固间接接受其影响，而人民实直接蒙其损害。但欲求改良社会，而不察其致蔽之源，虽欲改革，其道无由。以余观察，吾国今日恶劣社会之造成，其大原因有四。

（一）政治恶劣

政治者，一国之统治机关也。故政治腐败，其影响于社会必巨，所谓"尧舜率天下以仁，而民从之，桀纣率天下以暴，而民从之"[11]。表正则影直，表斜则影曲，上有好者，下必有甚，势所然也。吾征诸我国今日历史，益足信矣。回忆清末季，政治虽不足谓善，然所谓士大夫，犹稍明廉耻，清洁自好，其有招权纳贿者，尚顾清议，匪敢公行。而社会间，尤绳墨自守，不事奢淫，轨物自纳，相高讲学。自袁氏执政，则尚权术，贱正义，任险壬[12]，诎公正，惧国柄[13]之不我属也，则事诈伪以撄之，贤人之不我用也，则登邪佞而进之。于是谄谀盈庭[14]，群小作威。选举也，则以兵力胁迫之，国会也，则以强权解散之。军队反抗，则收买以金钱。豪杰义愤，则贼害以阴谋。阿奥者升青天，持正者委沟壑，其弊致使社会相率而破碎廉耻藩维，轻蔑礼义矩矱[15]。及洪宪改元[16]，而称功颂德，剧秦美新[17]者，滔滔者，天下皆是。洵孟子所谓"上无道撵,下无法守,君子犯义,小人犯信"[18],于是乎,道德扫地矣。故吾推原我国今日社会间,世道之浇漓险巇[19],污劣卑下,至于如斯之极者,其祸首当以袁氏为罪魁也。盖以社会道德者,百年扶之而不足,一日破之而有余,矧执威权,善机变,如袁氏者乎! 故卢骚曰"恶劣政治之下,断无良好社会之存在",洵不诬也。虽然此特一方面之观察也。若吾社会间,果民德纯粹,民智普及,民力强固,则吾试问袁氏帝制自为之心,尚敢萌邪? 一般士夫,尚竟求公侯伯子男之虚荣,以助桀为虐乎? 是袁氏之肆所欲为,悍然不顾者,正有以窥吾社会之能力薄弱故也。若然,则政治与社会,实有密切重大之关系。若偏于一面置词,非笃论也。且以吾近日之经练,希望以社会转移政治,较以政治改良社会尤切。何则? 政治者,少数人之运用,且随时变动者也。社会者,多数人之活动,实永久固定者也。矧组织政治之人物,非出自社会,而为代议士所选举乎? 则社会苟有纯洁之脑筋、明敏之眼光、强厚之势力、坚固之团体。岂有不能监督政府,而转移风俗乎? 且社会若诚善良,则政治虽恶,犹足以与抗衡,不使其恶流播于众。盖国家有固定之社会,而无不变之政局者也。若然,**则吾人以角逐政治之能力,转而施诸社会**,而谓国家人民所受之赐,纯于政治,吾未之信也。吾人若尚不觉悟,稍变方针,使此社会道德能力,长此脆薄,假有野心家,如袁氏者再出,吾社会尚能堪其蹂躏耶? 我国民思患预防,当知所从事矣。

(二) 中坚缺乏

欧人之游猎中国者,常以我国社会无中坚标准人物为叹。夫所谓中坚标准人物者,即硕德望重为世所楷模者也。质言之,即在野党强而有力之首领之谓也。盖社会间,苟有此等人物,或提倡学术,或砥砺廉隅[20],或崇尚气节,则在野贤士英髦[21],气类相感,互相策励,精神团结,不致为外德所污。而青年后进,亦得耳濡目染,潜移默镕,致心志高洁,气质变化,性情因以醇正,器量缘以弘大,即不能有大作为,亦不失为社会纯粹分子。虽遇恶劣政治,而在野之团结力,犹足以抵抗颓风,激励末俗,而收最大之效果。观于我国历史,可证明矣。当春秋时,臣弑其君,子弑其父,君权竞争,为祸弥烈,而桑间濮上,淫乱之俗,尤不堪言。孔子以匹夫起而讲学洙泗[22],门弟子三千,身通六艺者,七十二人,达而在上,或为帝师,或为卿相,穷而在下,则以学术,镕陶当世,社会风俗,于以不敝,而鲁为多君子闻矣。若夫汉之经师,开门授徒,文章事业,炳焉与三代同风。郑康成弟子万人,楼望九千人,陈蕃李膺郭林宗辈,乃延揽名贤,结纳英髦,东汉气节冠厥一世,而当时外戚之擅权,十常侍之祸患,犹不至流毒社会者,诸人之力也。至隋之王通,讲学河汾[23],而房杜诸人，多出其门，遂革隋唐淫乱之俗，而开有唐之治。迄宋明之世，安定兴于南，泰山（孙泰山明复）起于北，人心风俗，因以醇正，其后程朱陆王，乃至姚江，顾宪成高攀龙辈，皆弟子数千人，而东林复社，尤为抵抗恶政奖励气节之强固团体。虽至亡国，而贤士大夫，妇人女子，皆义不屈节，奋不顾身，蹈白刃委沟壑而无所惜。其人民之激烈慷慨，轻死重义，为我国四千年来未有之社会。此无他，**有社会中坚标准人物，以提倡鼓舞之也**。转视今日社会，则所谓中坚人物者谁欤？在上者既不以正率下，在下者亦不以正纠上，徒为党派之暗争，权位之攘夺。时而有改组议院之说，时而兴推倒内阁之论，排斥倾轧，政无常轨，而社会间，骄奢淫逸，暴慢怠荒之俗，亦寝以滋长，逐流忘返，竟迷本性。偶有倡言气节讲学者，不目为迂阔，即诋为腐败，致一般人士，精神无所系属。群相率而为狎邪之游，而社会人格坠落，不堪问矣。夫德之不修，学之不讲，孔氏引以为忧，则今日欲改良社会，曷可不以身作则，勉为社会标准人物者哉。

（三）族制系累

脱尔斯泰曰："社会制度未善之邦，常陷国家于贫困，而使民品日就卑下。"善哉言乎！我国今日社会坏敝至此者，实家族制度，组织未善，有以使之然也。考我国社会，沿周宗法亲亲之义，以家族为社会单位，子弟之父母，财产承继，实为遗产制度。由是则富者坐拥厚资，日厌膏粱[24]，妻妾盈前，仆役环侍，嬉酣盘乐，不事正业，纵情放恣，肆所欲为。其尤者，目不识丁，武断卿曲[25]，暴厉恣睢[26]，权倾邑宰，而贫者则负郭无田，家徒四壁，既不获受高等教育，遂驱而执粗下之业，谋生已属不易，而父母或责之以供养之义务，应不给求，邪伪斯作，而社会之蟊贼生矣。盖前者为父母之害子弟使之不耕而食，不织而衣，丰其财，使造恶于社会也。后者为子弟之累于父母，既未教以谋生之优技，复责以物力之供给，有以迫作不良之行为。此所谓交相害者也。不宁唯是，夫妇间亦然。妇人者恃男子为所天，除产子及持家外，几无所谓独立事业，而一切衣食住三者之需要，皆于良人是赖。于是男子立足社会，除谋己之生存外，复有内顾之忧。苟于社会，为谋不周，钻运不力，则河东狮吼，室人交谪[27]，其情有难堪者。若得妻妾之悦，则墦间乞余[28]之态，又不堪问矣。此男子之受累于妇人者也。夫妇人既习惯以男子为衣食之源，于是不求高尚之智识，独立之生活，富贵贫贱，悉视男子为转移。若己不能与其力焉，其弊倘遇人不淑，则忧悲穷蹙，为患滋甚，至有供男子之玩弄，甘为仆妾而不辞者，下此则傅粉施朱，倚门卖笑而已。故今日贩卖侍妾，及操贱业者之多者，皆由社会组织不善，有以使之然也。推而至于兄弟宗族，何莫不然，其流弊实使社会辗转相累，交相为害，减少生产力而增其耗消，反乎经济学生众食寡为疾用舒之道。故统计全国人口，若以四万万计，则女者去其半，无业游民者半之，安闲坐食者又半之。所谓农之家一，而食粟之家六，工之家一，而用器之家六，贾之家一，而资焉之家六，奈之何民不贫且病也。故今欲实行改良社会，非铲除遗产制度，使人类贫富稍剂其平，厉行个人制，使男女各有独立之生活，父母夫妇兄弟之间，易责望而为扶助，则善矣。

（四）择业乖误

西人生存社会，于择业一道，最为兢兢。故其格言有曰："汝欲享有幸福，当为适当之择业。"是以社会间，特设会社，审察青年男女性情所近，能力所长，为之选择适当学校，俾入肄习，致将来不违其才，适于生存，而不致迫于生计，丧其品格。盖人之欲善，谁不如我社会之坏，多数由于生计困窘也。故其人民于执业之道，多趋重于实业，平均入实业者，占百分之九十，入法校者，仅百分之十耳。以故全国男女，各有执业，不相依赖，是以国跻富强，社会公共道德，益臻完备。我国不然，父诏其子，兄勉其弟，妻望其夫，为交游光宠，为乡党增荣者，则唯有"官业一途"。虽近民国建设，而此观念，犹未稍改，举世既迷信官业为无上之安富尊荣。于是一国聪明材智之士，群趋入仕途，人数众多，供过于求，则互相竞争，百计营谋，阿依澳涩，奔走权门，谀谄面谀，逢迎当道，苟便私图，何恤国家，博得头衔，何顾廉耻。夫所谓一般富有智识，上流人物，尚且如是，则其他社会，转而相习，其害岂有底止耶。观于前袁氏称帝时，欲得封爵者，腼颜劝进，称臣者几盈天下，及现在京师业官者，动以万计，而各省法校之立，较之实业，则有什一之差。社会情状，不问可知矣。而贤者复过信"政治万能主义"，以为社会一切改革，舍离政治，终难收效。此其见解狭隘，实所以驱一国英材，竞于政争。一方面使国民轻贱工商，一方面使社会事业，失其扶助，其关系诚非浅也。管子曰："仓廪实，而知礼节；衣食足，而知荣辱。"人民择业乖误，生计困窘，挺而走险，洵造成恶劣社会之最大原因也。则吾民自今以往，欲社会道德完备，个人品格不坠，于择业之道，其可忽乎！

噫嘻！社会问题者，为近世最难解决之悬案也。非具精密之研究，周详之考核，以言补救，谈何容易。则右之四端，岂足以明今日恶劣社会造成之原因？不过略举其概耳。夫社会者，国家之桢干也；人民者，社会之原素也。社会间若无公共之轨范，坚固之团结，不磨之精神，强大之能力，则内遭横暴，祸乱必作，外侵强邻，灭亡可待。以今中华政治恶劣，中坚缺乏，族制系累，择业乖误之国家，欲跻于列强竞争之林，瞻望前途，实深股栗[29]，我国民若不早自觉悟，移其政治之竞争，而为社会之服务，思致敝之由，而为改良之策，则将来之患，可胜言哉？呜呼！国民可以兴矣。

（《寸心》，1917 年第 3 期）

【注释】

[1] 出自《周易·序卦传》，文字略有不同。

[2] 逆旅：客舍、旅店。

[3] 搏噬：搏斗吞噬。

[4] 亚利斯多德：即亚里士多德（Aristotle，前 384—前 322）。

[5] 孟德斯鸠（Baron de Montesquieu，1689—1755）：法国启蒙时期思想家，西方国家学说以及法学理论的奠基人，与伏尔泰、卢梭合称"法兰西启蒙运动三剑侠"，代表作为《论法的精神》。

[6] 亚丹斯密司：即亚当·斯密（Adam Smith，1723—1790），英国古典经济学家，著有《国富论》和《道德情操论》。

[7] 脱尔斯泰：即列夫·托尔斯泰（1828—1910），俄国批判现实主义作家、思想家、哲学家，代表作有《战争与和平》《安娜·卡列尼娜》《复活》等。

[8] 费辞：废话。

[9] 利计锱铢：锱铢，古代重量，六铢等于一锱，四锱等于一两；利计锱铢，比喻斤斤计较，连极微小的利益也不放过。

[10] 瘐（yǔ）败：败坏，腐败。

[11] 语出《礼记·大学》，文字略有不同。

[12] 险壬：心狠手辣、巧言谄媚之人。

[13] 国柄：国家大权。

[14] 谄谀盈庭：谄媚阿谀之人充满朝廷。

[15] 矩矱：规矩法度。

[16] 洪宪改元：指公元 1915 年 12 月 12 日，袁世凯宣布接受帝位，推翻共和，复辟帝制，改中华民国为"中华帝国"，并下令废除民国纪元，改民国 5 年为"洪宪元年"。

[17] 剧秦美新：指斥秦朝，美化王莽篡汉而建之新朝。

[18] 语出《孟子·离娄上》，文字略有不同。

[19] 浇漓险巇（xī）：世风浮薄，世道险恶。

［20］砥砺廉隅：磨炼品行，使之刚正不阿。

［21］英髦：才俊之士。

［22］洙泗：洙水和泗水，春秋时在鲁国境内。

［23］河汾：黄河与汾水的合称，指山西省西南部地区。

［24］膏粱：肥肉和细粮，泛指肥美的食物。

［25］武断卿曲：凭借势力在民间横行霸道。

［26］暴厉恣睢：形容凶恶残暴，想怎么干就怎么干。

［27］交谪（zhé）：相互埋怨，责备。

［28］墦间乞余：形容一面乞讨人家的残羹冷饭，一面还洋洋得意，虚伪骄傲，瞧不起比他地位低下的人的卑劣行径。

［29］股栗：因紧张、害怕而两腿发抖。

改良社会为学生应尽之天职

萧公弼（四川工业专修学校电科一年生）

夫气质凝散，动静翕辟，氤氲变化，万类丛生。人者，天地之德，阴阳之交，鬼神之会，五行之秀气也。食味别声，求偶择居，浑浑尔，噩噩尔，于是由图腾进而游牧，而家族，而社会成矣。国家者，社会之积也。世界者，国家之积也。作始简易，将毕巨大，递演至今，繁赜复杂极矣。施治究学者，苟昧社会之真相，背社会之公理。而欲为冀倖[1]之举，则政治必暴乱凌轹，而学术亦卑陋窳劣，不足以补救颓俗，鼓舞民气，非徒无益，实滋害耳。近顷[2]各国政治家、哲学家、经济家知其然也。于是乃有社会学专门研究之成立。社会学者，实万有学术，集其大成，而为最丰富之学科也。由是而区分剖判，视察施行，始有社会主义之产出。而经济之不平、人事之进步，为其根原主动焉。是以欲谋世界之安宁，不得不谋一国之安宁；欲谋一国之安宁，不得不计社会之状况。势有必至，理有固然也。原夫社会学者，审察人类始终情能，综核人事本末变迁，臧往知来之学也。由斯定义，试放眼以观察我中华民国社会之状况，人类之行动为何如乎？则倾轧凌轹，谲诈险巇，贪贼鄙吝，昏庸卑陋。苟稍留心经世者，类能知之，固无待余之分析详言也。顾老耄者，衰朽委靡，迂腐狭隘，过渡时代之人也。而幼少者，含饴[3]匍匐，嬉笑漫戏，未来时代之人也。则为社会中坚人物者，其惟男女学生乎？学生者，得有良道德、新智识、优美教育、高尚人格之分子也。宜为社会敬重而矜式矣。何乃有学业未成，先事运动，依阿腼颜，奔走权门者乎？何有功勋未树，狂热社交，征逐酒食，驰骋声色者乎？何有鬼蜮魍魉[4]，尔虞彼诈者乎？何有井蛙夏虫，人分我别者乎？何有琐屑龌龊，锱铢计较，如锥刀市井小人者乎？何有咿喔突梯[5]，胁肩谄笑，如台舆贱夫者乎？非余所敢知也。回忆余当有清末时，求学同辈，犹相与砥砺德行，竞言救世，议论纵横，孜孜不倦。今风云甫定，仍旧从学，则江山如故，人事已非，无复昔日状态矣。岂我新中华之朝气，尚不如亡国之末叶乎？达者有以知其不然，何结果竟如是耶？噫嘻！学风民气，世道人心，至于斯极，悠悠忽忽，长此不改，又乌能与列强精神物质文明相竞争并驾乎？此贾生之所痛哭太息者也。天下爱国志士贤媛，其闻吾言而猛省乎，则振其精神，鼓其心志，沉潜学术，坚毅利济，与此恶劣社会下宣战书。筑防卫垒，以身作则，改良社会，而不为摇动转移，为造时势之英雄女杰，而不为时势所造之英雄女杰，为社会之主动物，而不为社会之被动物。一人如是，人人如是，则造我中国成黄金世界，锦绣乾坤。夫岂难哉！舜何人也，予何人也，有为者亦若是，在人之自奋耳。阅者苟不以余言谓河汉，幸自勉旃[6]奋发，作中流砥柱，为人类之模范，则我国其庶几乎！

（《学生》，1916 年第 4 期）

【注释】

[1] 冀倖：侥幸。

[2] 近顷：近来。

[3] 含饴：含着糖逗小孙子玩，形容老人自娱晚年，不问他事的乐趣。

[4] 鬼蜮魍魉：泛指一切害人之人。

[5] 咦喔突梯：咦喔，形容老着脸皮，强作欢颜；突梯，圆滑、随俗的样子。

[6] 勉旃（zhān）：努力。

佛门卫生浅说

萧公弼

一步行。佛告比丘曰:"步行有五德。何等为五?一能走;二有力;三除睡;四饮食易消,诸病不作;五为行者易得定意,已得定意则可恒久。"(《七处三昧经》)

二洒扫。诸比丘可常洒扫室内。室内若有臭气,则以香泥涂之,若犹有臭,室之四隅,可悬香屑[1]。(《四分律》)

三沐浴。世尊告诸比丘,造作浴室,有五德。云何为五?一除风,二得病愈,三除去尘垢,四身体轻便,五得肥硕。(《增一阿含经》)

四盥嗽。朝夕嗽口,有嗽口之法。可以清水著口三度回转,是名净口法。(《十诵律》)

若口中臭者,可以嚼杨枝。嚼杨枝有五利益:口不苦,口不臭,除风,防热病,除痰癊。嚼已,以水洗之,弃去。(《十诵律》)

五洁饮。经宿之水,若细观之,则恐不免细虫之生(与今生物学家言水内有微生物诸说适相契合,佛之智慧□人远矣。)。故水非漉[2]治,不可饮用。(《正法念处经》)

六慎食。人食若太过时,则身重而生懈怠,于现世未来世[3],必失大利。睡眠时身自受苦,又烦恼他人,复迷闷难寐,故食物应时酌量。(《尼乾子经》)

若过分饱食,则气急身满,百脉不调,心体臃塞,坐卧不安。又食若减少,则身羸心悬,意虑不固。(《增一阿含经》)

七疾病。人得病有十因缘:一久坐不卧,二饮食不节,三忧愁,四过劳,五淫佚,六嗔恚[4],七忍大便,八忍小便,九制上风,十制下风。(《医经》)

八死因。横死众生有九因:一食不可食时;二饮食无量时;三冬夏违节,至他国不知风俗,食而不消时;四前食未消而重食,且不复药时;六不守五戒[5]时;七亲近恶人时;八至有争场所时;九应避场所不避时。若避此九因缘,则有两福:一长寿,二长乐。故闻正教即当信受奉行。(《九横经》)

(《世界观》,1915 年第 1 期)

【注释】

[1] 香屑:花瓣。

[2] 漉:过滤。

[3] 现世未来世:世,为迁流义。现世,指一个人现在生存之现世。未来世,指命终以后生存之来世。

[4] 嗔恚(huì):恼怒。

[5] 五戒:中国大乘佛教中的五戒是:一不杀生,二不偷盗,三不邪淫,四不妄语,五不饮酒。

古之卫生术

萧公弼（四川工业专修学校电科学生）

上天下地，高明寥廓，吾人位于空间，不似粒沙之在广漠乎？往古来今，绵远悠久，吾人占于时间，不似蜉蝣之息旦暮乎？是人生宇宙间，若白驹之过隙，倏忽而已。注然勃然，莫不出焉，油然漻然，莫不入焉。其来无迹，其往无崖，已化而生，复化而死。虽有寿夭，其去几何。则眇眇微躯，应运随化，奚以修为？虽然，参天立地，福国利民，成人济物，厥躬是恃，则身之用大矣哉。故曰："儒者爱其死以有待，养其身以有为，其预备有如此者，则养生之术尚矣。"[1]吾校对于体育，亦颇注重，主讲生理卫生者，为美医学家谢道坚。余听其说，觉津津有味。欲记述之，特以诸君各校，亦必有是科之设，恐雷同剿说[2]，有厌视听，故不述。特求古修养家之卫生术，以贡献于同胞之前。且仆于斯，稍有历练，或于身心，不无小补。第儒者虽重修养，然其归本，则利他主义也。故欲求古修养者，不得不推宗道家。盖道家者流，出于史官，秉要执本，清虚以自守，卑弱以自持，实君人南面之术，修养之专门家也（见《汉书·艺文志》）。而道家尤以老子为鼻祖，故其传曰"老子百有六十余岁"，或言"二百余岁"，以其修道而养寿也。是以后世谭吐纳道引[3]，采补丹鼎，熊经鸟甲①诸术，皆托始于老子，盖有由也。老子之言曰："卫生之经，能抱一乎？能勿失乎？能止乎？能已乎？能舍诸人而求诸己乎？能翛然乎？能儿子乎？儿子终日号而嗌不嗄，和之至也；终日握而手不掜，共其德也；终日视而目不瞬，偏不在外也。行不知所之，居不知所为，与物委蛇，而同其波。是卫生之经已。"[4]斯言至矣！尽矣！蔑以加矣！但吾人终觉过于浑涵，欲实行之，殊失把握，可默喻于好学深思之士，固难为普通一般同辈道也。今仆由演绎法外籀之，撮其大要，不外五端，敬质高明，以备采择，庶几有裨体育云尔。

一曰寂心。心曰灵台，所以统摄万事，宰制万物者也。故心若清明在躬，则志气如神，乘虚照以御物，烛幽微而通化，妙存有形之表，周流无穷之内，任运而赴，见机而动，变化莫测，不可言喻。故《易》曰"寂然不动，感而遂通天下之故"[5]，老子曰"谷神不死，是谓元牝，元牝之门，是谓天地根，绵绵若存，用之不勤"（按：此语道家之事修养者，常奉为金科玉律。），伊川曰"圣人之心，未尝有在，亦无不在"[6]，皆寂之谓也。盖吾人心本虚明，若蔽于物欲，牵引不息，匪独心魂感苦，而处事亦乖方矣。故曰："学问之道无他，求其放心而已矣。"仆性卞急[7]，临时果断，凡有所作，务求立竣。坐卧之间，常不释怀，而斯时食量顿减，心殊不宁，此役物不克寂心过也。不识同辈有此病否。幸自审察，则他日置身社会，捍卫国家，庶弗陨越。

二曰定性。夫天命之谓性，性即理也，穷理即尽性。若支离玩空，向外讨求，则失之矣。故曰："廓然大公，物来顺应，动亦定，静亦定，无将迎，无内外，则喜怒哀乐，爱恶恐惧，时物之境，而不系逐。"[8]不然，贪嗔恚痴，妄念纷扰，欲壑无厌，好憎靡常，则失性情之正矣。故曰："存其心，养其性，所以事天也。"[9]老子曰："见素抱朴，少私寡欲，廉而不刿，光而不耀。"[10]此克己复礼（礼与理通），定性之道也。余素亢岸激烈，后遘[11]奇疾，几频于死，今知其弊，渐归和蔼矣。夫孔子温良恭俭，释迦慈悲喜舍，其应事接物可知矣。今我国屡膺奇耻大辱，仆愿吾曹雄而蓄之以沉，刚而持之以重，富继续力，养坚毅性，实事求是，勿尚意气，则十年之后，吴其沼乎！

三曰敛气。气者，与吾人生命最相关切者也。故一息不来，死亡立呈，而道释两家，尤特重之。常谓水府求玄，护惜精气，二六时中，返照脐内，一寸三分，名曰"气海"。守而不著，照而不住，身心定久，坎离并交，心火下降，肾水上升，亥末子初，尾闾气动，用意吸提，上至天谷，则一气周流，滋润脏腑，面返童颜，延年益寿，此吾国丹田内功说也。（余昔学拳术，曾习此功后，遂中辍。）至今大庙禅林，犹有行者，日本武士道之硕大且肥，角力斗技者，犹相传不衰云。吾曹对此，但正平沉静，浩然是守，不致纷驰放逸，铄我天性则得矣。

四曰保精。庄子曰："弃事则形不劳，遗生则精不亏。形全精复，与天为一。天地者，万物之父母也，合则成体，散则成始。形精不亏，是谓能移。"[12]则精之关系于吾人大矣！通天地，感鬼神，润肌肤，曼色泽，皆精使然。故人至老耄而黄耇[13]殆背失美观者，因精力耗散，形骸遂萎。是以董子有言，男女交合，少年以十日为期，中年倍之，晚年再倍之。夫畏途者，十杀一人，则父子兄弟相戒，必盛卒而后出，不亦智乎？衽席之上，饮食之间，而不知为之戒者，过也。吾徒欲留此身担当宇宙，则剥床以肤之戒，可勿凛诸。

五曰凝神。陆象山曰："人精神在外，至死也劳攘[14]，须收拾作主宰。收得精神在内〔时〕②，当恻隐即恻隐，当羞恶即羞恶。谁欺瞒得你？"[15]善哉斯言！盖任我则情，情则蔽，蔽则昏矣。因物则性，性则神，神则明矣。是以吾辈终日虽疲敝[16]科学，常须求清旷之野，散步游行，以舒肢体，或时静坐，以凝神志，其功甚伟。仆体素羸，于科学览书余暇，辄时为之，颇有效果。盖神劳而不凝则弊，精用而不已则竭，自然之理也。故老子曰："载营魄抱一，能无离乎？"[17]一者，纯素不杂之谓，体体纯素，是为真人。故曰："贤士尚志，圣人贵神③。"

右列五端，匪仅道家如是，而儒释两家，亦莫不然。特道家偏重利己主义，故云然也。斯篇虽不敢谓于古修养之术，网罗殆尽，然诸家奥义，鲜有出此外者。惟所谓大人者，不失其赤子之心，尤三教共同之归纳法也。其他复有练形之说，则居移气，养易体，心性和平纯正，则缘督以为经，可以保身全生，养亲尽年，奚事他求哉。第上举各条，限于篇幅，不克畅所欲言。诸君苟有志卫生，则循是以求，获益良多。盖西人所重者，肉体修养也；吾国所重者，理性修养也。若能参酌中外，并行不悖，尝使吾人意志自由，体态活泼，制物而不制于物，随感而能尽其用，则厥功茂矣，国有瘳[18]乎？

（《学生》，1915 年第 11 期）

【校】

① "甲"，疑应为"伸"。
② "时"，底本原缺，今据《陆九渊集·语录下》补。
③ "神"，《庄子·刻意》作"精"。

【注释】

[1] 语出《礼记·儒行》，文字有改动。
[2] 剿（chāo）说：抄袭别人的言论。
[3] 吐纳道引：即吐纳导引。吐纳，从口中吐出恶浊之气，鼻吸入清新之气；导引，引体导气，类似于今日的保健体操。
[4] 语出《庄子·庚桑楚》，文字略有不同。
[5] 语出《周易·系辞上》。
[6] 语出《宋元学案·伊川语录（上）》。
[7] 卞急：急躁。
[8] 语出程颢《定性书》，文字略有不同。
[9] 语出《孟子·尽心上》。

［10］语出《老子》十九章和五十八章。
［11］遘：遇见。
［12］语出《庄子·达生》，文字略有不同。
［13］黄耇（gǒu）：年老。
［14］劳攘：纷扰不安。
［15］语出《陆九渊集·语录下》。
［16］疲敝：疲劳不堪。
［17］语出《老子》十章。
［18］瘳（chōu）：损害，减损。

游草堂记

萧公弼（四川成都工业专门学校本科生）

草堂者，蜀名区也，距省治[1]南约五里，盖唐杜工部子美[2]遗宅。《高适集》"人日题诗寄草堂"，即指此也。考《旧唐书·文苑本传》，载"上元二年[3]冬，黄门侍郎郑国公严武镇成都，奏甫为节度参谋，甫于成都浣花里，种竹植树，结庐枕江，纵酒啸吟，与田夫野老相狎荡，无拘检。严武过之，有时不冠，其傲诞如此"。则旧址之建，当在广德[4]年间。蜀人景仰高风，为置寺其旁，即今所谓杜公祠也。民国三年，友人邀往游焉。喜甚！以春日载阳，风光旖旎[5]，正人生行乐时也。爰著[6]短服，携手同行，车挂辖[7]，人驾肩，广路达衢，嚣尘嘈㘗[8]，货列隧分，铺珍耀异，持筹握算[9]，计量权衡，井鬼星分，兹实奥区。乃出城郭，临郊坰[10]，则埤壤膏腴，田畴辟治，黍稷满阡，桑麻菜畅，而溪水潺湲，咽激有声，山光隐约，吐岫成云，桃柳掩映，绿江相间。洵一幅天然绝妙画图也。

时则鸟鸣嘤嘤，儿童种瓜树下；鱼游圉圉，逸客垂钓矶前。乡村乐趣，其味靡穷。宜乎严子陵[11]不友光武[12]，而甘优游富春也。爰笑爰语，载欣载奔，远眺森林荫蔚，枝柯蒙密，鸽鸹飞翱，鹄鹁栖戏，色斯举矣。翔而后集，其避害防患，夐灵乎人。彼贪夫殉财，夸者死权，蹈汤赴火，没而不悟，何其智出禽鸟下邪？

俄顷，沙门崔嵬[13]，层构峥盘，法鼓居左，晨钟悬右，阿弥坦腹，笑容可掬，有若表示其皆大欢喜之意也者。时际寺僧诵经宝坛，约三四十人，合掌恭敬，敷座而坐，其声咿喔，了不可辨，气象庄严渊靖，令人扑去五斗俗尘，肃然起敬，惜其不克骋无碍辞，演微妙法，以教化众生，如马鸣、龙树[14]，诚可叹也。转而西之，曲径萦纡，古槐夹道，竹露滴响，花香袭衣，即草堂也。室宇爽垲[15]，台榭穆敞，轩槛井干，于何弗备。其东有高楼焉，骚人墨士，品茶于是，辄染翰濡墨，题壁其间。然班门弄斧，鲜有差强人意者。俯凭对舍，石碑耸矗[16]，则将军马维骐[17]所书公诗《秋兴八首》，字厥遒劲，惜不工妙，步阶升堂，石桥横贯，天光倒影，碧波荡漾，姿态可爱。其正殿则杜公遗像在焉，旁配陆放翁[18]、黄山谷[19]。盖二公皆曾游蜀者也。其旁翼然而峙者，草亭也。置石磴，凿棋道，以为游人遗兴之所。而回廊广庑，跨越池沼，檐橑櫋[20]抗，嵯峨崱嶪[21]，苹藻狎猎[22]，葴莎披离，梓柟蓊鬰[23]，梗栝蓊郁，鲤鲤奋发，龟鳖浮沉，儿童竞以饼饵投之，诱其争食，以娱耳目，腾浪豗击[24]，漾滉滫涌，诚有味也。

于是游意既酣，相与命坐，啜香茗，道款曲，风烟俱净，云景垂姿，肆意忘形，抵掌倾谈，其乐融融。友人卒然问曰："诗至李杜，可谓极矣，胡为若然邪？其抅辞饰藻，谋篇锤字，声韵之推敲，用笔之抑扬，可得而闻乎？"余曰："唯唯。仆非文人，敬谢不敏。"友曰："虽然，子必有以语我。"余曰："执盲问途，非徒隔膜，抑且失人，吾将何以语君。无已，其妄撼管见乎？君常不览杜诗欤，其曰'读书破万卷，下笔如有神'，则公学问淹博，可想见矣。曰'许身抑何愚，自比契与稷'，则公抱负雄伟，可类推矣。'吴楚东南析，乾坤日夜浮'，其豪迈为何如邪。'山虚风落石，楼静月侵门'，其超逸为何如邪。'醉眠秋同被，携手日同行'，是笃于友也。'香露云发湿，清晖玉臂寒'，是情于妻也。至《同谷七歌》，凄凉身世，系念弟妹，《秋兴八首》，指陈得失，关怀君国，其他《无家》《新婚》，《诸将》《丽人》诸篇，缱绻民瘼[25]，讥讽权贵，温柔敦厚，主文谲谏。洵雅颂流亚[26]，三百遗作也。如此之类，指不胜屈。及读为人性僻耽佳句，语不惊人死不休，其下笔不苟，又可知矣。今君不先务其远者大者，乃为辞人之讨论，得毋失言乎？"

故仆谓今之作诗者，无公之学识志愿，天性境遇，而漫事效颦，徒摸拟音调，雕刻辞藻，足不履重洋之险，心未抱生民之忧，无病而呻，不伤而哀，架空设想，轻于咏吟，乃欲凌轶王孟，颉颃[27]李杜，蜉蝣撼大树，可见不自量尔。偶或形肖，亦落小家。盖杜之牢笼天地，弹压山川，龙骧虎步，纵横裕如者，厥有由来，非可为书生腐儒一二道也。友闻余言，欣喜欢忭[28]。仆亦一笑置之，不敢自是。时已昏鸦噪林，斜阳西匿，晚烟欲起，寒飙[29]掠面，遂遵旧迹，放歌言旋，归而犹神想于斯游，因握管而为之记。

(《学生》，1915年第11期)

【注释】

[1] 省治：省政府所在地。

[2] 杜工部子美：杜甫（712—770），字子美。

[3] 上元二年：即公元675年。
[4] 广德：唐代宗李豫的年号，公元763年七月至公元764年十二月，共计2年。
[5] 旖旎（yǐ nǐ）：形容风景柔和美丽。
[6] 爱著：改穿，更换。
[7] 輠（wèi）：套在车轴末端的青铜筒状物。
[8] 嘈哳（zhā）：声音嘈杂。
[9] 持筹握算：管理财务。
[10] 郊坰（jiōng）：野外。
[11] 严子陵：严遵（前39—41），字子陵，会稽余姚（今浙江省余姚市）人，东汉著名隐士。
[12] 光武：汉光武帝刘秀（前5—57）。
[13] 崔嵬（wéi）：高峻、高大的样子。
[14] 马鸣、龙树：古印度佛教大师，推动了小乘佛教向大成佛教的转变。
[15] 爽垲：高爽干燥。
[16] 赑（bì）：传说中的一种像龟的动物，旧时大石碑的基座多雕成它的形状。
[17] 马维骐（1846—1910），字介堂，回族，开远市人，四川提督。
[18] 陆放翁：陆游（1125—1210），字务观，号放翁，南宋文学家、史学家、爱国诗人。
[19] 黄山谷：黄庭坚（1045—1105），字鲁直，号山谷道人，晚号涪翁，洪州分宁（今江西省九江市修水县）人，北宋著名文学家、书法家，江西诗派开山之祖。
[20] 轥（niè）：《正字通·车部》曰："轥，凡物之高辣者皆曰轥。"
[21] 崨嶫：高峻貌。
[22] 苹藻狎猎：苹藻，水草名，古人常采作祭祀之用；狎猎，众饰缤纷貌。
[23] 薆薱：草木茂盛貌。
[24] 豗（huī）击：撞击。
[25] 缱绻民瘼：指心系民众的疾苦。
[26] 流亚：指同一类人或物。
[27] 颉颃（xié háng）：不相上下，互相抗衡。
[28] 欢忻：欢欣，喜悦。
[29] 寒飙：寒冷的大风。

偶 成

萧公弻（四川工业专修学校电科一年生）

我身非我有，暂来复暂去。任性适自然，何事竞毁誉。日夕一觞酒，卧探醉中趣。物与民同胞，讵私儿女虑。翠鸟多异彩，时怀金丸惧。吾生已矣夫，宇宙聊寄寓。

民食美刍豢，蜣螂性甘粪。茫茫天壤间，是非邈难定。呫呫俗中愚，恶桀颂尧舜。精枯皮肉斯，倾身为名殉。煊赫曾左功，英声沦灰烬。口口岂不伟，后世嗤今闻。

（《学生》，1915年第3期）

夜　读

萧公弼（四川成都工业专修学生）

夜静月轮孤，萧斋聊自娱。披图察地纪，味道握天符。
灯影乱蛾蝶，书声杂蟋蛄。龙泉休短气，迟汝荡皇途。

（《学生》，1915 年第 9 期）

附 录

美学纲要①

[奥] 耶路撒冷

第一节 美学之概念及问题

人类之美感的天性建立于一种特别的心理原理之上,此种特别的心理原理在人类之文化发达之途径中,已成为很特殊的、很复杂的。美感的天性之特色,是吾人静观环境中之事物及其历程,无论为自然物为美术品之时,所生之快感与不快感,并不带有强烈的欲望。所以首先发见美感的感情之性质的康德,即名之为"不计利害的满意"(disinterested satifaction)。

审美的感情常强迫吾人对于美的对象下种种判断,而所判断之美丽、有趣、夺目,或粗陋、无趣、无味等等,吾人认之为对象之客观的属性。此等判断,吾人并要求其普遍有效;且常常抵抗反对的意见,极力辩护自己之意见之正当。

因为美感对于个人生活及人类文化之发展大有影响,又因为有关于人类精神及精神活动之种种新的方面,故美学的问题须加以科学的研究。所谓科学的研究,即是对于审美的活动之主观的与客观的条件须加以精密的分析。此即美学之问题。

主观的条件全属于心理学之范围。近数十年来之美学专从事于心理学的研究。此种研究之结果,使吾人对于美感的性质之见解大大的明白。例如吾人见

---

① 转录于[奥]耶路撒冷:《西洋哲学概论》,陈正谟译,商务印书馆1926年版,第111—134页。

画图、听音乐、读诗文，引起快乐时，吾人所真实经验者为何，则今日之所知较之三十年前之所知，已增进多矣。心理学的美学一方面研究审美的快乐，他方面研究创造的美术——研究创造的美术，则由其感兴的冲动着眼。

关于研究美感之客观的条件目的，尤其关于研究方法，尚无一致之意见。古代柏拉图、柏罗提挪（Plotinus），及近世谢林（Schelling）、黑智尔、叔本华诸人关于美之性质及其普遍的意义之哲学的思辨，对于热心研究美学者至今尚有大影响。然最重要者，是研究各种美术之发达、起源及文化史，因其表示美感之如何传播及增进，并表示欣赏美术之教养，及"由美学之见地观察自然"之才能之如何进步。总而言之，美感之主观的条件须由心理方面研究之，其客观的条件须由历史与社会方面研究之。经过这样的搜集充分的、确实的结果之后，或者出类拔萃之士能够由之发现宇宙中所表现的美学之基本原理，产生美及美术之哲学。

但吾人不可忘却美感之根本原理。美感之根本原理，如上所述，即是吾人所经验之纯粹的满意感情，全然不带欲望。所以美感之事实是证实此纯粹感情为心理之特别的基本的机能，既异于表象与思想之作用，又异于欲望与意志之作用。因为纯粹感情除在美感中之外，决难圆满实现，故纯粹感情之范围与性质，亦惟由此了解之。故美学之最简明的定义为**感情之哲学**，斯泰因（Heinrich von Stein）即如是下美学之定义。

由此美学之定义，可以定美学在哲学系统中所占之地位，同时并推广了心理学的、历史的、社会学的研究之范围。就中最要的问题，是美感的满意之心理学的研究。所谓心理学的研究，即是吾人必须明白了解"静观美术及自然时所生之美感"中所真实经验者为何。吾人尤须区别美的愉快与其他快乐的感情之不同，而确定此区别之基础。更有进者，吾人须努力的透察创造的美术家之心理，以便了解"指导美术家及激动美术家"之观念与动机。此种研究不可仅限于个人一面。盖社会的要素对于美学之重要常出于常人所预料之外。吾人之美感大受时代潮流之影响，创造的美术家之作品，大半是公共嗜好之产物。故美术之社会的意义须精密的加以研究。关于此层，柏拉图与亚里斯多德早已认出。

研究美学之社会的意义，便引起美学与伦理学之关系。研究此关系时，必可以得到种种规范，并可以无须对于美术家之天才或个人赏识之法则加以限制，而假定客观的美的价值之标准。

总之，美学为感情之哲学，其职务在研究美感之心理学的、社会学的、历史的条件，最后研究其普遍的、玄学的条件。

第二节　美学之发展及学派

美学一辞在英文为"aesthetics",首先用这个字以指美之意义者,为包姆加敦(Baumgarten,1714—1762)。他的美学著作发表于一千七百五十年至一千七百五十八年间,意在弥补华尔奋哲学(Wolffian philosophy)之缺点,美学经其发展,乃称为独立的哲学的学问。

"Aesthetics"一字,源出希腊字"Aisthanesthai"(知觉),指感官知觉而言,康德用此字,仍指此意。康德曾名其《纯粹理性之批评》中之论感性之一部为"Transcendental Aesthetics"(先验的感性论)。包姆加敦以美为感官的认识之完善,尤保此字之原意。迨后康德著《判断之批判》(Critique of Judgment),始用之以指现时流行的意义。因此,aesthetics一字,在康德有两种完全不相同的用法。在《认识论》上,是指感官知觉之意,在《判断之批判》中,是指默察美时所生之快乐之意。赫尔巴特(Herbart)对于此字之用法,另指一意,其意尤较宽广。彼将全部实用哲学——价值判断,皆包括于其内。故道德论、美学,彼皆称之为"aesthetics"。然此字之此等用法,现皆抛弃,今之普通用法,惟指美及艺术之哲学。

然美学之名虽出于晚近,其对象——美及艺术——则早已经哲学家之留意。柏拉图在其某一《对话篇》(Hippias Major)中专注于美之概念之讨论,在其别的著作中,亦常论及之。其所谓之美,与爱有密切之关系。亚里斯多德于其名著《诗学》中概论作诗——尤其是悲剧——之艺术;贺拉西(Horace)著《作诗法》(Ars Poetica)常征引其说。新柏拉图派柏罗提挪(Plotinus, the Neo-platonist)关于美之两个哲学的讨论,至今尚有很大的价值。经验哲学对于美学亦有贡献。至十八世纪,因感情生活之充分发达,美感之科学的研究始至成熟期。

英格兰人沙甫慈白利(Schaftesbury,1671—1713)之美的道德哲学、苏格兰人霍姆(Home,1696—1782)及柏克(Burke,1728—1797)之心理学的美学,关于各种美的心理的作用之知识,贡献颇不少,对于德国之思想家及诗人之影响尤其大。十七八世纪,法国学者中,以度波(Dubos)之《批评的思想》(Reflexions Critiques)对于美学亦有有价值的贡献,这本著作之真正价值,至晚近始经人承认。度波以为美感之快乐,是因其供给人心以愉快的运用。至其最重要的思想,容后再详。

迨后温克尔曼（Winckelmann）企图发见古代艺术之美之理想，勒新（Lessing）讨论诗与绘画雕刻之不同，赫得（Herder）发见由民众情感之深沉处为诗之渊源；康德承其流，乃于其《判断之批评》中建立美学之科学的基础。

康德之"不研究美的事物而研究审美之判断"之思想，及其"吾人对于美之快感实超绝功利的——无欲望杂于其中"之主张，至今日尚规定哲学的美学之内容与趋势。

康德之美学，得席勒尔（Schiller）之研究而大发展。席勒尔之著明的理论为：美之欣赏为人所特有，为人类知识道德及文化之渊源。此种观念早已表现于其未读康德著作之前所作之《艺术家》一诗中。然此种见解难以保持，由进化论之眼光观之，尤当废弃。惟其《人类之美育》（The Aesthetics of Man）中所论美术出自游戏之本能，则为美学中之最重要、最有价值之观念。然至晚近，始正当了解此说之意，而充分发挥其根本思想。

黑智尔、谢林及叔本华专由美及美术之玄学的见地以讨论美学。黑智尔以美术为绝对的精神（absolute mind）之客观化中之最低的阶级；宗教与道德时高等的阶级。据黑智尔说，美术、宗教与哲学代表三种不同的时期——美术代表上古，宗教代表中古，哲学代表近世。黑智尔以美——尤其艺术的美，为物质中所含观念之射光。此种思想迨后向各方面充分发展。菲塞（Fr. Vischer）与卡累尔（Carriere）之美学著作中颇多黑智尔的思想之精神。菲塞之著作，至今尚为美学中之最广博、最丰富的著作。谢林以全宇宙为美术的产品，叔本华以美术为精神事业中之登峰造极之事业，因其是超过盲目的、愚笨的意志生活之纯粹的理智生活之表现。叔本华以音乐为最高等的艺术，因其能与吾人以艺术所特含之事物之最高的表示。

赫尔巴特不赞成此种以作品之理想的内容为美的满意之学说；他主张美之性质存于形式与关系中。此种重形式的美学，曾由赫尔巴特之弟子亲麦曼（Robert Zimmerman）发挥。亲麦曼亦为首先著美学史之人。

上述种种研究，皆是用思辨的方法。迨费希奈尔（G. Th. Fechner）出，乃于其一千八百七十六年发表之《美学之初步的研究》（Preliminary Studies in Aesthetics）中始用新的方法。旧方法是由普通原理以演绎，费希奈尔由观察事实以为归纳，故其所得之美学之原则是根据经验，是应用纯粹的实验方法。费希奈尔之广博的实验与透彻的心理分析，除其大大的引起精密的研究之精神外，并得到很多有价值的发现。他的美学的判断中之直接的原素与联想的原素之区别，实非常有价值。例如单一的饱和色彩、或色彩的配合、声音或音乐以及某种形式或形体等感官印象引起直接的或根本的快乐。绘画、雕刻及诗歌等引起间接的美感，因其由联想作用唤起好些观念或感情的作用。至今日，美术创作及美感之法则之研究，仍本着费希奈尔之精神，藉助于实验及分析。

奥兹瓦特屈尔拍（Oswald Külpe）于一九〇五年在符次堡心理学会（Psychological Congress in Würzburg）宣读一文，论述实验的美学（experimental aesthetics）之结果与问题，待后发表于该会之报告上，其文颇有造于美学之研究。美感之分析，晚近大有进步，李普斯（Theodore Lipps）、郎格（Konrad Lange）、服尔克尔（Johannes Volkelt）、斯皮侧尔（Hugo Spitzer）诸人之功尤大。德索尔（Max Dessoir）创办一种专门研究美学之杂志，作为研究美学之中心机关，对于美学颇多有价值之贡献。就中有特殊的新见者为：李普斯之"感情移入"（einfühlung）、郎格之"意识的自迷"（conscious self–illusion）等概念。李普斯之出发点，是假定美的对象表现一个"活的东西"（living being），而名吾人自身投入此种对象时所经验之心理的状态为"感情移入"。他以为领会简单的几何形的装饰及静观自然时皆有"感情移入"之现象。于是他将此原理应用于一切美术上。其结果极贯彻，又极耐寻味。郎格以美感之主要的特质在吾人默察美术作品时所经验之"意识的自迷"中。吾人对美术品常知道眼前的物体，只是一个样本，并非真实的物体。每件美术作品有两种相反的要素，一种助长迷幻，一种改正迷幻，而所谓美感，乃在幻象是难能的。兹略述近代美学之各种趋势与理想于后。

思辨的美学在今日尚未如思辨的心理学之完全废弃，然最令人注意的，也是根据实验方法之美学。实验的美学分为规范的或技术的美学，与记述的或分析的美学两种。

规范的美学所以建立美术家之规则、批评家之标准。美术家之规则多属于美术纸技术一面，通常称之为技术。技术规则之形式与意义，随各种美术而不同。

要于构造的美术如建筑、绘画、雕刻等中活的实用的效率，须于技术的、科学的训练方面有广博的预备。在未能制造美术品之前，须熟练种种原理。因为技术是很困难的，常使人误技术的精细即为美术上的完美。故吾人须知技术虽属重要，然往往容易被人看得过重。

音乐之技术十分困难，必须充分练习之。但音乐须注重其特别是艺术的方面，故技术的精细与音乐的完美之区别，比较守得严些。

就诗而论，技术全然诗次要的工夫。诗之工具——语言——乃人人所同用。但制戏剧者如了然于舞台上之要求，当然有益。虽有精巧的技术，不一定能作成易博人喝彩之剧本，然即舞台上奏演之能力甚小，亦能作成令人喝彩之剧本，则是有的事。

由是可知,技术的美学于诗为次要,惟于构造的美术及音乐,则甚为重要。然无论其实用上如何重要,终非美学的问题之中心原理。技术的美学所讨论者,在美术作品之外表,而不在其主动的原理。

记述的或分析的美学与之不同,他在尽其力之所能,探究此主动的原理。其目的一方面在发见引起美术创作之条件,他方面在发见美术作品对于社会之影响如何。其研究之范围,包含美术家之心理、文化之状况,及时代的嗜好。因此,美学之研究,大部分侵入心理学及历史。就实际上言之,吾人欲正当的了解任何美术品,其最有效的方法,为结合心理学的及历史的方法以为研究。

关于美学之目的及方法,有上述几种区别。此外,晚近学者中,对于美术纸特有领域之问题,尚有几种不同的意见——就是**理想主义**(idealism),及其相反的**写实主义**(realism),或**自然主义**(naturalism)。

美学上之理想主义以美术之目的在抬高人类,使其达于"更纯粹的实体"之高尚地位,并描出人类经验中感人最切之事物,以发挥人性之更深沉处;使人觉自己高尚纯洁,而使其更能努力以履行日常义务。故此种主义所主张之美术的表现,不容淫亵、粗俗、平凡之事物表现于美术中。

自然主义与之相反,主张美术须描写世界之真象;最忠实的、最精密的描写,方有美术之价值。美术家表现丑陋平凡之事物,可以得到最深刻、最有效的结果。自然主义不仅仅产出优美的美术作品,且费许多精力与技巧辩护其理论。

近几年来发生几种新的趋势,目的在调合自然主义与理想主义。其一为**象征主义**(symbolism),其一味**印象主义**(impressionism)。绘画及作诗中之象征主义之目的,不仅欲描写客观真象,并在欲将个人自己所体会之神的成分纳入美术之形式及文字中。印象主义之目的,在使美术家之瞬间的印象很纯粹的、很完全的再现出来,然其结果往往错乱不明。就大体说,美术之新趋势,其目的在藉美术之工具,以改造并增深人生之意义。此种趋势,可称**新浪漫主义**(neo-romanticism)。

依作者之意见,不先将美学置于发生的生物学的基础之上,以解释美及美术之起源及其对于人生之意义,则此等趋势之价值难以决定。兹述发生的生物学的美学于后。

第三节　发生的生物学的美学

据康德说，美感的判断，非由悟性作用以观念针对对象，乃由以观念针对主观方面及苦乐之感情。康德以鉴赏之判断非认识之判断。鉴赏判断不是描写对象之性质，乃描写主观对于观念之反应。

然康德以静察美时所生之愉快，与由适意的东西及善良中所生之愉快不同。适意的事物及道德的善良是受欲望之影响的，而美之愉快则是不顾利害的满意或纯粹的感情。故康德之研究，实际上已变为主观的美学。似乎他已经充分地证明美学之中心问题是：尽力以彻悟美感之本质。

席勒尔以游戏之比例，解释美感之本质，实属重大的进步。其意以为游戏为过剩能力活动，这种活动并非为人生之必须。斯宾塞之解释游戏与此相同，拉撒路（Lazarus）更注意于成人之游戏，谓游戏为休养之必需。格洛斯（Karl Groos）精密的研究幼小动物及儿童之游戏之结果，则认游戏为生活之预备。

吾人若知游戏中之快乐来自游戏活动之本身，非来自活动所求达之最后的目的，则可以调合各派游戏之解释，而用之解释美学。每当吾人慎重的作一件事时，吾人总知其目的之所在。由此种目的之意义，激起吾人之努力。吾人心目中之目的，供给吾人以战胜困难之冲动。然游戏与此不同。游戏只在使人之能力顺适意的方向施展。游戏是心理的及生理的能力之活动，其所含之愉快，只是普通生物学的法则中之特别事例，惟从来未曾留意。

人类之全部生理的心理的机体上在进化之程序中发展之各种机官与机能，皆有活动之自然的趋势。此种活动，由客观方面考察之，是一种必要，换言之，是人类机体之生长与保存之条件。其所以为必要的，是因为各种机官与机能若无运用之机会，则有萎缩之危险。例如身体之四肢，久而不用，便成僵硬之物；若阻碍更加延长，则将永久失其功用。儿童生下三四年，若得耳聋之病，往往不能说话，因其言语之能力，无别人语音刺激使起作用的原故。此种人类机体之运用之必要，与机体之他种必要一样，不久即现于意识中。此种必要可名为**机能的必要**（functional demands）。就实际上言之，机能久不用，则痛苦随之，若充分使用，则快乐随之。所以游戏中所生之快乐，不过是机能的必要得满足之结果。

美感的愉快亦是如此。故吾人可以认美感的愉快为机能的满意之一种，换言之，各种心理的机能之运用之结果。此种快乐不引起欲望（如康德所说），即是因此。而美感的愉快之所以近似游戏冲动，亦即因此。然此种类似，不可即认为相同。游戏中所经验之机能的喜悦与美感的愉快确相似，然亦非相同。高尚的美感的愉快含有一种心理的机能，此机能在游戏时几乎全不活动，即有活动，也永不到引人觉察的程度。

美学的机能的愉快之特色，是由静察美之对象及程序而生。所谓"静察"（contemplation），不仅指吾人至美术馆、音乐会、演剧场时之注视倾听，并指朗诵诗歌时所生之特别的心理状态。故**美感的愉快可以说是：由静察对象时所生之一种特别的机能的满足**。

感官知觉如视觉、听觉以及触觉，皆可以发生简单的美感、单个的色彩及色彩之配法与光暗之复杂作用——如虹、星天、夜月——皆可以产生较高的美感。几何形的装饰品及其他形体所产生之美感，则更丰富，更有变化。在此等事件中，视觉之运用格外可悦。然吾人不由吾人自身中求美感之渊源，而求之于使吾人喜悦之对象中，而名此对象为**美丽**（beautiful）。但吾人之美感的判断，若非拾人牙慧，而由己出，必是实际经验的、机能的愉快。而由外界表现于吾人目前之对象之性质，不过是吾人美感之判断之间接原因。此时于感性（sensitivity）衰微时，颇为显明。例如某种对象，吾人初一二次遇之，则觉其美丽，若常常遇之，便不以为美丽。对象未尝变异，而机能的愉快之感，则已不如前之灵敏了。

听觉知觉中，单个的乐音，尤其有节奏的乐音与噪音，能产生简单的美感。曲调及大会乐（symphony）之畅快，则足以产生较高等的、较复杂的机能的满意。有节奏的一系乐音，往往引起吾人作一些合节奏的运动。在此等事件中，机能的满意产生美感的满足，是昭然若揭的。触觉、知觉之美感亦复如是，——这是晚近对于盲哑之研究所考查出来的。盲哑之人，触及使其发生可喜的并有节奏之运动时，即感着快乐。

故简单的美感，起于吾人之感官知觉满足了吾人之感觉机能的需要，使吾人感愉快并达到相当的强度的时候。

然对象若不仅影响感官满意，并其影响观念及思想，则美感的快乐更形丰富、更形异致。例如吾人对于一种绘画及一块雕刻愈能了解之、说明之，所发生之愉快，愈强大而持久。其所描写的对象及事情激发吾人之记忆与想像愈甚，从而思想到他们的时候也愈多，其引起之美感的愉快亦愈强烈而丰富，愈不易使人淡忘其美。此种理智之机能的需要之美感的满足，吾人在诗之艺术中所经验者，尤为确切。诗人之言词，若仅是感官知觉，则十分干燥无味；其所以津津有味者，乃因其激动吾人心中之观念、思想及感情。诗之真切不由感官而生，乃由想像而生。故格利帕齐（Grillparzer）说诗之客观性，不由外表而生，而由内部而生，是很适当的。吾人读他人之诗，若真透彻其思想，了解其意义，而且激动吾人之想像，此即足以产生吾人之高度的、美感的愉快。

席勒尔之哲学的抒情诗，歌德之《浮士德》（Faust）中之难解的章句，吾人必须能了解其意义，且能发挥为进一步的结论，方能发生美感。如不能如此，则吾人之理智之机能的需要不能满足，而美感便无由生。此种情境在研究近世美术家之绘画时往往经验到，因为近世美术家之绘画，其形式及色彩之纷杂，令人目为之眩，竟至不能发见其意境所在，不能了解其全体之意义。此种作品，虽很能满足吾人之感官的机能的要求，然因其不能满足理智机能的要求，故不能发生经久的美感的快乐。

反之，看见大工场之建设、机械、巧妙的发明以及其他技巧的杰作，亦可产生高度的美感，——这是约瑟夫·坡帕尔（Josef Popper）曾经说的。数学上之精美的成绩，亦能发生美感，——这一层法国数学家苏菲·泽门（Sophie Germain）解释的颇好。在此两件事情中，美感之发生，皆由于理智之机能的愉快。此种理智之机能的愉快，即是寻常生活中之穷理的兴趣。凡使吾人理智适意者，皆令吾人发生兴趣，换言之，皆能令吾人觉其有兴趣。

然近年来"兴趣"一辞，常用于美学的判断上。就实际上言之，"美丽"及"兴趣"有区别，这是吾人所熟知的。故美学之范围又渐次推广：其范围不仅包括具狭义的美的事物，并包括有趣的事物，——包括满足吾人之理智的要求之事项。

然上述之感觉及理智之机能的快感，不过是美感的快乐之发端，换言之，即是美感的问题之入门。若吾人发见美术及自然美所激之愉快之所以然，则不可不主义感情亦须有相当的活动之事实。吾人之机体，实际上要求有感情的愉快，此种要求之满足，常为最强烈的快乐。此种要求，可名之为感情之机能的要求。日日忙碌之农夫，一旦与其朋辈比武，其血液之流行必加速，而因此所激起之奋兴，于彼必有大益。

因为感情在心理上居于中心的地位，感情之机能的快感，对于精神生活之影响，较之感觉与理智之机能的快感之影响尤为深切。感情所引起之奋兴，蔓延最广，透入最深，其结果往往激动全部的机体，而产生永久的变化。此种心理作用，为通常所谓之"激情"（the passion）之原。激情有时产生破坏的暴行，有时变为伟大的成就之原动力。

凡使感觉之机能畅遂者，吾人名之为适意的或愉快的；凡使悟性之机能畅遂者，吾人名之为有趣的；凡使感情之机能畅遂者，吾人名之为荡志，为移情等等。非常危险之游戏，艰难险阻之跋涉，足以令大多数人惊心动魄。此乃因其所引起之奋兴，及感情之机能的快感所致。

故感情之机能的快感为最丰富、最强烈的美感的愉快之源泉。此理可由席勒尔之《潜水者》（The Diver）一诗作例证。此诗描写，惊心动魄，使吾人之想像与思想增加活动，而引起吾人之理智之机能的快感。由是激动，而吾人之美感的愉快以生。然其最强烈、最深刻之作用，则在此勇敢青年之命运引起吾人之同情时。吾人慌如与之共入漩涡中，觉其危险；及青年复浮于水面，便觉其快乐。吾人听其叙述海底之怪物，则渐增兴趣，见残暴成性之王强迫青年重复演习一次，则不觉愤怒；见王女之温情的爱怜，则不觉发生同情。读其最后一句："青年又被浮浪冲去了"，于是吾人之情意震动，不觉达于极点。当吾人感情激动不顾环境之真象如何之时，及经验日常生活所罕有之纯粹感情之时，皆有最强烈的各种技能的快感，而真的美感愉快，正是此种感情之机能的快感。

吾人读著名的悲剧，对其主要的角色之运命，皆发生强烈的感情。看戏的时候，感官知觉，理智与感情各种技能的愉快同时并发，往往加深全部的愉快。然最重要的，毕竟是对于主要角色之同情时所生之感情之愉快，这种同情是由赏识剧本所产生的。

绘画雕刻之类，观察者如能正当了解其像貌、态度及形式的经营，并移入感情于其结构之中，无不能引起感情之机能的快感。凡使吾人容易了解其意义者，皆容易使人"感情移入"。反之，凡不易了解者，即不易发生感情之机能的快感。

各种美术中以音乐为能产生最强烈的感情，——此已为一般人所承认。这是因为听音乐时，吾人之感情可以直接由听觉激起，无须理智之媒介。所以感人最深而又最纯洁之真正的音乐，乃是所谓"绝对的"音乐，无歌辞之音乐。然音乐才干与性向缺乏之个人，其所感最深、最切之音乐，为其所能理解之歌曲。近代大天才理查·瓦格涅（Richard Wagner）所作之歌剧，皆能引起感觉、理智、感情三种强烈的机能的快感。故其美感的快乐亦强烈而持久。这类作品中音调之排列难于直接领悟，其辞句难于了解：此亦时有之事。此节每阻碍感觉的机能与理智的机能，挡住感情之机能的快感之发展。然吾人如再三倾听，战胜其困难，则其全部的印象，便更形显明。以其所呈乐旨几为无尽藏，故不易使人生厌。

故美感的满足是机能的快乐之一种，与游戏有密切的关系；这是明白而确实的。然美感之机能的愉快，与游戏之愉快有别，且亦较深刻。美感之机能的愉快之发生，由于遇着美术品及自然美。其对象真实存在，可由感官感觉之，可由其中寻出吾人愉快之源泉，愉快及动情及由此对象而产生。由吾人之根本的统觉之作用，发见吾人之愉快，是吾人目前之对象之结果——对象所产生之潜伏的意义。由是可知美感的判断是机能的快乐之结果；无须假定一种特别的心理能力，如康德所假定之"美感判断之能力"，以解释之；根本统觉大足以解释其起原。当美感发生时，吾人觉得愉快、有趣、动情；简而言之，吾人感到美感的愉快时，吾人心理中纯乎时感情，无意无欲。所以吾人认愉快之源泉，在吾人之外面，而不在吾人之内面，时很自然的。何以呢？愉快之源泉正是在感动吾人之美术品中。产生美感的、机能的愉快之对象，按照其所产生之机能的愉快之种类，可分为适意的、愉快的、有趣的、荡志的、或移情的。然发生美感之最普通的称为美丽。凡发生美感之机能的愉快者，吾人称之为美丽（广义的）。

由上述之美感的愉快之理论观之，则美感的判断必大不齐一。因为各人对于各种机能的愉快之态度不能一致。所以同一的对象为何对于各个观众不产生同等的机能的愉快不难了解；而同一的各人对于同一的对象在不同的时间中，不一定感觉着同样的、美感的愉快，亦正因其机能的要求各时不相同之故。然亦有美术品，历千百年之时间，无数观察之人皆觉其美丽者。例如索福客俪（Sophocles）之《厄狄帕斯王》（King Oedipus）一剧，二千三百年前，在当时之雅典及希腊各城市排演，观众对之莫不发生深刻的美感。今代译成现时之文字而演之，虽今日观众之修养与当时希腊大有不同，然其起美感则同。此中原因必是此剧有客观的性质，能产生深刻的美感之机能的愉快。许多古希腊之建筑、雕刻、及前代意大利与荷兰之绘画亦皆如是。此等美术作品，吾人可谓其有**客观的美**，何则？因其固有的属性足以因其无数的各人之美感的愉快故。此等条件之发现，必可成为一个有厚望的、科学的研究题。然客观的美（objective beauty）不可与绝对的美（absolute beauty）混为一谈。美之概念全是相对的性质；"绝对美"时无意义的名词。

美之意义除以上所讨论之广义外，尚有狭义。吾人称某种东西为美，并十分相信其美，而对之倾心，此种美即是狭义的美。遇着有狭义的美的东西，便发生一种快乐的心理，这种心理，名曰动情（affection）。如其动人达于强烈的度数，便名之为**钟爱**。人人之心目中，各有其所钟爱之美术作品。此种作品吾人认为最贵重之宝，热心的保护之，遇有恶意的批评，必竭力辩护之。美术家如了解如何使其作品得他人如此钟爱，即是达到最高的美感的效力。由是吾人于机能的快感中发现一新的要素，由此要素益明示美的愉快与游戏之不同。

美与爱之间，有密切之关系，人早知并常常讨论之。但通常以美（客观存在的）为因，爱为果。然若精密研究之，则见此种解释，并非完全合乎事实。女人之美，足以引起男人之爱情；古时男童之美，足以引起男人之爱情：这都是事实。然亦有与此相反之事实。使吾人动情与钟爱之人与物，因吾人对之动情与钟爱，越觉其美。故美不仅为爱之因，往往并为爱之果。美由吾人之内心的深沉处，反耀于吾人对之动情的对象上，不绝的使此对象增加动人的新魔力。

吾人若注意于事实，即是由自己经验中证实由爱生美之事实。母亲之于子女，虽其子女由他人观之，甚为恶陋，然由母亲观之，则觉美丽可爱。书籍之文格虽丑，然因某种原故，吾人珍贵之，则对于吾人有特异的魔力。印度之优婆塞（Upanishads）译为波斯文，又由波斯文译为拉丁文，拉丁文之译本，毫无文学之美，而叔本华酷爱之，此即由爱生美之最著的例子。再观于人类对于自然界之欣赏，尤足以证明此项主张之正确。欧洲古代人喜夏景，草野可供休息，树荫下可供闲行，故觉其美而可爱。迨倦于人为的文化，喜入山林，始见阿尔卑斯山之美，而爱之不尽。简言之，人惟爱好自然界，而后始见自然界之美。

凡美术作品足以引起吾人各种机能之强烈的快感，而使吾人心焉爱之者，皆有一种新异的、特别的美。如是，由爱而生之美，充满着生命，复反耀于其所从生之对象上。此种美吾人称之为真美，能娱悦吾人之心。凡美术品对于吾人发生此种美者，吾人可以终身不忘。此种美术品可以丰富吾人之精神，可以加多吾人之幸福，可以投入吾人之人格之根柢中。凡个人之性格，可由其所认为美（狭义的）之美术作品上看出。

故吾人可下美之简单而普遍的定义云：**美感的愉快是由静察对象所生之机能的快乐**。以上所论感觉、理智、感情三种，虽然均能各自独立的产生美感的愉快，然最丰富、最异致、最动情的美感愉快，则在三者互相结合时所生之快感。三者之结合，由美术作品而异。雕刻、绘画是先感动感觉，次感动理智，最后感动感情。诗则先发生理智之快乐，由理智之了解而发生感情之快乐。而此感情又激动想像，以产生直觉的意像，恰如前面格利帕塞尔之所论。音乐则听觉之机能的快乐，直接引起强烈的感情作用（或得运动感觉之助力而引起）。此种感情作用或感情之机能的快感，为美感的满意之中心原素。如无感情之机能的快感，则美感的满意必甚浅薄，而无生气。如感情之机能的快乐发生，即可发生一种爱情，由此爱情又反映一种感人深刻的、新异的美于美术作品之上。

美感之机能的快乐，异于他种机能的快乐（如游戏之机能的快乐）之点，只在其能产生深入人心之作用。然尚有一重要之点，为其与游戏不同之所在。如前所说，美感的快乐发生美感的判断。而感此美感者之下判断，自信其有客观的确实性。凡使吾人愉快的东西，吾人认之为**美的**，详言之，吾人由判断作用，断定吾人所静察之美的对象为吾人之满意之源泉。然精密的观察自己的经验，并比较他人之经验，便发见吾人认为美的对象之美，完全由吾人之主观的愉快之状态组织而成。然吾人若完全排除美感的判断之客观的要素，亦属错误。因为美感的愉快常赖客观的刺激以发生。前面曾说过，世间原有美术作品，历数千百年，经无数观察者认为美的。此种美术作品，必有引起吾人美感之客观性在。故科学的美学之职务，不仅在研究美之主观的条件，并须研究其客观的条件。研究美术上杰出作品之客观性甚关重要：因为创造的美术家实由此等客观性悟出如何造成能生美感作用之美术品。

到此，便发生美学上之第二问题：即发见支配美术家之创作之法则，及化此法则为实用的规则与标准。因为有天才的美术家，个性各大不相同，所以仅能建立少数的、普通的法则，故关于此事，只能简单的言之。其详细的事务，应该让给各门美术的技术学去研究。

创造的美术作品，通常是美术家个人所特有的、创造的冲动之产品。因为美术家之喜悦在其创作品本身中，——在其机能的活动中，故即此一点而论，美术创作与游戏亦甚相类似。然美术不能长在此种状态中。何则？一至文化进步，大多数人觉得必须有美的满意之时，则由创造的冲动之活动所生之满意，即纯粹美术家自己所认为满意的美，即不足以满足大多数人之心意了。故美术家之职务，到此时期，则在满足他人之心意，增进人类之幸福。故其活动，至此时期，便不类乎游戏了，已经变成严重的社会事业。对于一般的文化之发展便极关重要了。

然美术作品不仅是需要美术家之创造的冲动，亦需要教育。美术家须学习其所治美术之技术，因为技术为长久的经验之结果，往往是非常困难的事业。又须研究美术方面之杰作，以便熟悉"通常能引起爱好美术品者之机能的快感"之方法。如是，则其美术作品公表于世，公众便能了解其思想之所在。

然因了解美术品所为而作之公众，为了解多数杰作之重要的要素，故美术家之作品遂称为普通文明史之一要素。所以现时欲了解过去时代之大美术家，须了解其所生活之时代之精神。由此需要，遂有美学史。这样的美学史足以解决美学上之许多问题，解除美学上之一些误解，对于精神的了解美术家及诗人之生活，亦大有贡献。然偏重历史一面之见地，有时免不了容易掩蔽美术之永久性及普遍性。故美术家之创造美术品不单为当时本国人民之欣赏。真正的伟大的美术家，必视其想像之创作品，如修昔的底斯（Thucydides）之视其所著之历史，即谓：此种作品可以垂之无穷，而非仅供俄顷之快意。此种美术家不仅知道引起观众之暂时的、机能的快感，并知道如何唤起观众对其作品之永久的钟爱。此种种爱，如上所述，引起深切的热情及精神的美，而复反映于作品之自身。美术家之最大目的，在引起此种感情的反映。

由上所述观之，可知美术家之作品，其始不过是创造的冲动之作用，似为一种游戏，迨文化发展，方变为严重的、社会的事业，其目的在促进人类之幸福。然至其最高完全之域，则是一种求人之爱之动作。当吾人领会美术家之求人爱其作品之动作时，其美术品对于吾人，即具最深、最真的美。

美术家如欲使人对其作品发生快感与爱好之心，须具有创造的精神，能使其作品富有生气。美术家之共同目的，在忠实的描写有生气的实体。所谓有生气的实体，即是无论在现时及历史的程序中有生气，足以助长吾人之生气，而引起吾人对之发生适当的反应。有生气的实体非他，乃事物之特性、事物之意义、事物之实体，换言之，即事物之**特帜**（typical）。特帜之观念，直接生自人类生活之要求。凡万事万物之性质上有生物学的重要者，必使吾人注意之，因此，遂将多属类似之特帜组成一个简单的观念。吾人认识各个事物之特帜，而由之以规定吾人之行动。然美术家发现与描写各个体之特帜之能力，必须高于旁人。美术家之作品，吾人虽从之得实有任务之印象，然吾人仍常知其为特帜。

美术的描写之题目，若为只是一次实有之物，如历史的人物、一定的风景，或美术家之环境中之特别的个人，则特帜构成美术描写的本质至如何程度最为显明。因为纵是美术家描写个性时，如欲产生美的结果，必须发见其所描写的特别对象所最关紧要的特帜的原素——特性——而充分的表现之。

美术品所特有之特帜的原素，使美术与认识作用及科学具有一种特别的关系。

在第三章第十二节中已经说明过，特帜的观念在知识进化之途径中，是抽象的概念之前导。美术既宜于引起特帜的观念；此等观念加以具体的、生动的表现，就显示代表的及普遍的性质；所以往往认美术作品有传布科学的知识之能事；通常在科学以概念表示者，美术以图象表之。故科学之抽象的概念，可由美术变成动人情感、俨然若存、显然可见的意象，——此种意象有时泛称"观念"。柏拉图之"观念"，不过是经他的美术的心灵把直觉的思想具体化的概念。所以柏拉图相信其所说的种种"观念"独立存在，并且认"观念"为万有之发动的原型。吾人若知道一切美术表现皆有特帜的性质，则黑智尔之美之定义——"美为观念对于感官之表现"，及其"美以其为观念之媒介，故即是真"之说皆属可解。然由作者观之，席勒尔之假定美之感知为认识作用之起点，虽不可靠，然其认美术与科学之关系在特帜的观念上之方法，则是最深奥的、最明瞭的见解。总之，美术的想像常常为科学之前驱，因而为更系统的研究之准备。

然科学既循其自己之途径，由辛苦的研究及严密的思想，发见自然之秘密，探出自然界程序之法则后，美术家乃完结科学之成绩而加以最后之修饰。故美术以其意象给予科学之干燥无味的法式及死板无生的概念以生命，使多数人得见抽象的真理之具体的表现，而因以得对此真理为真实之领会。

美术与宗教尤有密切之关系。自古以来，宗教常利用美术之动情作用。各种寺庙偶像图画之所以宏壮伟丽者，无非欲以引起人之情感，使对宗教之理想发生信仰之诚。美术以其引起人之不计利害的喜悦，故能使人生超越俗见之态度及虔敬神力的心理。宗教仪式中之注重音乐，亦由于此。

美学与伦理学——美感与道德——之关系，虽常常讨论，尚未十分明白。

谓美术具陶淑人心之势力，有其相当之理由。然此非谓美术必须描写美德使美，恶德使丑。美术家之目的，只在理会自然及人类间之生活及活动，而忠实的描写之。美术家若真能会得人类之特性，其作品便最为有趣。真正伟大的美术家，即描写粗暴的体力、野蛮的情绪，及卑鄙的自私，亦能使人得极显然之机能的快感。诗人决不顾虑民众对其作品中人物之批评。顾虑人之批评，每至灭杀其作品之美术的价值。故美术绝不能以宣传任何性质之道德实现其陶淑人心之效力。

然美术与道德终有密切的关系。美的满意是纯粹无私的喜悦，毫无欲望参与其间。美术家供给吾人以经验此种快乐之机会，暂时的解除吾人之寻常生活中之利己的冲动，而引导吾人升于高尚之境界。吾人若为美术家所感动，则纯粹的人性便霸据吾人之心意中，而卑贱下劣的心理，便无立足之地。因而心体广大，精神自由。故美术之使人自由，令人纯洁之效力，必渐渐提高吾人之精神，而享受美术杰作时，必使吾人厌恶由粗野的本能所生之快乐。故现时所奖励推重之青年的美术教育，是正当的，因其对于将来之道德发展极关重要。若于青年多供给鉴赏美术杰作之机会，则不仅使青年得到纯洁的幸福之丰富的源泉，并可以使其远避有害的享乐。

故美术之提高人心的势力，不在于其含道德的训诫，而在其能使吾人之快乐进于纯洁，并推广吾人对于一切属于人类者之同情。

本章第一节中曾定美学之义为"感情之哲学"。然最纯粹的感情出自机能的活动，因其对于任何欲望不生影响，不引起任何欲望。所以美学之职务在指示此纯粹的感情对于个人之精神及民族之文化之意义。然美学又须注意于纯粹的感情之对象。作者所主张之发生的生物学的美学曾指出美感的满意如何出自机能的要求。此机能的快感常引起对于美术作品之温柔的爱情，而此爱情与机能的快感相结合，乃称为美之源泉。由纯粹的感情所产生之美的判断，内含主观与客观之要素，而此等要素之研究，为美学上之重要问题。本着此等方法以研究，则美术创作之主要的特质亦可明白。由此可知科学的美学之目的之所在，并知吾人努力希望达到的感情之哲学所用之方法之为何。人在宇宙中虽只是一个不足轻重的分子，但此分子却有想理解、赞赏、爱好其所属之全体之热望。而我们所祈向的美学，要能够使觉到美感的主体和唤起美感的对象都在此宇宙中各有相当的地位。

集定庵句赠萧君公弼

于伟（湖南省立甲种农业学校学生）

我马元黄盼日曛，长洲重到忽思君。自知语乏烟霞气，幸有兰台聚秘文。

灵山未歇宗风歇，独倚东南涕泪多。五十年中言定论，捲帘梳洗望黄河。（指组织学社事）

文字缘同骨肉深，长天飞过又遗音。客心今雨暗旧雨，奇古全凭一臂撑。（帝制议兴，与君音问，遂绝今秋七月，得君手札，始恍惚行踪，盖险阻艰难备尝之矣。）

几人怒马出长安，又作山中老树看。耻学赵家臣宰例，健儿身手此文官。

百年心事归平淡，夹袋搜罗海内空。时流不沮狂生议，此席今时定属公。

（《学生》，1917 年第 2 期）

竹根滩忆旧

彭举（云生）

民国二年十月，余偕绵竹萧公粥，富顺范爱众及舍弟云翰，避地竹根滩六合桑园。主人为同乡李培之先生，典衣殆尽，以给余辈，今则物故人非，不胜沧桑之感矣。

舟出四望关，言寻旧游地。几家门卷非，桑竹仍青翠。忆昔挂文网，亡命兹投庇。主人鲁朱家，馆我上宾位。赖彼夫妇贤，累月飨飧馈。斯实千金恩，岂仅一饭赐？当时违难人，萧范两把臂。萧郎骨早枯，范生甄已弃。吾弟负伤来，今亦等闲置。回思旧游痛，一一怃心记。市朝几兴废，低回成往事。寂寞邻笛声，凄怆山阳泪。

(《华西学报》，1936年第4期)

参考文献

一、古籍类

《六韬》（六卷），四部丛刊本。

[先秦]左丘明传，[晋]杜预注，[唐]孔颖达疏：《春秋左传正义》，见[清]阮元校刻：《十三经注疏》（下册），中华书局1980年版。

[先秦]尹喜：《关尹子》，商务印书馆1936年版。

[汉]司马迁：《史记》（全十册），中华书局1959年版。

[汉]班固：《汉书》（全十二册），中华书局1962年版。

[汉]公羊寿传，[汉]何休解诂，[唐]徐彦疏：《春秋公羊传》，见[清]阮元校刻：《十三经注疏》（下册），中华书局1980年版。

[汉]孔安国传，[唐]孔颖达疏：《尚书正义》，见[清]阮元校刻：《十三经注疏》（上册），中华书局1980年版。

[汉]许慎撰，[清]段玉裁注：《说文解字注》，上海古籍出版社1981年版。

[汉]毛亨传，[汉]郑玄笺，[唐]孔颖达疏：《毛诗正义》，见[清]阮元校刻：《十三经注疏》（上册），中华书局1980年版。

[汉]扬雄撰，[宋]司马光集注：《太玄集注》，中华书局1998年版。

[汉]赵岐注，[宋]孙奭疏：《孟子注疏》，见[清]阮元校刻：《十三经注疏》（下册），中华书局1980年版。

[汉]郑玄注，[唐]贾公彦疏：《周礼注疏》，见[清]阮元校刻：《十三经注疏》（上册），中华书局1980年版。

[汉]郑玄注，[唐]孔颖达疏：《礼记正义》，见[清]阮元校刻：《十三经注疏》（下册），中华书局1980年版。

[三国·魏]何晏注，[宋]邢昺疏：《论语注疏》，见[清]阮元校刻：《十三经注疏》（下册），中华书局1980年版。

[三国·魏]王弼注，楼宇烈校释：《老子道德经注校释》，中华书局2008

年版。

[三国·魏] 王弼、[晋] 韩康伯注，[唐] 孔颖达疏：《周易正义》，见[清] 阮元校刻：《十三经注疏》（上册），中华书局1980年版。

[晋] 常璩撰，刘琳校注：《华阳国志校注》，巴蜀书社1984年版。

[晋] 郭璞注，[宋] 邢昺疏：《尔雅注疏》，见[清] 阮元校刻：《十三经注疏》（下册），中华书局1980年版。

[姚秦] 鸠摩罗什译：《金刚般若波罗蜜经》，见《大正新修大藏经》（第八册），财团法人佛陀教育基金会出版部1990年版。

[南朝·宋] 刘义庆撰，[南朝·梁] 刘孝标注，朱铸禹汇校集注：《世说新语汇校集注》，上海古籍出版社2002年版。

[南朝·齐] 王僧虔：《笔意赞》，见上海书画出版社、华东师范大学古籍整理研究室选编、校点：《历代书法论文选》，上海书画出版社1979年版。

[南朝·梁] 萧统编，李善注：《文选》（全三册），中华书局1977年版。

[南朝·梁] 刘勰著，范文澜注：《文心雕龙注》（全二册），人民文学出版社1958年版。

[唐] 岑参著，陈铁民、侯忠义校注：《岑参集校注》，上海古籍出版社1981年版。

[唐] 杜甫著，谢思炜校注：《杜甫集校注》（全七册），上海古籍出版社2015年版。

[唐] 玄奘译：《波若波罗蜜多心经》，见《大正新修大藏经》（第四册），财团法人佛陀教育基金会出版部1990年版。

[唐] 李白著，瞿蜕园、朱金城校注：《李白集校注》，上海古籍出版社1980年版。

[宋] 陆九渊：《陆九渊集》，中华书局2008年版。

[宋] 魏了翁：《鹤山集》（一），见《景印文渊阁四库全书》（第1172册），台湾商务印书馆1986年版。

[宋] 张载：《张载集》，中华书局1978年版。

[宋] 周敦颐：《周敦颐集》，中华书局1990年版。

[宋] 朱熹：《四书章句集注》，中华书局1983年版。

[宋] 黎靖德编：《朱子语类》（全八册），中华书局1986年版。

[宋] 晁说之：《论形意》，见俞剑华编著：《中国画论类编》（上卷），人民美术出版社1986年版。

[宋] 程颢、程颐：《二程集》（全二册），中华书局2004年版。

[宋]道原纂：《景德传灯录》，见《大正新修大藏经》（第五十一卷），财团法人佛陀教育基金会出版部1990年版。

[金]王若虚：《滹南遗老集》，商务印书馆1937年版。

[元]元好问：《遗山集》，见《景印文渊阁四库全书》（第1191册），台湾商务印书馆1986年版。

[元]宗宝编：《六祖大师法宝坛经》，见《大正新修大藏经》（第四十八册），财团法人佛陀教育基金会出版部1990年版。

[元]李廷：《寓庵集》，《丛书集成续编》（第134册），新文丰出版公司1989年版。

[明]梅膺祚：《字汇》（十四卷），清乾隆四十三年（1778）金阊书业堂刻本。

[明]王畿：《王龙溪全集》（全三册），华文书局股份有限公司1970年据清道光二年莫晋重刻本影印。

[明]金圣叹：《贯华堂第六才子西厢记等十种》，见《金圣叹全集》（三），江苏古籍出版社1985年版。

[清]黄宗羲原著，[清]全祖望补修：《宋元学案》（全四册），中华书局1986年版。

[清]孙星衍校：《吴子》，见《诸子集成》（第六册），中华书局1954年版。

[清]孙诒让：《墨子间诂》（全二册），中华书局2001年版。

[清]张自烈编，廖文英补：《正字通》，清康熙乙丑年（1685）吴源起清畏堂刻本。

[清]王聘珍：《大戴礼记解诂》，中华书局1983年版。

[清]魏源：《海国图志》（全三册），岳麓书社1998年版。

[清]郭庆藩：《庄子集释》（全三册），中华书局2004年版。

[古印度]龙树菩萨造：《中论》，[姚秦]鸠摩罗什译，见《大正新修大藏经》（第三十册），财团法人佛陀教育基金会出版部1990年版。

[古印度]马鸣菩萨造：《大乘起信论》，[古印度]三藏法师真谛译，见《大正新修大藏经》（第三十二册），财团法人佛陀教育基金会出版部1990年版。

[古印度]马鸣菩萨造：《大乘起信论》，[唐]实叉难陀译，见《大正新修大藏经》（第三十二册），财团法人佛陀教育基金会出版部1990年版。

[古印度]求那跋陀罗译：《杂阿含经》，见《大正新修大藏经》（第二册），财团法人佛陀教育基金会出版部1990年版。

刘文典：《淮南鸿烈集解》（全二册），中华书局1989年版。
蒋天枢：《楚辞校释》，上海古籍出版社1989年版。
黎翔凤：《管子校注》（全三册），中华书局2004年版。
王利器：《文子疏义》，中华书局2000年版。
王明：《抱朴子内篇校释》，中华书局1986年版。
王先谦：《荀子集解》（全二册），中华书局1988年版。
许维遹：《吕氏春秋集释》（全二册），中华书局2009年版。
杨明照：《抱朴子外篇校笺》（上册），中华书局1991年版。
杨明照：《抱朴子外篇校笺》（下册），中华书局1997年版。
袁行霈：《陶渊明集笺注》，中华书局2003年版。
杨伯峻：《列子集释》，中华书局1979年版。

二、专著类

［古希腊］柏拉图：《柏拉图对话集》，王太庆译，商务印书馆2004年版。
［古罗马］奥古斯丁：《忏悔录》，周士良译，商务印书馆1963年版。
［意］阿奎那：《神学大全》，见马奇主编：《西方美学史资料选编》（上卷），上海人民出版社1987年版。
［英］鲍桑葵：《美学史》，张今译，商务印书馆1985年版。
［英］边沁：《道德与立法原理导论》，时殷弘译，商务印书馆2000年版。
［英］达尔文：《人类的由来》，潘光旦、胡寿文译，商务印书馆1983年版。
［英］赫胥黎：《天演论》，严复译，见王栻主编：《严复集》（第五册），中华书局1986年版。
［英］休谟：《人性论》（全二册），关文运译，商务印书馆1980年版。
［德］康德：《判断力批判》，邓晓芒译，人民出版社2002年版。
［德］康德：《康德美学文集》，曹俊峰译，北京师范大学出版社2003年版。
［德］康德：《纯粹理性批判》，李秋零译，中国人民大学出版社2004年版。
［德］黑格尔：《美学》（第一卷），朱光潜译，商务印书馆1979年版。
［德］科培尔：《哲学要领》，蔡元培译述，见《蔡元培全集》（第一卷），中华书局1984年版。
［德］卜松山：《中国的美学和文学理论——从传统到现代》，向开译，华东师范大学出版社2010年版。
［奥］史达尔：《论文学》，见伍蠡甫主编：《西方文论选》（下册），上海译文出版社1979年版。

［奥］维特根斯坦：《关于美学、心理学和宗教信仰的讲演与谈话（1938—1946）》，江怡译，见涂纪亮主编：《维特根斯坦全集》（第12卷），河北教育出版社2003年版。

［奥］耶路撒冷：《西洋哲学概论》，陈正谟译，商务印书馆1926年版。

［波兰］沃拉德斯拉维·塔塔科维兹：《古代美学》，杨力、耿幼壮、龚见明、高潮译，中国社会科学出版社1990年版。

［法］罗丹口述，［法］葛塞尔笔记：《罗丹艺术论》，沈琪译，雄狮图书股份有限公司1989年版。

［法］朱利安：《美，这奇特的理念》，高枫枫译，北京大学出版社2016年版。

［美］浦嘉珉：《中国与达尔文》，钟永强译，江苏人民出版社2008年版。

［美］汤森德：《美学概论》，林逢祺译，学富文化事业有限公司2008年版。

［美］成中英：《世纪之交的抉择——论中西哲学的会通与融合》，知识出版社1991年版。

［日］稻叶君山：《清朝全史》（全二册），但焘译订，上海社会科学院出版社2006年版。

［日］菊池秀明：《末代王朝与近代中国》，毛晓娟译，广西师范大学出版社2014年版。

马克思：《1844年经济学哲学手稿》，中共中央马克思恩格斯列宁斯大林著作编译局编译，人民出版社2000年版。

蔡仁厚：《宋明理学》（北宋篇），台湾学生书局1984年版。

蔡仁厚：《宋明理学》（南宋篇），台湾学生书局1989年版。

蔡元培：《蔡元培美学文选》，北京大学出版社1983年版。

陈焕章：《孔教论》，商务印书馆1912年版。

陈永标：《中国近代文艺美学论稿》，广东人民出版社1993年版。

陈垣：《校勘学释例》，中华书局1959年版。

陈垣编纂：《道家金石略》，文物出版社1988年版。

崇州市地方志办公室：《崇州彭云生》，四川人民出版社2016年版。

方立天：《佛教哲学》，宗教文化出版社2013年版。

龚书铎主编：《清代理学史》（全三卷），广东教育出版社2007年版。

管锡华：《校勘学》，安徽教育出版社1991年版。

胡经之：《文艺美学》，北京大学出版社1989年版。

季啸风主编：《中国高等学校变迁》，华东师范大学出版社1992年版。

蒋红、张唤民、王又如编著：《中国现代美学论著、译著提要》，复旦大学出版社1987年版。

蒋孔阳、朱立元主编：《西方美学通史》（全七卷），上海文艺出版社1999年版。

金林祥主编：《中国教育制度通史》（第六卷·清代下），山东教育出版社2000年版。

金雅选编：《中国现代美学名家文丛·梁启超卷》，浙江大学出版社2009年版。

寇鹏程：《中国审美现代性研究》，上海三联书店2009年版。

隗瀛涛、李有明、李润苍主编：《四川近代史》，四川社会科学院出版社1985年版。

赖永海主编：《中国佛教通史》（第十五卷），江苏人民出版社2010年版。

李德书编著：《巴蜀文化简论》，四川科学技术出版社2008年版。

李绍明、林向、赵殿增主编：《三星堆与巴蜀文化》，巴蜀书社1993年版。

李天道：《西部地域文化与民族审美精神》，中国社会科学出版社2010年版。

李雪涛：《误解的对话——德国汉学家的中国记忆》，新星出版社2014年版。

李怡、肖伟胜主编：《中国现代文学的巴蜀视野》，巴蜀书社2006年版。

李泽厚：《中国古代思想史论》，人民出版社1985年版。

李泽厚：《哲学纲要》，北京大学出版社2011年版。

梁景和：《近代中国陋俗文化嬗变研究》，首都师范大学出版社2009年版。

梁启超：《放弃自由之罪》，见《梁启超全集》（第一册），北京出版社1999年版。

梁漱溟：《中国文化要义》，上海人民出版社2011年版。

卢善庆：《中国近代美学思想史》，华东师范大学出版社1991年版。

罗志田：《裂变中的传承——20世纪前期的中国文化与学术》，中华书局2009年版。

马勇：《近代中国文化诸问题（增订本）》，东方出版中心2008年版。

蒙培元：《情感与理性》，中国社会科学出版社2002年版。

蒙文通：《议蜀学》，见《蒙文通全集》（第一卷），巴蜀书社2015年版。

牟宗三：《圆善论》，见《牟宗三先生全集》（第22册），联经出版事业公司2003年版。

聂振斌：《中国近代美学思想史》，中国社会科学出版社1991年版。
聂振斌：《中国艺术精神的现代转化》，北京大学出版社2013年版。
彭锋：《中国美学通史》（第8卷·现代卷），江苏人民出版社2014年版。
皮朝纲：《禅宗美学史稿》，电子科技大学出版社1994年版。
皮朝纲、李天道、钟仕伦：《中国美学体系论》，语文出版社1995年版。
皮朝纲：《禅宗美学思想的嬗变轨迹》，电子科技大学出版社2003年版。
祁志祥：《乐感美学》，北京大学出版社2016年版。
卿希泰主编：《中国道教史》（第三卷），四川人民出版社1993年版。
屈大成：《佛学概论》，文津出版社2002年版。
阮荣春、罗二虎主编：《古代巴蜀文化探秘》，辽宁美术出版社2009年版。
上海图书馆编：《中国现代期刊篇目汇录》（第三卷·下册），上海人民出版社1984年版。
石荣：《民国重修大足县志》，中国学典馆北泉分馆印刷厂1945年排印。
释太虚：《佛法与美》：见《太虚大师全书》（第二十四卷），宗教文化出版社2004年版。
舒新城编：《中国近代教育史资料》（全三册），人民教育出版社1981年版。
四川大学校史编写组编：《四川大学史稿》，四川大学出版社1985年版。
四川省崇庆县志编纂委员会编纂：《崇庆县志》，四川人民出版社1991年版。
四川省地方志编纂委员会编：《四川省志·教育志》（全二册），方志出版社2000年版。
陶菊隐：《六君子传》，中华书局1926年版。
王本朝：《中国现代文学观念与知识谱系》，人民出版社2013年版。
王国维：《王国维文学论著三种》，商务印书馆2001年版。
王国维原著，佛雏校辑：《王国维哲学美学论文辑佚》，华东师范大学出版社1993年版。
王国维：《今本竹书纪年疏证》，见《王国维全集》（第五卷），浙江教育出版社2009年版。
汪晖：《现代中国思想的兴起》（全四册），生活·读书·新知三联书店2008年版。
王世德：《文艺美学论集》，重庆出版社1985年版。
吴俊、李今、刘晓丽、王彬彬主编：《中国现代文学期刊目录新编》（全三册），上海人民出版社2010年版。

吴康零主编：《四川通史》（卷六·清），四川人民出版社2010年版。

萧公权：《问学谏往录——萧公权治学漫忆》，学林出版社1997年版。

熊明安、徐仲林、李定开主编：《四川教育史稿》，四川教育出版社1993年版。

熊十力：《新唯识论（壬辰删定本）》，中国人民大学出版社2006年版。

许逸民：《古籍整理释例（增订本）》，中华书局2014年版。

徐中舒：《论巴蜀文化》，四川人民出版社1982年版。

严北溟：《中国佛教哲学简史》，上海人民出版社1985年版。

杨成寅：《太极哲学》，学林出版社2017年版。

杨春时：《生存与超越》，广西师范大学出版社1998年版。

杨国荣：《意义世界的生成》，台湾学生书局2011年版。

杨家骆主编：《戊戌变法文献汇编》（全五册），鼎文书局1973年版。

叶昌：《中国近代文艺思想论稿》，复旦大学出版社1985年版。

叶朗：《美学原理》，北京大学出版社2009年版。

叶朗总主编：《中国历代美学文库》（近代卷下），高等教育出版社2003年版。

叶易：《中国近代文艺思潮史》，高等教育出版社1990年版。

俞政：《严复著译研究》，苏州大学出版社2003年版。

袁庭栋：《巴蜀文化志》，巴蜀书社2009年版。

曾大兴：《文学地理学研究》，商务印书馆2012年版。

张法：《20世纪西方美学史（修订本）》，四川人民出版社2007年版。

章启群：《百年中国美学史略》，北京大学出版社2005年版。

张汝伦：《现代中国思想研究》，上海人民出版社2014年版。

张世英：《羁鸟念旧林：张世英自选集》，首都师范大学出版社2008年版。

张治中：《保定军校求学日记》，见《文史资料选辑》（第八十二辑），文史资料出版社1982年版。

钟仕伦：《南北文化与美学思潮》，四川大学出版社1995年版。

钟仕伦、李天道主编：《当代中国传统美学研究》，四川大学出版社2002年版。

朱光潜：《西方美学史》，人民文学出版社1979年版。

朱汉国、杨群主编：《中华民国史》（全十卷），四川人民出版社2006年版。

朱立元主编：《西方美学范畴史》（全三卷），山西教育出版社2006年版。

朱有瓛主编：《中国近代学制史料》（第三辑），华东师范大学出版社1990

年版。

邹韬奋：《经历》，见《韬奋文集》（第三卷），生活·读书·新知三联书店1955年版。

魏绍昌主编：《中国近代文艺报刊概览》（二），见《中国近代文学大系》（第12集·第30卷·史料索引集二），上海书店1996年版。

彭铸君：《彭芸生年谱》，见中国人民政治协商会议崇庆县委员会编：《崇庆县文史资料选辑》（第五辑），1987年10月刊印。

西北政法学院法制史教研室编：《中国近代法制史资料选辑（1840—1949）》（全3辑），西北政法学院法制史教研室1985编印。

张伯龄：《彭云生事略》，见中国人民政治协商会议崇州市委员会编：《崇州历史名人录》，2000年6月刊印。

三、论文类

黄雁鸿：《晚清时期美学在中国的发展历程与早期留学生》，载《人文杂志》，2008年第5期。

李欣复、刘洪艳：《中国现代美学发生论》，载《西北师大学报（社会科学版）》，2007年第5期。

刘悦笛：《美学的传入与本土创建的历史》，载《文艺研究》，2006年第2期。

刘悦笛：《从美学"在中国"到"中国的"美学——一段西学东渐和本土创建的历史》，载《美学在中国与中国美学学术研讨会论文集》，2005年10月。

彭举：《竹根滩忆旧》，载《华西学报》，1936年第4期。

皮朝纲：《对进一步拓宽、夯实中国美学学科建设基础的思考——以禅宗画学文献的发掘整理为例》，载《四川师范大学学报（社会科学版）》，2011年第4期。

祁志祥：《萧公弼的〈美学·概论〉：中国现代美学学科的奠基之作》，载《广东社会科学》，2017年第2期。

谭玉龙：《萧公弼：被遗忘的中国近代美学学人》，载《重庆科技学院学报（社会科学版）》，2012年第4期。

谭玉龙、朱志荣：《论萧公弼的美学研究方法》，载《四川师范大学学报（社会科学版）》，2015年第1期。

王本朝：《新史料的发掘与中国现代文学的学科诉求》，载《甘肃社会科学》，2010年第3期。

王海涛:《萧公弼与中国现代美学的早期开拓》,载《理论月刊》,2014 年第 5 期。

杨春时:《关于中国美学方法论的现代转型问题》,载《吉林大学社会科学学报》,2003 年第 4 期。

张法:《中国美学史:学科性质、提问方式、演进状况》,载《学术月刊》,2011 年第 8 期。

张法:《从世界美学的两大类型看美学的当下演进》,载《学术月刊》,2015 年第 4 期。

赵建军:《论佛教美学的价值趋向》,载《四川大学学报(哲学社会科学版)》,2004 年第 1 期。

后 记

本书是重庆市社会科学规划项目（批准号：2017QNWX33）的最终成果，同时，本书的出版也得到了重庆市高等教育教学改革研究重大项目（批准号：191018）和重庆高等学校"十三五"市级重点学科（戏剧与影视学）建设经费的资助。

我本科阶段学习的艺术，2010年进入四川师范大学文学院攻读硕士学位。导师钟仕伦先生让我翻阅叶朗主编的《中国历代美学文库》（全19册），以了解中国美学之大概。该《文库》最后一册中收录的最后一篇文献就是萧公弼的《美学·概论》。随后，我查阅了几本中国近现代美学史著作，发现萧公弼及其美学思想并未得到研究。于是，我撰写并公开发表了一篇论文《萧公弼：被遗忘的中国近代美学学人》。2013年，我考入华东师范大学中文系，在朱志荣先生指导下攻读博士学位。朱先生当时正在进行上海市教委重点项目"中国现代美学方法"的研究，我加入其中，并撰写了一篇《论萧公弼的美学研究方法——兼论其在中国近现代美学史上的地位》的论文。在撰写此文过程中，我发现萧公弼曾经就读于四川工业专门学校。朱先生还半开玩笑地说，萧公弼很有可能是四川人，因为民国初期的人一般不会跑到太远的地方去读书。2016年我博士毕业，来到山城重庆工作，先后又撰写并发表了《萧公弼与中国现代美育的早期开拓》《创造性的现代转化：萧公弼论"美"及相关概念》两篇论文。

近年来，皮朝纲先生一直倡导建立"中国美学文献学"这一美学与文献学的交叉学科和分支学科，他认为，"中国美学学科是以中国美学文献学这门学科作为自己的分支学科和基础学科的"。这一论断是不无道理的，也时常启发着我，对萧公弼美学思想的研究必须以萧公弼著述的搜集和整理为基础。所以，我以"萧公弼著述整理及其文艺美学思想研究"为题，申报了2017年重庆市社科规划项目，并获准立项。经过两年多的搜集、整理与研究，完成了这部书稿，考证出萧公弼（1896—1918）是四川绵竹（今四川德阳绵竹市）人，曾就读于四川大学前身之一的四川工业专门学校，也证明了当年朱先生"大胆假设"的正确性。

在对萧公弼的研究过程中，我得到了校内外许多师友的具体帮助。本书的出版也得到了重庆邮电大学社科处、传媒艺术学院的领导、老师的关心和支持。我在此向他们表示衷心的感谢。另外，感谢皮朝纲先生为本书作序，他以85岁的高龄阅读完本书稿，为我提出不少宝贵的修改意见，并时常关心本书的出版事宜。最后，我尚处学术研究的起步阶段，学识有限，见闻不广，疏漏偏失，在所难免，真诚希望得到学界师友和读者的批评指正。

谭玉龙
2019年10月于重庆南山